2024年版全国一级造价工程师职业资格考试魔冲鸭系列丛书

全国一级造价工程师职业资格考试

考点魔炼

建设工程造价案例分析

QUANGUO YIJI ZAOJIA GONGCHENGSHI ZHIYE ZIGE KAOSHI

KAODIAN MOLIAN

JIANSHE GONGCHENG ZAOJIA ANLI FENXI

优路教育造价工程师考试研究中心◎编

中国计划出版社

·北　京·

图书在版编目(CIP)数据

全国一级造价工程师职业资格考试. 考点魔炼. 建设工程造价案例分析 / 优路教育造价工程师考试研究中心编. -- 北京 : 中国计划出版社, 2024.8
(2024年版全国一级造价工程师职业资格考试魔冲鸭系列丛书)
ISBN 978-7-5182-1654-3

Ⅰ. ①全… Ⅱ. ①优… Ⅲ. ①建筑造价管理—案例—资格考试—自学参考资料 Ⅳ. ①TU723.3

中国国家版本馆CIP数据核字(2024)第025515号

策划编辑:赵文斌 于宝林
责任编辑:王 巍

中国计划出版社出版发行
网址:www.jhpress.com
地址:北京市西城区木樨地北里甲11号国宏大厦C座4层
邮政编码:100038 电话:(010)63906433(发行部)
北京市科星印刷有限责任公司印刷

787mm×1092mm 1/16 14印张 321千字
2024年7月第1版 2024年7月第1次印刷

定价:48.00元

前　言

根据《造价工程师职业资格制度规定》的规定，工程造价咨询企业应配备造价工程师；工程建设活动中有关工程造价管理岗位应按需要配备造价工程师。考取造价工程师证书也成为了从事造价行业的专业技术人员必备的职业需求。

一级造价工程师职业资格考试设“建设工程造价管理”“建设工程计价”“建设工程技术与计量”“建设工程造价案例分析”4 个科目。其中，“建设工程造价管理”和“建设工程计价”为基础科目，“建设工程技术与计量”和“建设工程造价案例分析”为专业科目。具体考试情况如下表所示。

各考试科目具体情况

考试科目	考试时间	满分	试题类型
建设工程造价管理	第一天 9:00~11:30(2.5h)	100 分	客观题
建设工程计价	第一天 14:00~16:30(2.5h)	100 分	客观题
建设工程技术与计量	第二天 9:00~11:30(2.5h)	100 分	客观题
建设工程造价案例分析	第二天 14:00~18:00(4h)	120 分	主观题

注：本系列图书专业科目，分土木建筑工程专业和安装工程专业。

为了帮助考生顺利通过考试，在精心研究考纲和真题的基础上，优路教育结合多年积淀的培训经验，整合自身优势资源，以及专业高校教材和标准规范，在原优路教育明星资料《学霸笔记》的基础上优化调整，精心编写了《2024 年版全国一级造价工程师职业资格考试魔冲鸭系列丛书》。本丛书具有以下特点：

一、真题为基　编排科学

真题是最优质的参考资料。在编写过程中，本丛书以考纲为本，精研历年真题，按照“单题为点、多点为面、多面成体”的原则，巧妙地利用高校教材和标准规范，组织编排了相关内容。这样做的好处是既能精准地提炼考点，还可以避免非考点知识的干扰。同时，依据考频、考向等，对教材内容进行了优化，做到重难点突出、内容精炼适用。

二、结合培训　方法实用

能解决题目的方法才是好方法。在编写过程中，优路教育利用自身优质培训资源，对考纲内容进行了调研、优化，对考试内容进行了凝练和图表化，使考试内容易于理解掌握。同时，针对案例类思维连贯性要求较高的科目，总结出了系统规范化的计算方法和公式。通过上述一系列措施，使学习记忆性考试转变为技能性考试，减轻了考生学习负担，提高了学习效率。

三、学练结合　循环提升

做题是检验学习效果的必要手段。本书在内文中有针对性地穿插了历年真题，在课后专设了练习题，并附详尽解析，方便考生在学中练、在练中测、以测促学、循环学练，以此来提高考生做题的正确率，增强应试信心。

编　者

2024 年 2 月

目录
CONTENTS

用好点滴时间 掌握每一个知识

第五章　工程合同价款管理

第六章　工程结算与决算

用好点滴时间
掌握每一个知识

第一章　建设项目投资估算与财务分析

分值分布

节名称	分值分布	节重要度
第一节　建设项目投资估算	4~5分	★★
第二节　建设项目财务分析	10~15分	★★★★
第三节　建设项目不确定性分析	4~5分	★★

第一节　建设项目投资估算

考点重要度分析

考　　点	重要度星标
考点一:知识框架	★★★★
考点二:设备工器具购置费	★
考点三:建筑安装工程费	★★
考点四:工程建设其他费	★
考点五:基本预备费	★
考点六:价差预备费	★
考点七:建设期利息	★★★★
考点八:生产能力指数法	★★
考点九:设备系数法	★★
考点十:扩大指标估算法	★

[考点一]　知识框架(图1.1.1)★★★★

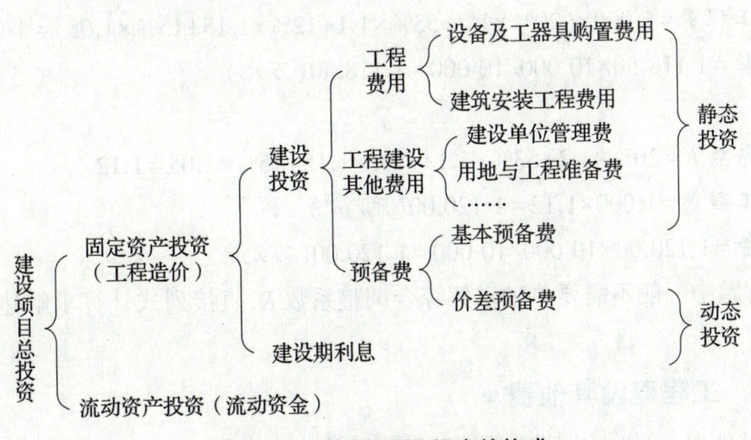

图1.1.1　建设项目总投资的构成

固定资产投资=建设投资+建设期利息

建设投资=设备及工器具购置费+建筑安装工程费+工程建设其他费用+基本预备费+价差预备费

[考点二] 设备工器具购置费★

(1)题目给定;

(2)生产能力指数法。

[考点三] 建筑安装工程费★★

建安工程费=建筑工程费+安装工程费

建安工程费=人工费+材料费+施工机具使用费+管理费+利润+规费+税金

类似工程预算法公式:

$$D=A\times K$$

$$K=a\%K_1+b\%K_2+c\%K_3+d\%K_4$$

式中: D——拟建工程单方造价;

A——类似工程单方造价;

K——综合调整系数;

$a\%$、$b\%$、$c\%$、$d\%$——类似工程单方造价中人工费、材料费、施工机具使用费、管利规税占单方造价的比重;

K_1、K_2、K_3、K_4——拟建工程地区与类似工程预算造价在人、材、机、管利规税之间的差异系数。

随堂练习

某新建项目A占地面积10 000m²,同行业已建类似项目的建筑工程费为1 000元/m²,其中建筑工程费所含的人工费、材料费、机械费和综合税费占建筑工程造价的比例分别为20%、53%、12%、15%,A项目因其建设时间、地点、标准等不同,相应的差异系数分别为1.2、1.1、1.15、1.05。

[问题] 求新建项目的建筑工程费。(计算结果以万元为单位保留2位小数)

[答案]

解1:

单位建筑工程费=1 000×(20%×1.2+53%×1.1+12%×1.15+15%×1.05)=1 118.50(元/m²)

建筑工程费=1 118.50×10 000/10 000=1 118.50(万元)

解2:

综合调整系数 K=20%×1.2+53%×1.1+12%×1.15+15%×1.05=1.12

单位建筑工程费=1 000×1.12=1 120.00(元/m²)

建筑工程费=1 120.00×10 000/10 000=1 120.00(万元)

[注意] 解题中一般不需要单独求解综合调整系数 K,直接列式计算求解建筑工程费更为精确。

[考点四] 工程建设其他费★

工程建设其他费=土地购置费+其他工程建设其他费

[考点五]　基本预备费★

基本预备费=(工程费用+工程建设其他费)×基本预备费费率

=(设备及工器具购置费+建筑安装工程费+工程建设其他费)×基本预备费费率

[考点六]　价差预备费★

$$PF=\sum_{t=1}^{n}I_t[(1+f)^m(1+f)^{0.5}(1+f)^{t-1}-1]$$

式中：PF——价差预备费；

n——建设期年份数；

I_t——建设期中第 t 年的静态投资计划额，包括工程费用、工程建设其他费用及基本预备费；

f——物价年均上涨率；

m——建设前期年限(从编制估算到开工建设，单位：年)。

随堂练习

某项目建筑安装工程费为 5 000 万元，设备购置费为 3 000 万元，工程建设其他费为 2 000 万元，基本预备费费率为 5%。建设前期年限为 2 年，建设期为 3 年，各年的投资比例分别为 20%、50%、30%。年平均涨价率为 6%。

[问题] 求价差预备费。(计算结果保留 2 位小数)

[答案]

基本预备费=(5 000+3 000+2 000)×5%=500.00(万元)

静态投资=5 000+3 000+2 000+500=10 500.00(万元)

建设期第 1 年=10 500×20%×[$(1+6\%)^{2+0.5}$−1]=329.32(万元)

建设期第 2 年=10 500×50%×[$(1+6\%)^{2+1.5}$−1]=1 187.69(万元)

建设期第 3 年=10 500×30%×[$(1+6\%)^{2+2.5}$−1]=944.37(万元)

价差预备费=329.32+1 187.69+944.37=2 461.38(万元)

[考点七]　建设期利息★★★★

(一)特点

(1)贷款均衡发放，假定当年贷款在年中支用考虑，当年贷款按半年计息。

(2)建设期不还本也不还息。上一年贷款本利和按全年计息。

(3)逐年计算，再累加。

(二)计算公式

建设期贷款利息=Σ(年初累计借款+当年新增借款/2)×有效利率

(三)名义利率与有效利率

$$有效利率=\left(1+\frac{名义利率}{年计息次数}\right)^{年计息次数}-1$$

(1)银行贷款利率为 10%——有效利率；

(2)银行贷款利率为 10%(按年计息)——有效利率；

(3)银行贷款利率为10%(按月计息)——名义利率。

🌐随堂练习

1.某建设项目建设期2年,共向银行贷款2 400万元,均衡发放,银行贷款年利率10%。

[问题] 列式计算建设期利息为多少万元?(计算结果保留2位小数)

[答案]

第1年利息=(0+1 200×1/2)×10%=60.00(万元)

第2年利息=(1 200+60+1/2×1 200)×10%=186.00(万元)

建设期利息=60.00+186.00=246.00(万元)

2.某建设项目建设期2年,共向银行贷款2 400万元,均衡发放,银行贷款年利率10%(按季计息)。

[问题] 列式计算建设期利息为多少万元?(计算结果保留2位小数)

[答案]

有效利率$=(1+10\%/4)^4-1=10.38\%$

第1年利息=(0+1 200×1/2)×10.38%=62.28(万元)

第2年利息=(1 200+62.28+1/2×1 200)×10.38%=193.30(万元)

建设期利息=62.28+193.30=255.58(万元)

3.某建设项目建设期2年,建设期第1年借款1 200万元,银行贷款年利率10%(按年计息)。

[问题] 列式计算建设期利息为多少万元?(计算结果保留2位小数)

[答案]

第1年应计利息=(0+1 200×1/2)×10%=60.00(万元)

第2年应计利息=1 260×10%=126.00(万元)

建设期利息=60.00+126.00=186.00(万元)

[考点八] 生产能力指数法★★

生产能力指数法又称为指数估算法,是根据已建成的类似项目生产能力和投资额来粗略估算同类但生产能力不同的拟建项目静态投资额的方法,其计算公式为:

$$C_2=C_1\left(\frac{Q_2}{Q_1}\right)^n\times f$$

式中:C_2——拟建项目静态投资额;

C_1——已建类似项目的静态投资额;

Q_2——拟建项目生产能力;

Q_1——已建类似项目的生产能力;

n——生产能力指数;

f——综合调整系数。

🌐随堂练习

1.A项目为拟建年产30万t铸钢厂,根据调查统计资料提供的当地已建年产25万t铸钢厂的工艺设备投资约为 2 400 万元。

[问题] 已知拟建项目与类似项目的综合调整系数为 1.25,试用生产能力指数估算法估算 A 项目工艺设备投资。(计算结果保留 2 位小数)

[答案]

A 项目设备投资 = 2 400×(30/25)^1×1.25 = 3 600.00(万元)

2.A 项目为 2023 年拟建年产 30 万 t 铸钢厂,根据调查统计资料显示,当地 2019 年已建年产 25 万 t 铸钢厂的工艺设备投资约为 2 400 万元。A 项目的生产能力指数为 1。

[问题] 已知当地造价年均上涨 5%,试用生产能力指数估算法估算 A 项目工艺设备投资。(计算结果保留 2 位小数)

[答案]

A 项目设备投资 = 2 400×(30/25)^1×(1+5%)^4 = 3 500.66(万元)

[考点九] 设备系数法★★

设备系数估算法是以拟建项目的设备费为基数,根据已建成的同类项目的建安工程费和其他工程费等占设备价值的百分比,求出拟建项目建安工程费和其他工程费,进而求出项目的静态投资。

计算公式:

静态投资 = 设备购置费+建筑工程费+安装工程费+工程建设其他费+基本预备费

$$C=E(1+f_1P_1+f_2P_2+f_3P_3+\cdots)+I$$

式中: C——拟建项目的静态投资;

E——拟建项目根据当时当地价格计算的设备购置费;

f_1、f_2、f_3…——不同建设时间、地点而产生的定额、价格、费用标准等差异的调整系数(注意:该调整系数调整的是比例);

P_1、P_2、P_3…——已建项目中建筑安装工程费及其他工程费等与设备购置费的比例;

I——拟建项目的其他费用。

随堂练习

1.情况一:给定(比例)修正系数。

A 项目的设备购置费为 5 000 万元,已建类似 B 项目中建筑工程费、安装工程费、工程建设其他费占设备购置费的比例及修正系数见表 1.1.1,基本预备费费率为 10%。

表 1.1.1　费用占比及修正系数表

项目	建筑工程费	安装工程费	工程建设其他费
占比	30%	20%	40%
修正系数	1.1	1.2	1.3

[问题] 用系数估算法估算 A 项目的静态投资。(计算结果保留整数)

[答案]

A 项目静态投资 = 设备购置费+建筑工程费+安装工程费+工程建设其他费+基本预备费

=5 000×(1+30%×1.1+20%×1.2+40%×1.3)×(1+10%)=11 495(万元)

2.情况二:未给定(比例)修正系数。

A 项目的设备购置费为 5 000 万元,已建类似 B 项目中建筑工程费、安装工程费、工程建设其他费占设备购置费的比例见表 1.1.2,基本预备费费率为 10%。

表 1.1.2 费用占比及修正系数表

项目	建筑工程费	安装工程费	工程建设其他费
占比	30%	20%	40%

[问题] 用系数估算法估算 A 项目的静态投资。(计算结果保留整数)

[答案]

A 项目静态投资=设备购置费+建筑工程费+安装工程费+工程建设其他费+基本预备费

=5 000×(1+30%+20%+40%)×(1+10%)=10 450(万元)

[考点十] 扩大指标估算法★

扩大指标估算法是估算流动资金的方法之一。

项目的流动资金=拟建项目年产量×单位产量占用流动资金的数额

随堂练习

某项目的年产量为 30 万 t,单位产量占流动资金额为 33.67 元/t。

[问题] 用扩大指标估算法估算该项目的流动资金。(计算结果保留 2 位小数)

[答案]

流动资金=30×33.67=1 010.10(万元)

本节回顾

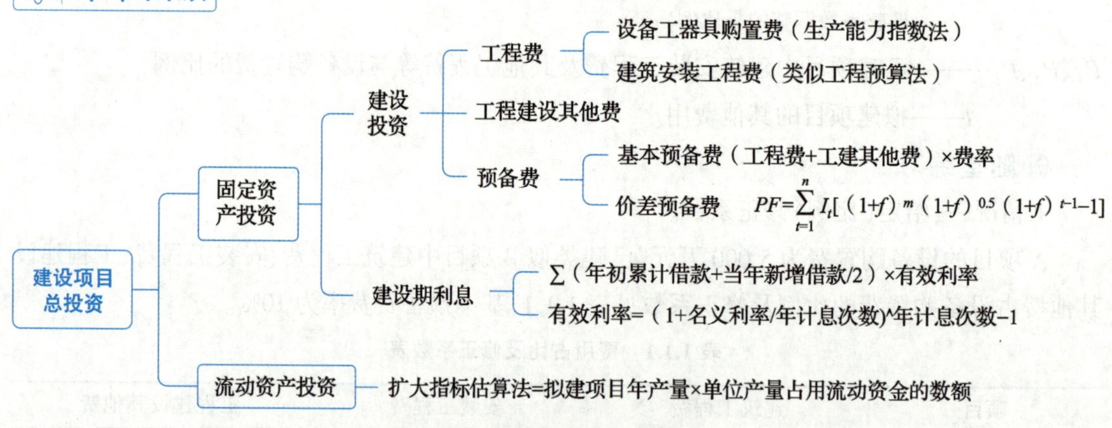

图 1.1.2 本节重点内容回顾图

【典型例题一】

[背景资料]

某集团公司拟建设 A、B 两个工业项目,A 项目为拟建年产 30 万 t 铸钢厂,根据调查资料提供的当地已建年产 25 万 t 铸钢厂的主厂房工艺设备投资约为 2 400 万元。A 项目的生产能力指数为1。已建类似项目资料：主厂房其他各专业工程投资占工艺设备投资的比例，见表1.1.3，项目其他各系统工程及工程建设其他费用占主厂房工程费用的比例见表1.1.4。

表1.1.3　主厂房其他各专业工程投资占工艺设备投资的比例

加热炉	汽化冷却	余热锅炉	自动化仪表	起重设备	供电与传动	建安工程
0.12	0.01	0.04	0.02	0.09	0.18	0.40

表1.1.4　项目其他各系统工程及工程建设其他费用占主厂房工程费用的比例

动力系统	机修系统	总图运输系统	行政及生活福利设施工程	工程建设其他费
0.30	0.12	0.20	0.30	0.20

A项目建设资金来源为自有资金和贷款，贷款本金为8 000万元，分年度按投资比例发放，贷款利率8%（按年计息）。建设期3年，第1年投入30%，第2年投入50%，第3年投入20%。预计建设期物价年平均上涨率为3%，投资估算到开工的时间按1年考虑，基本预备费费率为10%。

B项目为拟建一条化工原料生产线，厂房的建筑面积为5 000m^2，同行业已建类似项目的建筑工程费用为3 000元/m^2。

［问题］

1.对于A项目，已知拟建项目与类似项目的综合调整系数为1.25，试用生产能力指数估算法估算A项目主厂房的工艺设备投资；用系数估算法估算A项目主厂房工程费用、项目的工程费与工程建设其他费用。

2.估算A项目的建设投资。

3.对于A项目，若单位产量占用流动资金额为33.67元/t，试用扩大指标估算法估算该项目的流动资金。确定A项目的建设总投资。

4.对于B项目，类似项目建筑工程费用所含的人工费、材料费、机械费和综合税费占建筑工程造价的比例分别为18.26%、57.63%、9.98%、14.13%。因建设时间、地点、标准等不同，相应的综合调整系数分别为1.25、1.32、1.15、1.2。其他内容不变。计算B项目的建筑工程费用。

（计算结果以万元为单位，保留2位小数）

［答案］

问题1：

主厂房工艺设备投资 = 2 400×$(30/25)^1$×1.25 = 3 600.00（万元）

主厂房工程费用 = 3 600×(1+0.12+0.01+0.04+0.02+0.09+0.18+0.4) = 3 600×(1+0.86)
= 6 696.00（万元）

A项目工程费用及工程建设其他费用 = 6 696×(1+0.3+0.12+0.2+0.3+0.2) = 14 195.52（万元）

问题2：

基本预备费 = 14 195.52×10% = 1 419.55（万元）

静态投资 = 14 195.52+1 419.55 = 15 615.07（万元）

第1年价差预备费 = 15 615.07×30%×$[(1+3\%)^{1.5}-1]$ = 212.38（万元）

第 2 年价差预备费 = 15 615.07×50%×[(1+3%)$^{2.5}$−1] = 598.81(万元)

第 3 年价差预备费 = 15 615.07×20%×[(1+3%)$^{3.5}$−1] = 340.40(万元)

合计 = 212.38+598.81+340.40 = 1 151.59(万元)

A 项目的建设投资 = 1 419.55+1 151.59+14 195.52 = 16 766.66(万元)

问题 3:

流动资金 = 30×33.67 = 1 010.10(万元)

第 1 年利息 = (0+8 000×30%/2)×8% = 96.00(万元)

第 2 年利息 = [(8 000×30%+96)+(8 000×50%/2)]×8% = (2 400+96+4 000/2)×8%
= 359.68(万元)

第 3 年利息 = [(2 400+96+4 000+359.68)+(8 000×20%/2)]×8%
= (6 855.68+1 600/2)×8%
= 612.45(万元)

建设期贷款利息 = 96+359.68+612.45 = 1 068.13(万元)

拟建项目总投资 = 建设投资+建设期利息+流动资金 = 16 766.66+1 068.13+1 010.10
= 18 844.89(万元)

问题 4:

B 项目建筑工程费用 = 3 000×5 000×(18.26%×1.25+57.63%×1.32+9.98%×1.15+14.13%×1.2)/10 000
= 1 909.94(万元)

【典型例题二】

[背景资料]

拟建项目占地面积 30 亩,建筑面积 11 000m^2,其项目设计标准和规模与该企业 2 年前在另一城市的同类项目相同,已建项目的单位建筑工程费用为 1 600 元/m^2,建筑工程的综合用工量为 4.5 工日/m^2,综合工日单价为 80 元/工日,建筑工程费用中的材料费占比为 50%,机械使用费占比为 8%,考虑地区和交易时间差拟建项目的综合工日单价为 100 元/工日,材料费修正系数为 1.1,机械使用费的修正系数为 1.05,人材机以外的其他费用修正系数为 1.08。

根据市场询价,该拟建项目设备投资估算为 2 000 万元,设备安装工程费用为设备投资估算的 15%。项目土地相关费用按 20 万元/亩计算,除土地外的工程建设其他费用为项目建安工程费用的 15%,项目的基本预备费费率为 5%,不考虑价差预备费。

[问题] 列式计算拟建项目的建设投资。(计算结果以万元为单位保留 2 位小数)

[答案]

工程费用:

人工费占比 = 4.5×80/1 600 = 22.5%

人工费修正系数 = 100/80 = 1.25

人材机以外的其他费用占比 = 1−22.5%−50%−8% = 19.50%

单位建筑工程费 = 1 600×(22.5%×1.25+50%×1.1+8%×1.05+19.5%×1.08) = 1 801.36(元/m^2)

建筑工程费 = 1 801.36×11 000/10 000 = 1 981.50(万元)

设备购置费:2 000 万元

安装工程费 = 2 000×15% = 300.00(万元)

工程费用 = 1 981.50+2 000+300 = 4 281.50(万元)

工程建设其他费用 = 20×30+(1 981.50+300)×15% = 942.23(万元)

预备费 = (4 281.50+942.23)×5% = 261.19(万元)

建设投资 = 4 281.50+942.23+261.19 = 5 484.92(万元)

【典型例题三】

[背景资料]

拟建项目 A 建筑面积为 4 500m^2。已知已建类似项目的建筑工程费是 3 000 元/m^2,已建项目的人工、材料、机械占建筑工程费的比例是 22%、54%、8%。拟建项目的建筑工程费与已建项目建筑工程费相比,同比人工、材料、机械分别增长为 1.2、1.1、1.05;其中综合管理费费率以人材机为基数计算,较已建项目上涨 10%。拟建项目土地费用每亩为 8 万元,共 20 亩,其他建设费用是建安工程费的 15%,进口设备购置费是 520 万元,其中安装工程费为设备购置费的 20%,基本预备费是 5%,不考虑价差预备费。

[问题] 列式计算已建类似项目综合管理费费率和拟建项目 A 的建设投资。(计算结果以万元为单位保留 2 位小数)

[答案]

已建类似项目综合管理费占建筑工程费的比例 = 1−22%−54%−8% = 16.00%

已建类似项目综合管理费费率 = 16%/(22%+54%+8%) = 19.05%

建筑工程费 = 3 000×(22%×1.2+54%×1.1+8%×1.05)×[1+19.05%×(1+10%)]×4 500/10 000
= 1 538.18(万元)

安装工程费 = 520×20% = 104.00(万元)

建安工程费 = 1 538.18+104 = 1 642.18(万元)

工程建设其他费 = 20×8+1 642.18×15% = 406.33(万元)

基本预备费 = (1 642.18+520+406.33)×5% = 128.43(万元)

建设投资 = 1 642.18+520+406.33+128.43 = 2 696.94(万元)

【典型例题四】

[背景资料]

按现行价格计算的该项目生产线设备购置费为 720 万元,当地已建同类同等生产规模生产线项目的建筑工程费用、生产线设备安装工程费用、其他辅助设备购置及安装费用占生产设备购置费的比重分别为 70%、20%、15%。根据市场调查,现行生产线设备购置费较已建项目有 10% 的下降,建筑工程费用、生产线设备安装工程费用较已建项目有 20% 上涨,其他辅助设备购置及安装费用无变化。拟建项目的其他相关费用为 500 万元(含预备费)。

[问题] 列式计算拟建项目的建设投资。(计算结果保留 2 位小数)

[答案]

建筑工程费=720/(1−10%)×70%×1.2=672.00(万元)

生产设备安装工程费=720/(1−10%)×20%×1.2=192.00(万元)

辅助设备购置及安装费=720/(1−10%)×15%=120.00(万元)

建设投资=720+672+192+120+500=2 204.00(万元)

第二节 建设项目财务分析

考点重要度分析

考点	重要度星标
考点一:知识框架	★★★★
考点二:收入	★
考点三:总成本费用的构成及计算	★★★★
考点四:增值税、增值税附加税、所得税	★★★★
考点五:利润总额(税前利润)、净利润(税后利润)	★★★★
考点六:总投资收益率、资本金净利润率	★★★
考点七:偿债能力分析	★★★
考点八:利润及利润分配表	★
考点九:现金流量表	★★

[考点一] 知识框架(图 1.2.1)★★★★

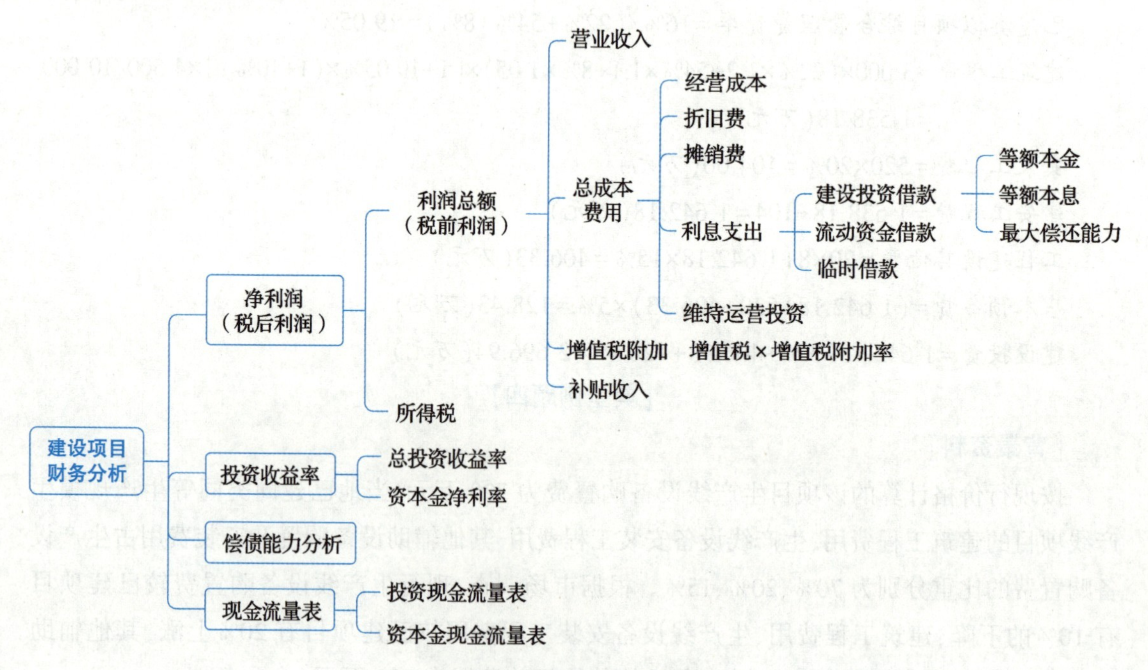

图 1.2.1 建设项目财务分析

［盈利能力］

净利润的构成及计算(见图 1.2.2)：

净利润(税后利润)＝利润总额(税前利润)－所得税

利润总额(税前利润)＝营业收入(不含销项税)－总成本费用(不含进项税)－增值税附加+补贴收入

总成本费用＝经营成本(不含进项税)+折旧费+摊销费+利息支出+维持运营投资

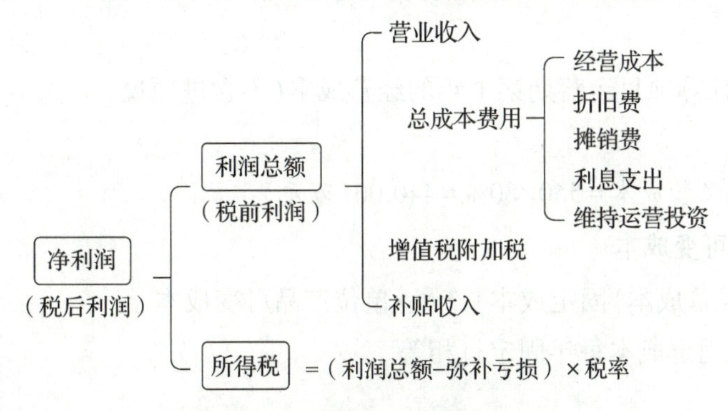

图 1.2.2 净利润的构成及计算

［考点二］ 收入★

(一)营业收入

一般已知,或营业收入＝当年产量×不含税销售单价。

［注意］案例分析解题中,假定产量等于销量。

(二)补贴收入

按财政、税务部门的规定,分别计入或不计入应税收入。一般发生在运营期某一年。

醍醐灌顶

(1)考试中很少涉及补贴收入,如涉及则会说明是否计取所得税。

(2)如果题目未设定,按照需要计取所得税处理。

［考点三］ 总成本费用的构成及计算(图 1.2.3)★★★★

总成本费用＝经营成本+折旧费+摊销费+利息+维持运营投资

＝固定成本+可变成本(常用于盈亏平衡分析)

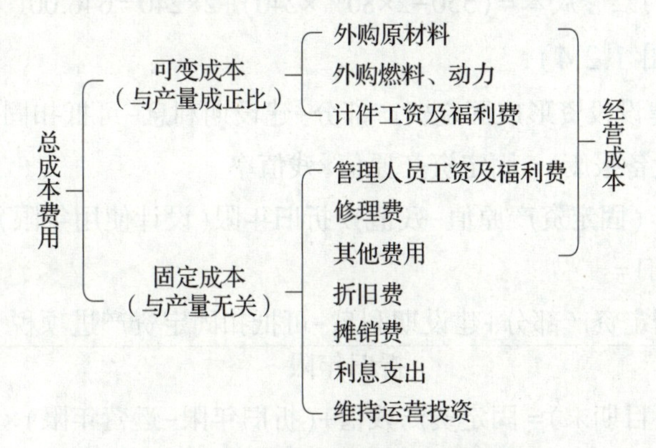

图 1.2.3 总成本费用的构成及计算

(一)经营成本

1.与产量成正比

随堂练习

项目设计产量为2万件/年,正常达产年份的经营成本为550万元(不含进项税)。运营期第1年达到设计生产能力的80%,销售收入、经营成本(不含进项税)均按照达产年份的80%计算。

[问题] 列式计算项目运营期第1年的经营成本(不含进项税)。

[答案]

运营期第1年经营成本=550×80%=440.00(万元)

2.考虑固定与可变成本

经营成本=(经营成本)固定成本+产量×单位产品可变成本

经营成本中的固定成本每年固定且相等。

随堂练习

1.项目设计产量为2万件/年,项目运营期第1年产量为设计产量的80%。单位产品不含进项税可变成本估算为240元。正常达产年份的经营成本为550万元(不含可抵扣进项税)。

[问题] 列式计算项目运营期第1年的经营成本(不含进项税)。(计算结果保留2位小数)

[答案]

运营期第1年经营成本=(550-2×240)+2×240×80%=454.00(万元)

2.项目设计产量为2万件/年,项目运营期第1年产量为设计产量的80%。单位产品不含进项税可变成本估算为240元。运营期第1年的经营成本为550万元(不含可抵扣进项税)。

[问题] 列式计算项目正常达产年份的经营成本(不含进项税)。(计算结果保留2位小数)

[答案]

运营期达产年份的经营成本=(550-2×80%×240)+2×240=646.00(万元)

(二)折旧费(图1.2.4)

固定资产原值=建设投资形成固定资产部分+建设期利息-可抵扣固定资产进项税

固定资产残值(设备报废)=固定资产原值×残值率

固定资产年折旧=(固定资产原值-残值)/折旧年限(设计使用年限)

固定资产(年)折旧=

$$\frac{(\text{建设投资形成固定资产部分}+\text{建设期利息}-\text{可抵扣固定资产进项税})\times(1-\text{残值率})}{\text{折旧年限}}$$

固定资产余值(项目期末)=固定资产残值+(折旧年限-运营年限)×固定资产年折旧

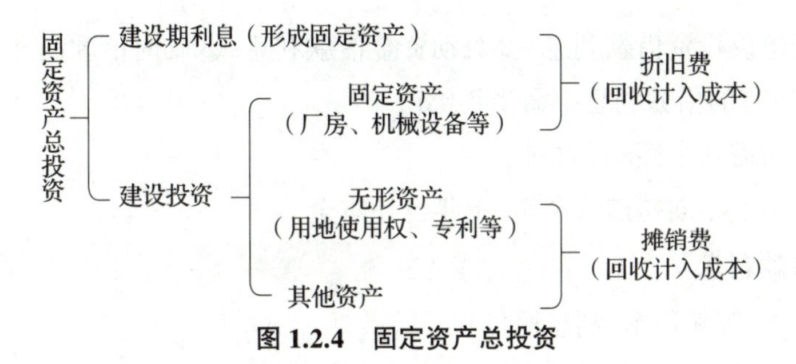

图 1.2.4　固定资产总投资

(三)摊销费

无形资产摊销=无形资产/摊销年限

其他资产摊销=其他资产/摊销年限

随堂练习

某项目计算期为 10 年,其中建设期 2 年,生产运营期 8 年。项目建设投资 1 000 万元(包含可抵扣固定资产进项税额 100 万元),其中 200 万元形成无形资产,其余形成固定资产,无形资产在运营期内均匀摊入成本;固定资产使用年限为 10 年,残值率为 5%,按直线法折旧。项目建设投资资金来源全部为贷款,贷款年利率 6%(按年计息)。建设投资在建设期内均衡投入。

[问题] 列式计算固定资产年折旧费、固定资产残值、余值、无形资产摊销。(计算结果保留 2 位小数)

[答案]

建设期利息:

第 1 年=(0+500/2)×6%=15.00(万元)

第 2 年=(500+15+500/2)×6%=45.90(万元)

建设期利息=15+45.9=60.90(万元)

固定资产年折旧=(1 000-200+60.90-100)×(1-5%)/10=72.29(万元)

残值=(1 000-200+60.90-100)×5%=38.05(万元)

余值=38.05+72.29×(10-8)=182.63(万元)

无形资产年摊销=200/8=25.00(万元)

(四)利息支出

利息支出指建设投资借款、流动资金借款、临时借款在运营期产生的利息。建设期利息与运营期利息的区别见表 1.2.1。

表 1.2.1　建设期利息与运营期利息区别

项目	建设期利息	运营期利息
计息方式	当年一半,上年全算	全年计息(期初借款余额×有效利率)
还息方式	只计息不付息	当年付息
计入方式	计入固定资产原值	计入总成本费用
组成	建设期各年利息之和	①建设投资借款利息 ②流动资金借款利息 ③临时借款利息

利息支出=①建设投资借款利息+②流动资金借款利息+③临时借款利息

特点:运营期所有的借款利息都需当年偿还

利息支出=期初借款余额×有效利率

期初借款余额=上年期初借款余额-上年已还本金

1.建设投资借款利息

(1)等额本金法(等额还本,利息照付)。

每年应还等额的本金=期初借款余额/还款年限

某年应付利息=当年期初借款余额×有效利率

期初借款余额:

运营期第 1 年:建设期贷款本利和

运营期第 2 年及以后:上年期初借款余额-上年已还本金

随堂练习

某项目建设期 1 年,建设投资贷款 1 000 万元,均衡投入,利率为 10%(按年计息)。项目贷款在运营期前 5 年按等额本金法偿还。

[问题] 列式计算每年应还本金和利息,并填写还本付息计划表(表 1.2.2)。(计算结果保留 2 位小数)

表 1.2.2 等额本金法还本付息计划表

单位:万元

项目		建设期	运营期(利率 10%)				
		1	2	3	4	5	6
年初借款余额							
当期还本付息							
其中	还本						
	付息						
期末借款余额							

[答案]

建设期利息=1 000/2×10%=50.00(万元)

运营期期初借款余额=1 000+50=1 050.00(万元)

每年还本=1 050/5=210.00(万元)

运营期第 1 年付息=1 050×10%=105.00(万元)

运营期第 2 年付息=(1 050-210)×10%=840×10%=84.00(万元)

运营期第 3 年付息=(840-210)×10%=630×10%=63.00(万元)

运营期第 4 年付息=(630-210)×10%=420×10%=42.00(万元)

运营期第 5 年付息=(420-210)×10%=210×10%=21.00(万元)

本项目等额本金法还本付息计划表见表 1.2.3。

表 1.2.3　等额本金法还本付息计划表　单位:万元

项目		建设期	运营期(利率 10%)				
		1	2	3	4	5	6
年初借款余额			1 050.00	840.00	630.00	420.00	210.00
当期还本付息			315.00	294.00	273.00	252.00	231.00
其中	还本		210.00	210.00	210.00	210.00	210.00
	付息		105.00	84.00	63.00	42.00	21.00
期末借款余额		1 050.00	840.00	630.00	420.00	210.00	

(2)等额本息法(等额还本付息)。

各年应还等额本息和 $=P\times\dfrac{(1+i)^n\times i}{(1+i)^n-1}$

某年付息=当年期初借款余额×有效年利率

某年还本=每年还本付息-当年付息

当年期初借款余额=上年期初借款余额-上年已还本金

随堂练习

某项目建设期 1 年,建设投资贷款 1 000 万元,均衡投入,利率为 10%(按年计息)。项目贷款在运营期前 3 年等额还本付息。

[问题] 列式计算每年应还本金和利息,填写还本付息计划表(表 1.2.4)。(计算结果保留 2 位小数)

表 1.2.4　等额本息法还本付息计划表　单位:万元

项目		建设期	运营期(利率 10%)				
		1	2	3	4	5	6
年初借款余额							
当期还本付息							
其中	还本						
	付息						
期末借款余额							

[答案]

建设期利息=1 000/2×10%=50.00(万元)

运营期期初借款余额=1 000+50=1 050.00(万元)

每年应还等额本息和=1 050×(1+10%)^3×10%/[(1+10%)^3-1]=422.22(万元)

运营期第 1 年付息:1 050×10%=105.00(万元)

运营期第 1 年还本:422.22-105=317.22(万元)

运营期第 2 年付息:(1 050-317.22)×10%=732.78×10%=73.28(万元)

运营期第 2 年还本:422.22−73.28=348.94(万元)

运营期第 3 年付息:(732.78−348.94)×10%=383.84×10%=38.38(万元)

运营期第 3 年还本:422.22−38.38=383.84(万元)

本项目等额本息法还本付息计划表见表 1.2.5。

表 1.2.5　等额本息法还本付息计划表　　单位:万元

项目		建设期	运营期(利率 10%)				
		1	2	3	4	5	6
年初借款余额			1 050.00	732.78	383.84		
当期还本付息			422.22	422.22	422.22		
其中	还本		317.22	348.94	383.84		
	付息		105.00	73.28	38.38		
期末借款余额		1 050.00	732.78	383.84			

醍醐灌顶

(1)运营期第 1 年的期初借款余额等于建设期本利和。

(2)运营期第 1 年的建设投资借款利息=建设期本利和×有效利率。

(3)无论等额本金还是等额本息还款,运营期第 1 年的建设投资借款利息都一样。

(3)最大偿还能力。

利息支出=期初借款余额×有效利率

当年还本=折旧费+摊销费+未分配利润(净利润)

[**注意**] 亏损年份净利润为负值也应计入。

随堂练习

某项目建设期 2 年,运营期 6 年。建设投资 2 000 万元,每年均衡投入自有资金 500 万元和贷款 500 万元,贷款年利率为 6%,按年计息。项目贷款在运营期第 1 年按照最大偿还能力的方法偿还。

[问题] 假设运营期第 1 年的折旧为 180 万元,摊销为 20 万元,当年亏损 50 万元。计算运营期第 1 年偿还的本金、利息。(计算结果保留 2 位小数)

[答案]

建设期利息:

建设期第 1 年=500/2×6%=15.00(万元)

建设期第 2 年=[(500+15.00)+500/2]×6%=45.90(万元)

合计=15.00+45.90=60.90(万元)

第 1 年利息=1 060.90×6%=63.65(万元)

第 1 年还本=180+20−50=150.00(万元)

2.流动资金借款利息

流动资金利息=期初借款余额×有效利率

[特点]

(1)借款年初一次到位(按全年计息)。

(2)在运营期每年付息不还本,最后一年末还本。

随堂练习

某项目资金投资如表 1.2.6 所示,流动资金贷款利率为 10%。

[问题] 编制流动资金还本付息计划表。(计算结果保留 2 位小数)

表 1.2.6　某项目资金投资表

单位:万元

序号	年份 / 项目	建设期	运营期(利率 10%)				
		1	2	3	4	5	6
1	建设投资	1 600					
	其中:自有资金	600					
	贷款本金	1 000					
2	流动资金		300	100			
	其中:自有资金		100	0			
	贷款本金		200	100			

[答案]

本项目流动资金还本付息计划表见表 1.2.7。

表 1.2.7　流动资金还本付息计划表

单位:万元

项目	建设期	运营期(利率 10%)				
	1	2	3	4	5	6
当期还本		0	0	0	0	300.00
当年还息		20.00	30.00	30.00	30.00	30.00

3.临时借款利息

临时借款=当年还本-(折旧费+摊销费+净利润)

利息支出=期初借款余额×有效利率

[特点]

(1)最早的临时借款——运营期第一年年末(第二年年初)。

(2)最早的临时借款还本还息——运营期第二年年末。

醍醐灌顶

当题目给定临时借款利率才需要考虑临时借款,否则无需考虑。

随堂练习

运营期第 1 年的折旧为 120 万元,摊销为 40 万元,净利润为 30 万元,根据工程借款合同当年应偿还银行本金 200 万元。

[问题] 运营期第 1 年末发生的临时借款为多少万元?假设银行利率为 10%,则运营期第 2 年末因此产生的利息为多少万元?(计算结果保留 2 位小数)

[答案]

临时借款=200-(120+40+30)=10.00(万元)

第2年利息=10×10%=1.00(万元)

(五)维持运营投资

一些项目在运营期需要投入一定的固定资产投资才能得以维持正常运营,这类投资称为维持运营投资。

对于维持运营投资,根据实际情况有两种处理方式:

(1)资本化,即计入固定资产原值,并计提折旧;

(2)费用化,列入年度总成本。(教材采用)

随堂练习

某项目固定资产投资总额为3 000万元,全部形成固定资产,固定资产使用年限10年,残值率5%,直线法折旧。运营期第6年的经营成本为325万元、利息支出为10万元、维持运营投资50万元。

[问题]

1.若维持运营投资费用化,列入年度总成本,列式计算运营期第6年的总成本费用。

2.若维持运营投资资本化,全部形成新增固定资产,新增固定资产使用年限同原固定资产剩余使用年限,残值率、折旧方式和原固定资产相同。列式计算运营期第6年的总成本费用。

(计算结果保留2位小数)

[答案]

问题1:

折旧费=3 000×(1-5%)/10=285.00(万元)

总成本费用=325+285+10+50=670.00(万元)

问题2:

新折旧费=285+50×(1-5%)/5=294.50(万元)

总成本费用=325+294.50+10=629.50(万元)

[考点四] 增值税、增值税附加税、所得税★★★

增值税、增值税附加税、所得税的含义见表1.2.8。

表1.2.8 增值税、增值税附加税、所得税表

名称	含 义	备注
增值税	增值税是以商品(含应税劳务)在流转过程中产生的增值额作为计税依据而征收的一种流转税,由消费者负担(企业角色为代收代缴)	与项目企业核算无关
增值税附加税	增值税附加税是附加税的一种,对应计增值税的,按照增值税税额的一定比例征收的税(企业缴纳)	与项目企业核算有关

续表 1.2.8

名称	含　义	备注
所得税	所得税是国家税收机关根据企业或个人所得情况，按规定税率开征的一种税收。税率一般是按所得额总额累进计算，即多得多纳、少得少纳、不得不纳，与纳税人的纳税能力相适应，公平合理(企业缴纳)	与项目企业核算有关

(一)增值税

应纳增值税额=销项税-进项税{当期经营成本中的进项税；可抵扣固定资产进项税}

运营期第1年：

应纳增值税=当期销项税-当期进项税-可抵扣固定资产进项税

运营期第2年及以后：

应纳增值税=当期销项税-当期进项税-上一年未抵扣完的进项税

其中：

当期销项税=销售收入(不含税)×增值税税率(题目给定的增值税税率默认为销项税税率)

当期进项税为经营成本中的进项税，由题目直接给定。

可抵扣固定资产进项税=建设投资中包含的可抵扣进项税(题目给定)

特别说明：当某年的应纳增值税为负值时，说明当年无需缴纳增值税，“应纳增值税”为零，但计算过程中应保留其负值，在下一年计算增值税时继续抵扣。

(二)增值税附加

增值税附加税=应纳增值税×增值税附加税税率

(若应纳增值税为零，增值税附加税也为零)

随堂练习

某项目建设期1年，运营期8年。可抵扣的固定资产进项税为200万元。运营期达产年份产量为120万件/年，产品含税单价为11.6元/件，适用的增值税税率为16%。增值税附加税按增值税的10%计取。项目达产年份的经营成本为760万元(含进项税60万元)。运营期第1年达到设计生产能力的80%，销售收入、经营成本(含进项税)均按照达产年份的80%计算。第2年以后各年为达产年份。

[问题] 列式计算运营期各年的应纳增值税税额、增值税附加税。(计算结果保留2位小数)

[答案]

不含税单价=11.6/(1+16%)=10.00(元/件)

运营期第1年：应纳增值税=10×120×80%×16%-60×80%-200=-94.40(万元)

应纳增值税=0，增值税附加税=0

运营期第2年：应纳增值税=10×120×16%-60-94.4=37.60(万元)

增值税附加税=37.6×10%=3.76(万元)

运营期第3~8年：

应纳增值税 = 10×120×16% − 60 = 132.00(万元)

增值税附加税 = 132×10% = 13.20(万元)

(三)所得税

所得税=应纳税所得额×所得税税率

应纳税所得额=利润总额−以前年度亏损

所得税=(利润总额−以前年度亏损)×所得税税率

(若应纳税所得额为负,无需缴纳所得税)

随堂练习

某项目运营期第1年利润总额为负100万元,运营期第2年利润总额为300万元,所得税税率为25%。

[问题] 求运营期第1年、第2年所得税和净利润。(计算结果保留2位小数)

[答案]

运营期第1年:所得税=0　净利润=−100.00(万元)

运营期第2年:所得税=(300−100)×25%=50.00(万元)

净利润=300−50=250.00(万元)

[考点五] 利润总额(税前利润)、净利润(税后利润)★★★★

(一)利润总额(税前利润)

利润总额=营业收入(不含销项税)−总成本费用(不含进项税)−增值税附加税+补贴收入

其中:

(1)营业收入一般已知,或营业收入=当年产量×不含税销售单价

(2)总成本费用=经营成本(不含进项税)+折旧费+摊销费+利息支出+维持运营投资

(3)应纳增值税=当期销项税−当期进项税−可抵扣固定资产进项税

(4)增值税附加税=应纳增值税×增值税附加税税率

(二)净利润(税后利润)(图1.2.5)

净利润(税后利润)= 利润总额(税前利润)−所得税

其中,所得税=(利润总额−弥补以前年度亏损)×所得税税率

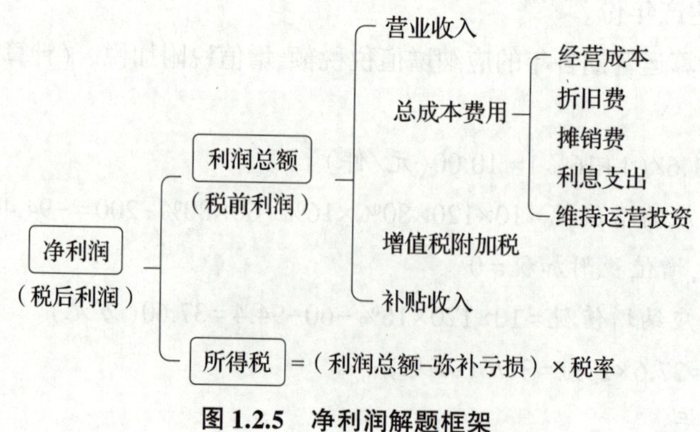

图1.2.5　净利润解题框架

[考点六] 总投资收益率、资本金净利润率★★★

总投资收益率=[正常年份(或运营期内年平均)息税前利润/总投资]×100%

息税前利润=利息支出+税前利润=利息支出+所得税+净利润

总投资=建设投资+建设期利息+流动资金

资本金净利润率=[正常年份(或运营期内年平均)净利润/项目资本金]×100%

项目资本金=建设投资资本金+流动资金资本金

醍醐灌顶

(1)利息支出等于建设投资借款利息、流动资金借款利息、临时借款利息之和。

(2)总投资包含进项税。

[考点七] 偿债能力分析(图1.2.6)★★★

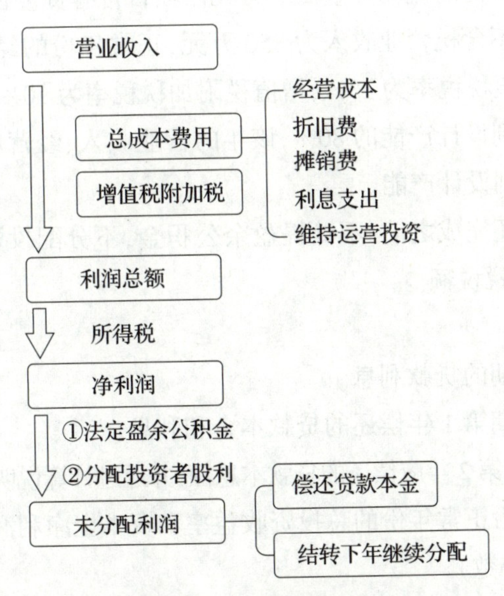

图1.2.6 偿债能力分析

用于偿还(本金)的资金来源=折旧费+摊销费+未分配利润(净利润)

[注意] 无论净利润为正或负值,都应加入。

(一)等额本金/等额本息还款

若:折旧费+摊销费+净利润≥当年应还本金,

则:满足还款要求。

若:折旧费+摊销费+净利润<当年应还本金,

则:不满足还款要求。临时借款=当年还本-(折旧费+摊销费+净利润)。

或:

计算偿债备付率,当偿债备付率≥1时,满足还款要求;当偿债备付率<1时,则不满足还款要求。

偿债备付率=可用于还本付息的资金/当期应还本付息的金额

=(折旧费+摊销费+净利润+利息)/(当期应还本金+利息)

（二）最大偿还能力还款

一定具有还款能力！

【典型例题】

［背景资料］

某新建建设项目的基础数据如下：

（1）项目建设期2年，运营期10年，建设投资3 600万元，预计全部形成固定资产。

（2）项目固定资产使用年限10年，残值率5%，直线法折旧。

（3）项目建设投资来源为自有资金和贷款，贷款总额为2 000万元，贷款年利率6%（按年计息），贷款合同约定运营期第1年按照项目的最大偿还能力还款，运营期第2~5年将未偿还款项等额本息偿还。自有资金和贷款在建设期内均衡投入。

（4）项目生产经营所必需的流动资金250万元由项目自有资金在运营期第1年投入。

（5）运营期正常年份不含税营业收入为850万元，正常年份的经营成本为320万元（含可抵扣进项税40万元）；增值税税率为13%，增值税附加税税率为10%，所得税税率为25%。

（6）运营期第1年达到设计产能的80%，该年的营业收入、经营成本及进项税均为正常年份的80%，以后各年均达到设计产能。

（7）在建设期贷款偿还完成之前，不计提盈余公积金，不分配投资者股利。假定建设投资中无可抵扣固定资产进项税税额。

［问题］

1.列式计算项目建设期的贷款利息。

2.列式计算项目运营期第1年偿还的贷款本金和利息。

3.列式计算项目运营期第2年应偿还的贷款本息额，并通过计算说明项目能否满足还款要求。

4.列式计算贷款还完后正常年份的总投资收益率和资本金净利润率。

（计算结果保留2位小数）

［答案］

问题1：

建设期第1年利息=1 000×6%×1/2=30.00（万元）

建设期第2年利息=［（1 000+30）+1 000×1/2］×6%=91.80（万元）

建设期利息合计=30+91.8=121.80（万元）

问题2：

运营期第1年：

折旧费=（3 600+121.8）×（1−5%）/10=353.57（万元）

利息=（2 000+121.8）×6%=127.31（万元）

总成本费用=（320−40）×80%+353.57+127.31=704.88（万元）

应纳增值税=850×80%×13%−40×80%=56.40（万元）

增值税附加税=56.40×10%=5.64（万元）

利润总额＝850×80%－704.88－5.64＝－30.52（万元）

故所得税为0，净利润为－30.52万元

运营期第1年可还本金＝折旧费＋摊销费＋净利润＝353.57－30.52＝323.05（万元）

运营期第1年偿还利息：127.31（万元）

问题3：

运营期第2年：

期初贷款余额＝（2 000＋121.8）－323.05＝1 798.75（万元）

每年偿还本息和＝1 798.75×6%×$(1+6\%)^4/[(1+6\%)^4-1]$＝519.10（万元）

利息＝1 798.75×6%＝107.93（万元）

应还本金＝519.10－107.93＝411.17（万元）

总成本费用＝（320－40）＋353.57＋107.93＝741.50（万元）

应纳增值税＝850×13%－40＝70.50（万元）

增值税附加税＝70.50×10%＝7.05（万元）

利润总额＝850－741.50－7.05＝101.45（万元）

所得税＝（101.45－30.52）×25%＝17.73（万元）

净利润＝101.45－17.73＝83.72（万元）

运营期第2年可供还本资金＝353.57＋83.72＝437.29（万元）

437.29万元>411.17万元，满足还款要求。

问题4：

正常年份：

总成本费用＝（320－40）＋353.57＝633.57（万元）

增值税附加税＝（850×13%－40）×10%＝7.05（万元）

利润总额＝850－633.57－7.05＝209.38（万元）

息税前利润＝209.38（万元）

所得税＝209.38×25%＝52.35（万元）

净利润＝209.38－52.35＝157.03（万元）

总投资收益率＝209.38/（3 600＋121.8＋250）＝5.27%

资本金净利润率＝157.03/（1 600＋250）＝8.49%

[考点八]　利润及利润分配表★

利润及利润分配的计算方法见表1.2.9。

表1.2.9　利润及利润分配表

序号	项目	计算方法
1	营业收入	营业收入＝年产量×不含税单价
2	增值税附加	增值税附加税＝增值税×增值税附加税税率

续表 1.2.9

序号	项目	计算方法
3	总成本费用	总成本费用=经营成本+折旧费+摊销费+利息支出+维持运营投资 利息支出=长期借款利息+流动资金借款利息+临时借款利息
4	补贴收入	一般已知
5	利润总额(1-2-3+4)	利润总额=营业收入(不含销项税)-总成本费用(不含可抵扣进项税)-增值税附加税+补贴
6	弥补以前年度亏损	利润总额中用于弥补以前年度亏损的部分
7	应纳税所得额(5-6)	应纳税所得额=(5-6)
8	所得税	所得税=(7)×所得税税率
9	净利润(5-8)	净利润=(5-8)= 利润总额-所得税
10	期初未分配利润	上一年度末留存的利润
11	可供分配的利润(9+10)	可供分配的利润=(9+10)
12	提取法定盈余公积金(9×10%)	法定盈余公积金=净利润×10%
13	可供投资者分配的利润(11-12)	可供投资者分配的利润=(11-12)
14	应付投资者各方股利	视企业约定分配情况填写
15	未分配利润(13-14)	未分配利润=可供投资者分配利润-应付各投资方的股利
15.1	用于还款利润	用于还款的未分配利润=应还本金-折旧费-摊销费
15.2	剩余利润(转下年期初未分配利润)(15-15.1)	剩余利润转下年期初未分配利润=15-15.1

[考点九] 现金流量表(图 1.2.7)★★

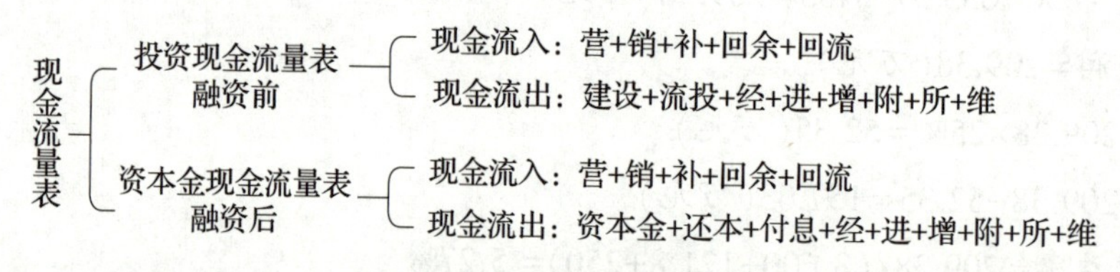

图 1.2.7 现金流量表

(一)投资现金流量表(融资前)

1.现金流入(口诀:营销补贴两回收)

现金流入=营业收入(不含销项税额)+销项税额+补贴收入+回收固定资产余值+回收流动资金

2.现金流出(口诀:三投四税一经营)

现金流出=建设投资+流动资金投资+经营成本(不含进项税额)+进项税额+应纳增值税+增值税附加税+维持运营投资+调整所得税

3.净现金流量

净现金流量=现金流入-现金流出

投资现金流量表见表 1.2.10。

表 1.2.10　投资现金流量表

序号	项目	计算方法
1	现金流入	1=1.1+1.2+1.3+1.4+1.5
1.1	营业收入(不含销项税额)	年营业收入=年生产能力×不含税产品单价
1.2	销项税额	销项税额=不含税营业收入×增值税税率
1.3	补贴收入	一般已知
1.4	回收固定资产余值	发生在运营期末 回收固定资产余值=残值+(折旧年限-运营年限)×年折旧费
1.5	回收流动资金	各年投入的流动资金在项目期末一次全额回收,一般填写在运营期的最后 1 年
2	现金流出	2=2.1+2.2+2.3+2.4+2.5+2.6+2.7+2.8
2.1	建设投资	建设期发生
2.2	流动资金投资	发生在运营期前几年,一般已知
2.3	经营成本(不含进项税额)	发生在运营期各年,一般已知
2.4	进项税额	发生在运营期各年,一般已知
2.5	应纳增值税	在运营期各年发生 当期销项税-当期进项税-可抵扣固定资产进项税
2.6	增值税附加税	在运营期各年发生 增值税附加税=应纳增值税×增值税附加税税率
2.7	维持运营投资	一般已知
2.8	调整所得税	在运营期各年发生 调整所得税=息税前利润×调整所得税税率 息税前利润=利润总额+利息 说明:因为投资现金流量表属于融资前的财务报表,所以上式中利息为零
3	所得税后净现金流量	净现金流量=1-2

(二)资本金现金流量表(融资后)

1.现金流入(口诀:营销补贴两回收)

现金流入=营业收入(不含销项税额)+销项税额+补贴收入+回收固定资产余值+回收流动资金

2.现金流出(口诀:金债经维四项税)

现金流出=项目资本金+借款本金偿还+借款利息支付+经营成本(不含进项税额)+进税额+应纳增值税+增值税附加+维持运营投资+所得税

3.净现金流量

净现金流量=现金流入-现金流出

资本金现金流量表见表 1.2.11。

表 1.2.11 资本金现金流量表

序号	项目	计算方法
1	现金流入	1=1.1+1.2+1.3+1.4+1.5
1.1	营业收入(不含销项税额)	一般已知,或年营业收入=年生产能力×不含税产品单价
1.2	销项税额	不含税营业收入×增值税税率
1.3	补贴收入	一般已知
1.4	回收固定资产余值	发生在运营期末 回收固定资产余值=残值+(折旧年限-运营年限)×年折旧费
1.5	回收流动资金	各年投入的流动资金在项目期末一次全额回收(包括**自有和贷款**),一般填写在运营期的最后 1 年
2	现金流出	2=2.1+2.2+2.3+2.4+2.5+2.6+2.7+2.8+2.9
2.1	**项目资本金**	建设投资自有资金:建设期发生 流动资金自有资金:运营期发生
2.2	**借款本金偿还**	**借款本金=长期借款本金+流动资金借款本金+临时借款本金**
2.3	**借款利息支付**	**利息=长期借款利息+流动资金借款利息+临时借款利息**
2.4	经营成本(不含进项税额)	一般发生在运营期的各年
2.5	进项税额	一般已知
2.6	应纳增值税	运营期各年发生 当期销项税-当期进项税-可抵扣固定资产进项税
2.7	增值税附加税	运营期各年发生 增值税附加税=增值税×增值税附加税税率
2.8	维持运营投资	一般已知
2.9	所得税	所得税=(利润总额-弥补亏损)×所得税税率
3	所得税后净现金流量	净现金流量=1-2

(三)计算某年的净现金流量

[解题思路]

①背表头;②看年份;③判有无;④代数据。

投资现金流量表(融资前):

流入:营销补贴两回收;

流出:三投四税一经营。

资本金现金流量表(融资后):

流入:营销补贴两回收;

流出:金债经维四项税。

醍醐灌顶

(1)建设投资发生在建设期,一定不计入运营期的现金流出。

(2)回收余值/回收流动资金发生在最后1年。

(3)资本金现金流量表中,建设投资、流动资金只计入资本金(自有资金)。

(4)还本/付息=建设投资借款本金(利息)+流动资金借款本金(利息)+临时借款本金(利息)。

(5)如果有流动资金借款,最后1年的流出项里应还流动资金本金+利息。

本节回顾

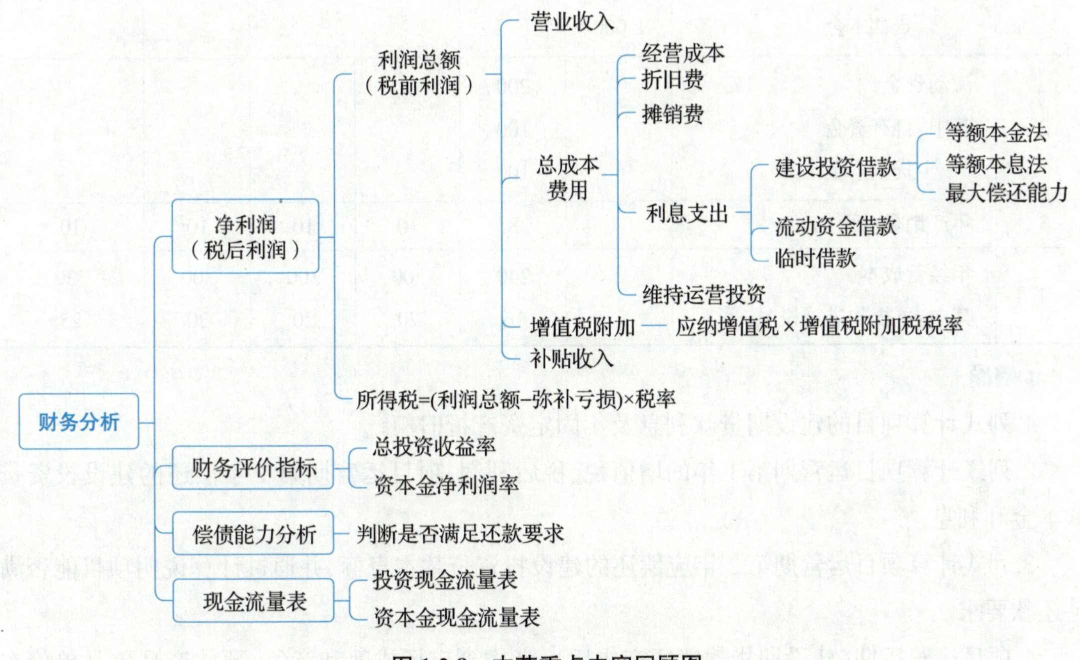

图1.2.8 本节重点内容回顾图

【典型例题一】

[背景资料]

某企业投资新建一项目,生产一种市场需求较大的产品。项目的基础数据如下:

(1)项目建设投资估算为1 600万元(含可抵扣进项税112万元),建设期1年,运营期8年。建设投资(不含可抵扣进项税)全部形成固定资产,固定资产使用年限8年,残值率4%,按直线法折旧。

(2)项目流动资金估算为200万元,运营期第1年年初投入,在项目的运营期末全部回收。

(3)项目资金来源为自有资金和贷款。建设投资贷款利率为8%(按年计息),流动资金贷款利率为5%(按年计息)。贷款合同约定运营期第1年按照项目的最大偿还能力还款,运营期第2~4年将未偿还款项等额本息偿还。建设投资自有资金和贷款在建设期内均衡投入。

(4)项目正常年份的设计产能为10万件,运营期第1年的产能为正常年份产能的80%,根据目前市场同类产品价格估算的产品不含税销售价格为65元/件。

(5)项目资金投入、收益及成本等基础测算数据见表1.2.12。

(6)该项目产品适用的增值税税率为13%,增值税附加税综合税率为10%,所得税税率为25%。

(7)在建设期贷款利息偿还完成之前,不计提盈余公积金,不分配投资者股利。

表1.2.12 项目资金投入、收益及成本表 单位:万元

序号	项目 \ 年份	1	2	3	4	5	6~9
1	建设投资 其中:自有资金 贷款本金	1 600 600 1 000					
2	流动资金 其中:自有资金 贷款本金		200 100 100				
3	年产销量(万件)		8	10	10	10	10
4	年经营成本 其中:可抵扣进项税		240 16	300 20	300 20	300 20	330 25

[问题]

1.列式计算项目的建设期贷款利息及年固定资产折旧额。

2.列式计算项目运营期第1年的增值税、税后利润,项目运营期第1年偿还的建设投资贷款本金和利息。

3.列式计算项目运营期第2年应偿还的建设投资贷款本息额,并通过计算说明项目能否满足还款要求。

4.项目运营后期(建设期贷款偿还完成后),考虑到市场成熟和竞争,预估产品单品单价在65元的基础上下调10%,列式计算运营后期正常年份的资本金净利润率。

5.项目资本金现金流量表运营期第1年、第2年和最后1年的净现金流量分别是多少?

(计算结果保留2位小数)

[答案]

问题1:

建设期利息=1 000×1/2×8%=40.00(万元)

年固定资产折旧额=(1 600−112+40)×(1−4%)/8=183.36(万元)

问题 2：

运营期第 1 年：

销项税 = 8×65×13% = 67.60(万元)

增值税 = 67.60−16−112 = −60.40(万元) <0，所以运营期第 1 年的增值税为零。

建设投资贷款利息 = (1 000+40)×8% = 83.20(万元)

流动资金贷款利息 = 100×5% = 5.00(万元)

利息支出 = 83.20+5.00 = 88.20(万元)

总成本费用(不含可抵扣进项税) = (240−16)+183.36+88.2 = 495.56(万元)

税前利润 = 65×8−495.56−0 = 24.44(万元)

所得税 = 24.44×25% = 6.11(万元)

税后利润 = 24.44−6.11 = 18.33(万元)

偿还贷款本金 = 183.36+18.33 = 201.69(万元)

偿还建设投资贷款利息为 83.20 万元。

问题 3：

运营期第 2 年：

期初建设投资借款余额 = 1040−201.69 = 838.31(万元)

$$运营期第 2\sim4 年本利和 = 838.31\times\frac{(1+8\%)^3\times8\%}{(1+8\%)^3-1} = 325.29(万元)$$

建设投资借款利息 = 838.31×8% = 67.06(万元)

建设投资借款本金偿还 = 325.29−67.06 = 258.23(万元)

流动资金借款利息 = 100×5% = 5.00(万元)

利息支出 = 67.06+5 = 72.06(万元)

总成本费用(不含进项税) = (300−20)+183.36+72.06 = 535.42(万元)

增值税 = 65×10×13%−20−60.40 = 4.10(万元)

增值税附加税 = 4.10×10% = 0.41(万元)

利润总额 = 65×10−535.42−0.41 = 114.17(万元)

所得税 = 114.17×25% = 28.54(万元)

净利润 = 114.17−28.54 = 85.63(万元)

可供还本资金 = 183.36+85.63 = 268.99(万元)

268.99 万元 >258.23 万元，满足还款要求。

问题 4：

运营后期：

利息支出 = 100×5% = 5.00(万元)

总成本费用 = (330−25)+183.36+5 = 493.36(万元)

增值税 = 65×(1−10%)×10×13%−25 = 51.05(万元)

增值税附加税=51.05×10%=5.11(万元)

利润总额=65×(1-10%)×10-493.36-5.11=86.53(万元)

所得税=86.53×25%=21.63(万元)

净利润=86.53-21.63=64.90(万元)

资本金净利润率=64.90/(600+100)=9.27%

问题5:

运营期第1年:

现金流入=8×65×(1+13%)=587.60(万元)

现金流出=100+201.69+88.2+240+6.11=636.00(万元)

净现金流量=587.60-636.00=-48.40(万元)

运营期第2年:

现金流入=10×65×(1+13%)=734.50(万元)

现金流出=258.23+72.06+300+4.10+0.41+28.54=663.34(万元)

净现金流量=734.50-663.34=71.16(万元)

最后1年:

固定资产余值=(1 600-112+40)×4%=61.12(万元)

现金流入=10×65×0.9×(1+13%)+200+61.12=922.17(万元)

现金流出=100+5+330+51.05+5.11+21.63=512.79(万元)

净现金流量=922.17-512.79=409.38(万元)

【典型例题二】

［背景资料］

(1)某拟建项目建设期2年,运营期6年。建设投资总额3 540万元,建设投资预计形成无形资产540万元,其余形成固定资产,固定资产使用年限10年,残值率4%,固定资产余值在项目运营期末收回。无形资产在运营期6年中均匀摊入成本。

(2)项目的投资、收益、成本等基础测算数据见表1.2.13。

表1.2.13　某建设项目投资、收益及成本表　　单位:万元

序号	项目	年份				
		1	2	3	4	5~8
1	建设投资 其中:资本金 贷款本金	1 200	340 2 000			
2	流动资金 其中:资本金 贷款本金			300 100	400	

续表 1.2.13

序号	项目	年份				
		1	2	3	4	5~8
3	年产销量(万件)			60	120	120
4	年经营成本 其中:可抵扣进项税			1 850 170	3 560 330	3 560 330

(3)建设投资借款合同规定的还款方式为:运营期的前4年等额还本、利息照付,借款利率为6%(按年计息);流动资金借款利率、短期临时借款利率均为4%(按年计息)。

(4)流动资金为800万元,在项目的运营期末全部收回。

(5)设计生产能力为年产量120万件,产品不含税售价为36元/件,增值税税率为13%,增值税附加税综合税率为12%,所得税税率为25%;行业平均总投资收益率为10%。

(6)本项目不考虑计提盈余公积金、不分配投资者股利。

(7)假定建设投资中无可抵扣固定资产进项税。

[问题]

1.列式计算项目的建设期利息、年固定资产折旧、年无形资产摊销费。

2.列式计算项目运营期第1年应偿还的贷款本金和利息,并通过计算说明项目能否满足还款要求?若不满足,需产生多少临时借款?

3.列式计算项目运营期第2年的净利润,并通过计算说明当年是否满足还款要求?

4.列式计算项目运营后期(建设期贷款偿还完成后)正常年份的总投资收益率,判断项目是否可行。

5.项目资本金现金流量表运营期最后1年的净现金流量是多少?

(计算结果保留2位小数)

[答案]

问题1:

建设期利息=2 000/2×6%=60.00(万元)

年固定资产折旧额=(3 540-540+60)×(1-4%)/10=293.76(万元)

年无形资产摊销费=540/6=90.00(万元)

问题2:

运营期第1年

期初借款余额=2 000+60=2 060(万元)

第1年应还本金=2 060/4=515.00(万元)

利息:

建设投资借款利息=2 060×6%=123.60(万元)

流动资金借款利息=100×4%=4.00(万元)

应还利息=123.60+4=127.60(万元)

总成本费用(不含可抵扣进项税)=(1 850−170)+293.76+90+127.60=2 191.36(万元)

增值税=36×60×13%−170=110.80(万元)

增值税附加税=110.80×12%=13.30(万元)

利润总额=36×60−2 191.36−13.30=−44.66(万元),所得税为零。

净利润为−44.66(万元)

可用于还本的资金=折旧费+摊销费+净利润=293.76+90−44.66=339.10(万元)

339.10 万元<当年应还本金 515 万元,不满足还款要求,需产生临时借款=515−339.10=175.90(万元)

问题 3:

运营期第 2 年:

利息:

长息=(2 060−515)×6%=92.70(万元)

流息=(100+400)×4%=20.00(万元)

临息=175.90×4%=7.04(万元)

利息合计=92.70+20+7.04=119.74(万元)

应还本金=515+175.90=690.90(万元)

总成本费用(不含进项税)=(3 560−330)+293.76+90+119.74=3 733.50(万元)

增值税=36×120×13%−330=231.60(万元)

增值税附加税=231.60×12%=27.79(万元)

利润总额=36×120−3 733.50−27.79=558.71(万元)

所得税=(558.71−44.66)×25%=128.51(万元)

净利润=558.71−128.51=430.20(万元)

可供还本资金=折旧费+摊销费+净利润=293.76+90+430.20=813.96(万元)

813.96 万元>当年应还本金 690.90 万元,满足还款要求。

问题 4:

运营后期:

利息支出=500×4%=20.00(万元)

总成本费用=(3 560−330)+293.76+90+20=3 633.76(万元)

增值税=120×36×13%−330=231.60(万元)

增值税附加税=231.60×12%=27.79(万元)

利润总额=120×36−3 633.76−27.79=658.45(万元)

息税前利润=利息+利润总额=20+658.45=678.45(万元)

总投资收益率=息税前利润/总投资=678.45/(3 540+60+800)=15.42%

15.42%>行业平均总投资收益率 10%,所以项目可行。

问题5：

运营期最后1年：

现金流入：

营业收入=120×36=4 320(万元)

销项税=4 320×13%=561.60(万元)

回收余值=(3 540-540+60)×4%+4×293.76=1 297.44(万元)

回收流动资金为800万元(包括自有和借款)

现金流入=4 320+561.60+1 297.44+800=6 979.04(万元)

现金流出：

流动资金借款本金偿还为500万元

流动资金利息偿还为20万元

经营成本(含进项税)为3 560万元

增值税为231.60万元

增值税附加税为27.79万元

所得税=658.45×25%=164.61(万元)

现金流出=500+20+3 560+231.60+27.79+164.61=4 504.00(万元)

净现金流量=6 979.04-4 504=2 475.04(万元)

【典型例题三】

[背景资料]

某城市拟建设一条免费通行的道路工程，项目相关的信息如下：

(1)根据项目的设计方案及投资估算，该项目建设投资为100 000万元，建设期2年，建设投资全部形成固定资产。

(2)该项目拟采用PPP模式投资建设，政府与社会资本出资人合作成立了项目公司。项目资本金为项目建设投资的30%，其中社会资本出资人出资90%，占项目公司股权90%；政府出资10%，占项目公司股权10%。政府不承担项目公司亏损，不参与项目公司利润分配。

(3)除项目资本金外的项目建设投资由项目公司贷款，贷款年利率为6%(按年计息)，贷款合同约定的还款方式为项目投入使用后10年内等额还本付息。项目资本金和贷款均在建设期内均衡投入。

(4)该项目投入使用(通车)后，前10年年均支出费用2 500万元，后10年年均支出费用4 000万元，用于项目公司经营、项目维护和修理。道路两侧的广告收益权归项目公司所有，预计广告业务收入每年为800万元。

(5)固定资产采用直线法折旧，项目公司适用的企业所得税税率为25%，为简化计算不考虑销售环节相关税费。

(6)PPP项目合同约定，项目投入使用(通车)后连续20年内，在达到项目运营绩效的前提下，政府每年给项目公司等额支付一定的金额作为项目公司的投资回报。项目通车20年后，项目公司需将该道路无偿移交给政府。

［问题］

1.列式计算项目建设期贷款利息和固定资产投资额。

2.列式计算项目投入使用第1年项目公司应偿还银行的本金和利息。

3.列式计算项目投入使用第1年的总成本费用。

4.项目投入使用第1年，政府给予项目公司的款项至少达到多少万元时，项目公司才能除广告收益外不依赖其他资金来源，仍满足项目运营和还款要求？

5.若社会资本出资人对社会资本的资本金净利润率的最低要求为以贷款偿还完成后的正常年份的数据计算不低于12%，则社会资本出资人能接受的政府各年应支付给项目公司的资金额最少应为多少万元？

（计算结果保留2位小数）

［答案］

问题1：

建设期贷款=100 000×70%=70 000.00（万元）

建设期第1年利息=35 000/2×6%=1 050.00（万元）

建设期第2年利息=（35 000+1 050+35 000/2）×6%=3 213.00（万元）

建设期利息=1 050+3 213=4 263.00（万元）

固定资产投资=100 000+4 263=104 263.00（万元）

问题2：

建设期贷款本利和=70 000+4 263=74 263.00（万元）

运营期第1年应偿还的本息=74 263×1.06^{10}×0.06/（1.06^{10}−1）=10 089.96（万元）

其中：利息=74 263×6%=4 455.78（万元）

本金=10 089.96−4 455.78=5 634.18（万元）

问题3：

年折旧=（100 000+4 263）/20=5 213.15（万元）

运营期第1年的总成本费用=2 500+5 213.15+4 455.78=12 168.93（万元）

问题4：

设政府给予的补贴应至少为X万元，则有：

净利润+折旧费+摊销费≥该年应偿还的本金

（800+X−12 168.93）×（1−25%）+5 213.15≥5 634.18

得X≥11 930.30

因此，政府给予项目公司的款项应不少于11 930.30万元。

问题5：

设政府给予的补贴应至少为X万元，则贷款偿还完后

正常年份总成本费用=4 000+5 213.15=9 213.15（万元）

社会资本金 = 100 000×30%×90% = 27 000.00(万元)

(800+X−9 213.15)×(1−25%)/27 000 = 12%

X = 12 733.15,即政府应支付 12 733.15 万元。

【典型例题四】

［背景资料］

某企业投资建设的一个工业项目,生产运营期 10 年,于 5 年前投产。该项目固定资产投资总额 5 000 万元(不含可抵扣进项税),全部形成固定资产,固定资产使用年限 10 年,残值率 5%,直线法折旧。目前,项目处于正常生产年份。正常生产年份的不含税销售收入为 2 100 万元,不含可抵扣进项税的经营成本为 1 200 万元,可抵扣进项税为 72 万元。

为了调整产品结构,提升产品市场竞争力,该企业拟对项目进行改建,方案如下:

(1)改建工程建设投资 1 100 万元(含可抵扣进项税 100 万元),由企业自有资金投入,全部形成新增固定资产。新增固定资产使用年限同原固定资产剩余使用年限,残值率、折旧方式和原固定资产相同。

(2)改建工程在项目运营期第 6 年年初开工,用时两个月改建完成,投入使用。

(3)改建后,项目产品正常年份的产量规模不变,但原产量中 50% 的产品升级为新型号,产品单价较原单价提高 50%(原产量中另外 50% 的产品型号和单价不变)。

(4)改建后,正常生产年份不含可抵扣进项税的年经营成本比改建前提高 10%,年可抵扣进项税达到 110 万元。项目生产所需流动资金保持不变。

(5)改建当年项目原产品、新产品的产量均为改建后正常年份产量的 80%,相应的年经营成本及其可抵扣进项税亦为正常年份的 80%。

(6)项目产品适用的增值税税率为 13%,增值税附加税税率为 12%,企业所得税税率为 25%。

［问题］

1.列式计算改建工程实施后项目的年折旧额。

2.列式计算改建工程实施当年应缴纳的增值税。

3.列式计算改建当年和改建后正常年份的年总成本费用、税前利润、所得税。

4.完成项目改建前后经济数据表(表 1.2.15)的填写。

5.遵循“有无对比”原则,列式计算改建工程的净现值(折现至改建工程开工时点,财务基准收益率为 12%),判断改建项目的可行性。

(计算结果保留 2 位小数)

注:改建工程建设投资按改建当年年初一次性投入考虑。改建当年固定资产折旧按整年考虑。相关资金时间价值系数见表 1.2.14。

表 1.2.14　资金时间价值系数表

系数	n									
	1	2	3	4	5	6	7	8	9	10
(P/F,12%,n)	0.892 9	0.797 2	0.711 8	0.635 5	0.567 4	0.506 6	0.452 3	0.403 9	0.360 6	0.322 0
(P/A,12%,n)	0.892 9	1.690 1	2.401 8	3.037 3	3.604 8	4.111 4	4.563 8	4.967 6	5.328 2	5.650 2

［答案］

问题1：

改建后项目年折旧额＝［5 000×(1−5%)/10］+［(1 100−100)×(1−5%)/5］

＝475+190＝665.00(万元)

问题2：

改建当年不含税销售收入＝(2 100×50%+2 100×50%×1.5)×80%＝2 625×80%＝2 100.00(万元)

改建当年应纳增值税＝2 100×13%−110×80%−100＝85.00(万元)

问题3：

改建当年：

总成本费用＝1 200×1.1×80%+665＝1 721.00(万元)

税前利润＝2 100−1 721−85×12%＝368.80(万元)

所得税＝368.80×25%＝92.20(万元)

改建后正常年份：

总成本费用＝1 200×1.1+665＝1 985.00(万元)

应纳增值税＝2 625×13%−110＝231.25(万元)

增值税附加税＝231.25×12%＝27.75(万元)

税前利润＝2 625−1 985−27.75＝612.25(万元)

所得税＝612.25×25%＝153.06(万元)

问题4：

项目改建前后经济数据表如表1.2.15所示。

表1.2.15　项目改建前后经济数据表

单位：万元

经济指标	不实施改建			改建后			“有无”差额
	年份	金额	计算依据或公式	年份	金额	计算依据或公式	
年销售收入	正常年份	2 100	已知	改建当年	2 100	(0.5+0.5×1.5)×2 100×0.8	0
				改建后正常年份	2 625	(0.5+0.5×1.5)×2 100	525
年经营成本	正常年份	1 200	已知	改建当年	1 056	1 200×1.1×0.8	−144
				改建后正常年份	1 320	1 200×1.1	120
年折旧额	正常年份	475	5 000×0.95/10	改建当年	665	5 000×0.95/10+1 000×0.95/5	190
				改建后正常年份	665		190
年增值税	正常年份	201	2 100×0.13−72	改建当年	85	2 100×0.13−110×0.8−100	−116
				改建后正常年份	231.25	2 625×0.13−110	30.25

续表 1.2.15

经济指标	不实施改建			改建后			“有无”差额
	年份	金额	计算依据或公式	年份	金额	计算依据或公式	
年增值税附加税	正常年份	24.12	201×0.12	改建当年	10.20	85×0.12	
				改建后正常年份	27.75	231.25×0.12	
年所得税	正常年份	100.22	(2 100−1 200−475−24.12)×0.25	改建当年	92.20	(2 100−1 721−10.2)×0.25	
				改建后正常年份	153.06	(2 625−1 985−27.75)×0.25	
改建建设投资	—			改建当年年初	1 100	已知	1 100
回收固定资产余值	运营期最后1年	250	5 000×0.05	运营期最后1年	300	5 000×0.05+1 000×0.05	50

问题5：

[说明] 原教材答案现金流入未考虑销项税，现金流出未考虑进项税；净现金流应考虑销项税和进项税

遵循“有无对比”原则：

改建项目运营第1年的净现金流量（不含建设投资）=（2 100−2 100）×1.13−[（1 056−1 200）+（110×0.8−72）+（85−201）+（10.2−24.12）+（92.2−100.22）]=265.94（万元）

改建项目运营第2年、第3年、第4年各年的净现金流量=（2 625−2 100）×1.13−[（1 320−1 200）+（110−72）+（231.25−201）+（27.75−24.12）+（153.06−100.22）]=348.53（万元）

改建项目运营第5年的净现金流量=[（2 625−2 100）×1.13+50]−[（1 320−1 200）+（110−72）+（231.25−201）+（27.75−24.12）+（153.06−100.22）]=398.53（万元）

改建工程的净现值=−1 100+265.94（P/F，12%，1）+348.53（P/F，12%，2）+348.53（P/F，12%，3）+348.53（P/F，12%，4）+398.53（P/F，12%，5）=−1 100+265.94×0.892 9+348.53×0.797 2+348.53×0.711 8+348.53×0.635 5+398.53×0.567 4=111.01（万元）

第三节　建设项目不确定性分析

考点重要度分析

考　点	重要度星标
考点：盈亏平衡分析	★★

[考点]　盈亏平衡分析★★

盈亏平衡点：利润总额=0，即：

营业收入（不含税）−总成本费用（不含税）−增值税附加税=0

营业收入(不含税)-[固定成本+可变成本(不含税)]-增值税附加税=0

※※[核心公式](图 1.3.1)

不含税产品单价×产量-[固定成本+单位可变成本(不含税)×产量]-单位产品增值税附加税×产量=0

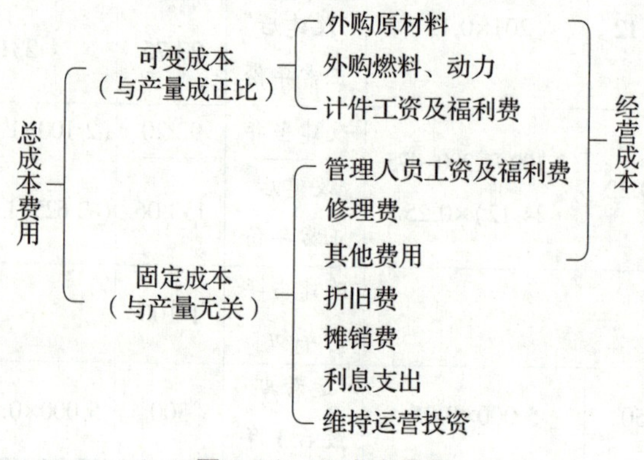

图 1.3.1 总成本费用

醍醐灌顶

(1)总成本费用的固定成本为经营成本的固定成本+折+摊+息+维。

(2)若计算的是运营期第 1 年的盈亏平衡点,在有可抵扣固定资产进项税的情况下,应纳增值税大概率为负值,此时不能直接代入公式,而要先假设公式中的增值税附加税为 0;若计算的是正常年份,则按照公式正常列式即可。

(3)求产量,单价不动;求单价,产量不动。

随堂练习

某新建项目正常年份的设计生产能力为 100 万件,年固定成本为 580 万元(不含可抵扣进项税),单位产品不含税销售价预计为 56 元,单位产品不含税可变成本估算额为 40 元。企业适用的增值税税率为 13%,增值税附加税税率为 12%,单位产品平均可抵扣进项税预计为 5 元。

[问题]

1.计算项目的产量盈亏平衡点和单价盈亏平衡点。

2.在市场销售不良的情况下,企业欲保证利润总额 120 万元的年产量为多少?

[答案]

问题 1:

设盈亏平衡产量为 Q_1,盈亏平衡点,利润总额=0,即:

营业收入(不含税)-总成本(不含税)-增值税附加税=0

$56Q_1-(580+40Q_1)-(56Q_1\times13\%-5Q_1)\times12\%=0$

$Q_1=36.88$(万件)

设盈亏平衡单价为 P,盈亏平衡点,利润总额=0,即:

营业收入(不含税)-总成本(不含税)-增值税附加税=0

$100P-(580+40\times100)-(100P\times13\%-5\times100)\times12\%=0$

$P=45.92$（元）

问题 2：

设企业利润总额为 120 万元时的年产量为 Q_2，则：

营业收入（不含税）-总成本（不含税）-增值税附加税=120

$56Q_2-(580+40Q_2)-(56Q_2\times13\%-5Q_2)\times12\%=120$

$Q_2=44.51$（万件）

【典型例题】

［背景资料］

某企业拟投资建设一工业项目，生产一种市场急需的产品。该项目相关基础数据如下：

（1）项目建设期 1 年，运营期 8 年，建设投资预算 1 500 万元（含可抵扣进项税 100 万元）。建设投资（不含可抵扣进项税）全部形成固定资产。固定资产使用年限 8 年。期末净残值率 5%。按直线法折旧。

（2）项目建设投资来源为自有资金和银行借款。借款总额 1 000 万元，借款年利率 8%（按年计息）。借款合同约定的还款方式为运营期的前 5 年等额还本付息。自有资金和借款在建设期内均衡投入。

（3）项目投产当年以自有资金投入运营期流动资金 400 万元。

（4）项目设计产量为 2 万件/年。单位产品不含税销售价格预计为 450 元。单位产品不含进项税可变成本估算为 240 元。单位产品平均可抵扣进项税估算为 15 元。正常达产年份的经营成本为 550 万元（不含可抵扣进项税）。

（5）项目运营期第 1 年产量为设计产量的 80%，营业收入亦为达产年份的 80%，以后各年均达到设计产量。

（6）企业适用的增值税税率为 13%，增值税附加税按应纳增值税的 12% 计算，企业所得税税率为 25%。

［问题］

1.列式计算项目建设期贷款利息和固定资产年折旧额。

2.列式计算项目运营期第 1 年、第 2 年的企业应纳增值税额。

3.列式计算项目运营期第 1 年的经营成本、总成本费用。

4.列式计算项目运营期第 1 年、第 2 年的税前利润，并说明运营期第 1 年项目可用于还款的资金能否满足还款要求。

5.列式计算项目运营期第 2 年的产量盈亏平衡点。

（计算过程和结果保留 2 位小数）

［答案］

问题 1：

建设期利息=1 000×1/2×8%=40.00（万元）

固定资产折旧额=(1 500−100+40)×(1−5%)/8=171.00(万元)

问题 2:

运营期第 1 年:

应纳增值税=450×2×80%×13%−15×2×80%−100=−30.40(万元)

则应纳增值税额为 0。

运营期第 2 年:

应纳增值税=450×2×13%−15×2−30.4=56.60(万元)

问题 3:

运营期第 1 年:

(经营成本)固定成本=550−240×2=70.00(万元)

不含税经营成本=70+240×2×80%=454.00(万元)

利息=(1 000+40)×8%=83.20(万元)

不含税总成本费用=454+171+83.2=708.20(万元)

问题 4:

运营期第 1 年:

税前利润=450×2×80%−708.2=11.80(万元)

所得税=11.80×25%=2.95(万元)

净利润=11.8−2.95=8.85(万元)

运营期前 5 年应偿还本息额=1 040×8%×$(1+8\%)^5/[(1+8\%)^5-1]$=260.47(万元)

运营期第 1 年偿还本金=260.47−83.2=177.27(万元)

因 171+8.85=179.85(万元)

179.85 万元>当年应还本金 177.27 万元,故运营期第 1 年可以满足还款要求。

运营期第 2 年:

利息=(1 040−177.27)×8%=69.02(万元)

总成本费用=550+171+69.02=790.02(万元)

增值税附加=56.60×12%=6.79(万元)

税前利润=450×2−790.02−6.79=103.19(万元)

问题 5:

运营期第 2 年(总成本费用)固定成本=70+171+69.02=310.02(万元)

设运营期第 2 年产量为 Q:

$450Q-(310.02+240Q)-(450Q\times13\%-15Q-30.4)\times12\%=0$

解得 Q=1.50(万件)

则运营期第 2 年产量盈亏平衡点为 1.50 万件。

第二章　工程设计、施工方案技术经济分析

分值分布

节名称	分值分布	节重要度
第一节　价值工程法	10 分	★★★★
第二节　综合评分法(加权评分法)	3~5 分	★★
第三节　寿命周期费用理论法	5~10 分	★★★
第四节　决策树	5~10 分	★★
第五节　数学法	3~5 分	★★

第一节　价值工程法

考点重要度分析

考　　点	重要度星标
考点一:多方案选优	★★★★
考点二:单方案成本优化	★★★

[考点一]　多方案选优(图 2.1.1)★★★★

价值工程

价值工程理论的目的:以最低的寿命周期成本,可靠地实现用户要求的功能,即达到所需功能时应满足寿命周期成本最小。

$$V=F/C$$

式中:V——方案的价值指数;

F——方案的功能指数;

C——方案的成本指数。

注:公式中 V、F、C 都是比较值。

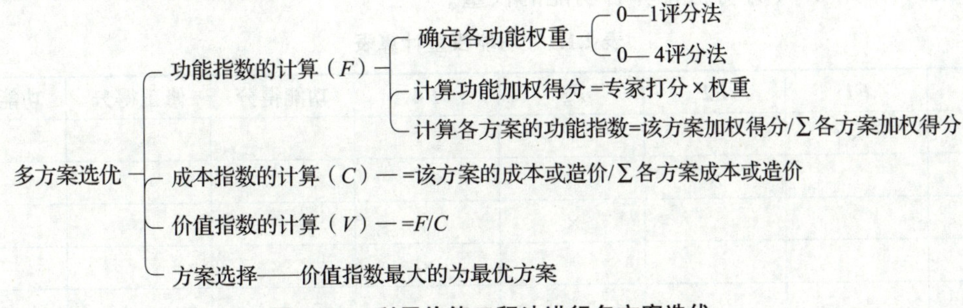

图 2.1.1　利用价值工程法进行多方案选优

(一)功能指数(F)的计算

原理如图 2.1.2 所示:

第二次打分(功能对比)　　第一次打分(方案对比)

方案总分	功能得分	功能权重	功能项目	各方案功能得分(专家打分)			各方案加权得分		
				华为	三星	苹果	华为	三星	苹果
10	4	0.4	打电话(10)	10	8	9	10×0.4=4.00	8×0.4=3.20	9×0.4=3.60
	3	0.3	拍照(10)	10	9	9	10×0.3=3.00	9×0.3=2.70	9×0.3=2.70
	2	0.2	听音乐(10)	8	10	8	8×0.2=1.60	10×0.2=2.00	8×0.2=1.60
	1	0.1	手电筒(10)	7	9	10	7×0.1=0.70	9×0.1=0.90	10×0.1=1.00
	10	1					9.30	8.80	8.90

图 2.1.2　功能指数原理图

华为功能指数 $F=9.3/(9.3+8.8+8.9)=0.344$

三星功能指数 $F=8.8/(9.3+8.8+8.9)=0.326$

苹果功能指数 $F=8.9/(9.3+8.8+8.9)=0.330$

1.确定各功能权重(重要性系数)

(1)0—1 评分法。

1)根据各功能因素重要性之间的关系,将各功能一一对比,重要的得 1 分,不重要的得 0 分。$A>B>C>D$

2)为防止功能指数出现得分为零的情况,需要将各功能得分分别加 1 进行修正后再计算其权重。

3)最后用修正得分除以总得分即为功能权重。

计算式:某项功能权重=该功能修正得分/∑各功能修正得分

随堂练习

某手机设计方案,有关专家决定从四个功能 $F1$、$F2$、$F3$、$F4$ 对不同方案进行评价,四个功能之间的重要性关系排序为 $F1>F2>F3>F4$,如表 2.1.1 所示。

[问题] 采用 0—1 评分法计算各功能的权重。

表 2.1.1　功能权重计算表

项目	F1	F2	F3	F4	功能得分	修正得分	功能权重
F1	×						
F2		×					
F3			×				
F4				×			
合计							

[答案]

各功能权重见表2.1.2。

表2.1.2　0—1评分法计算功能权重

项目	F1	F2	F3	F4	功能得分	修正得分	功能权重
F1	×	1	1	1	3	4	0.4
F2	0	×	1	1	2	3	0.3
F3	0	0	×	1	1	2	0.2
F4	0	0	0	×	0	1	0.1
合计					6	10	1.0

(2)0—4评分法。

基本原理:两个功能因素比较时,其相对重要程度有以下三种基本情况:

1)很重要的功能得4分,另一很不重要的功能得0分;

*F*1>*F*2　　　*F*1得4分;*F*2得0分

2)较重要的功能得3分,另一较不重要的功能得1分;

*F*1>*F*3　　　*F*1得3分;*F*3得1分

3)同样重要的功能因素各得2分。

*F*3=*F*4　　　*F*3得2分;*F*4得2分

计算式:某项功能权重=该功能得分/∑各功能得分

随堂练习

1.某手机设计方案,有关专家决定从四个功能*F*1、*F*2、*F*3、*F*4对不同方案进行评价,四个功能之间的重要性关系为:*F*1与*F*2同等重要,*F*1相对*F*4较重要,*F*2相对*F*3很重要,如表2.1.3所示。

[问题] 采用0—4评分法计算各功能权重。(计算结果保留3位小数)

表2.1.3　用0—4评分法计算各功能权重

项目	F1	F2	F3	F4	功能得分	功能权重
F1	×					
F2		×				
F3			×			
F4				×		
合计						

[答案]

*F*1=*F*2>*F*4>*F*3。计算结果见表2.1.4。

表 2.1.4 0—4 评分法计算功能权重

项目	F1	F2	F3	F4	功能得分	功能权重
F1	×	2	4	3	9	0.375
F2	2	×	4	3	9	0.375
F3	0	0	×	1	1	0.042
F4	1	1	3	×	5	0.208
合计					24	1.000

注：四个功能得分之和必然为 24，五个功能得分之和必然为 40。

2.若五个功能之间的重要性关系为 F1 相对 F2 很重要，F3 相对 F4 较重要，F1 与 F3 同等重要，F2 与 F5 同等重要，如表 2.1.5 所示。

[问题] 求各功能的权重。(计算结果保留 3 位小数)

表 2.1.5 各功能权重表

项目	F1	F2	F3	F4	F5	得分	权重
F1	×						
F2		×					
F3			×				
F4				×			
F5					×		
合计							

[答案]

F1=F3>F4>F2=F5。权重见表 2.1.6。

表 2.1.6 各功能权重表

项目	F1	F2	F3	F4	F5	得分	权重
F1	×	4	2	3	4	13	0.325
F2	0	×	0	1	2	3	0.075
F3	2	4	×	3	4	13	0.325
F4	1	3	1	×	3	8	0.200
F5	0	2	0	1	×	3	0.075
合计						40	1.000

2.计算各方案加权得分

随堂练习

各方案权重及专家打分如表 2.1.7 所示。

表 2.1.7　各方案权重及专家打分表

方案功能	功能权重	方案功能加权得分		
		华为	三星	苹果
打电话	0.4	10	8	9
拍照	0.3	10	9	9
听音乐	0.2	8	10	8
手电筒	0.1	7	9	10
合计				
功能指数(F)				

［问题］ 计算各方案的功能指数(F)。

［答案］

各方案功能指数见表 2.1.8。

表 2.1.8　各方案功能指数

方案功能	功能权重	方案功能加权得分		
		华为	三星	苹果
打电话	0.4	10×0.4＝4.00	8×0.4＝3.20	9×0.4＝3.60
拍照	0.3	10×0.3＝3.00	9×0.3＝2.70	9×0.3＝2.70
听音乐	0.2	8×0.2＝1.60	10×0.2＝2.00	8×0.2＝1.60
手电筒	0.1	7×0.1＝0.70	9×0.1＝0.90	10×0.1＝1.00
合计		9.30	8.80	8.90
功能指数(F)		9.3/27＝0.344	8.8/27＝0.326	8.9/27＝0.330

注：表中各方案功能加权得分之和为 9.3+8.8+8.9＝27。

(二)成本指数(C)的计算

各方案的成本指数＝该方案的成本或造价/Σ 各方案成本或造价

举例见表 2.1.9。

表 2.1.9　各方案的成本指数表

方案	华为	三星	苹果	合计
单机造价(元/台)	1 082	1 438	1 108	3 628
成本指数	1 082/3 628＝0.298	1 438/3 628＝0.396	1 108/3 628＝0.305	1.000

(三)价值指数(V)的计算

各方案的价值指数＝该方案的功能指数/该方案的成本指数

举例见表 2.1.10。

表 2.1.10 各方案的价值指数表

方案	华为	三星	苹果
功能指数	0.344	0.326	0.330
成本指数	0.298	0.396	0.305
价值指数	1.154	0.823	1.082

[结论] 华为价值指数最高,为最优方案。

[考点二] 单方案成本优化(见图 2.1.3)★★★

单方案成本优化
- 计算功能指数=某功能得分/∑各功能得分
- 计算目标成本=总目标成本×功能指数
- 计算成本降低额=目前成本−目标成本
- 排序:先正后负,先大后小

图 2.1.3 单方案成本优化解题思路

随堂练习

选定生产华为手机,手机各功能得分及目前成本见表 2.1.11,总目标成本为 1 000 元。

[问题] 试分析各功能的目标成本及其可能降低的额度,并确定功能改进顺序。

表 2.1.11 手机各功能得分及目前成本表

功能项目	功能得分	功能指数	目前成本	目标成本	成本降低额	功能改进顺序
拍照	3		330			
打电话	4		520			
手电筒	1		200			
听音乐	2		150			
合计	10		1 200			

[答案]

各功能目标成本及可降额度见表 2.1.12。

表 2.1.12 各功能目标成本及其可降额度

功能项目	功能得分	功能指数	目前成本	目标成本	成本降低	功能改进顺序
拍照	3	0.3	330	300	30	(3)
打电话	4	0.4	520	400	120	(1)
手电筒	1	0.1	200	100	100	(2)
听音乐	2	0.2	150	200	-50	(4)
合计	10	1	1 200	1 000	200	

功能改进顺序为：打电话、手电筒、拍照、听音乐。

［注意］若上表中还需填写成本指数和价值指数，则这两列最后填写；成本降低额的计算与这两个数据无关。

［问题］计算各功能的功能指数、成本指数、价值指数、目标成本和成本降低额，并确定成本改进顺序，见表2.1.13。

表 2.1.13　各功能目标成本及其可降额度（含成本指数及价值指数）

功能项目	功能得分	功能指数	目前成本	成本指数	价值指数	目标成本	成本降低	功能改进顺序
拍照	3		330					
打电话	4		520					
手电筒	1		200					
听音乐	2		150					
合计	10		1 200			1 000		

注：成本指数、价值指数最后填写。

［答案］

各功能目标成本及可降额度见表2.1.14。

表 2.1.14　各功能目标成本及可降额度（含成本指数和价值指数）

功能项目	功能得分	功能指数	目前成本	成本指数	价值指数	目标成本	成本降低	功能改进顺序
拍照	3	0.3	330	0.275	1.091	300	30	(3)
打电话	4	0.4	520	0.433	0.924	400	120	(1)
手电筒	1	0.1	200	0.167	0.599	100	100	(2)
听音乐	2	0.2	150	0.125	1.600	200	-50	(4)
合计	10	1.0	1 200	1.000		1 000	200	

本节回顾

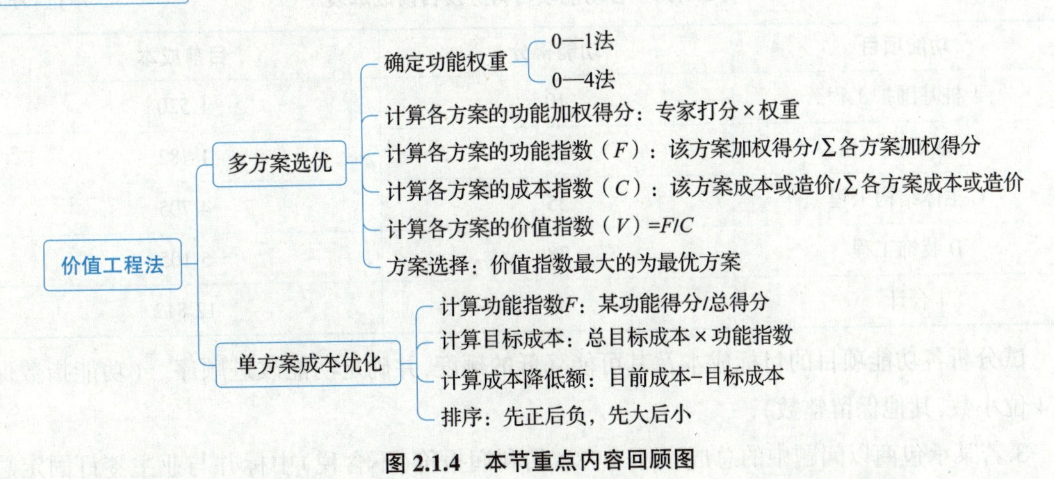

图 2.1.4　本节重点内容回顾图

【典型例题】

[背景资料]

某市拟开发建设一综合大楼,其主体工程结构设计方案对比如下:

A 方案:结构方案为大柱网框架剪力墙轻墙体系,采用预应力大跨度叠合楼板,墙体材料采用多孔砖及移动式可拆装式分室隔墙,窗户采用中空玻璃断桥铝合金窗,单方造价为 1 438 元/m^2。

B 方案:结构方案同 A 方案,墙体采用内浇外砌,窗户采用双玻塑钢窗,单方造价为 1 108 元/m^2。

C 方案:结构方案采用框架结构,采用全现浇楼板,墙体材料采用标准黏土砖,窗户采用双玻铝合金窗,单方造价为 1 082 元/m^2。

方案各功能的权重及各方案的功能得分见表 2.1.15。

表 2.1.15 各功能权重及各方案功能得分表

功能项目	功能权重	各方案功能得分		
		A	B	C
结构体系	0.25	10	10	8
楼板类型	0.05	10	10	9
墙体材料	0.25	8	9	7
面积系数	0.35	9	8	7
窗户类型	0.10	9	7	8

[问题]

1.试应用价值工程方法选择最优设计方案。(计算结果保留 3 位小数)

2.为控制工程造价和进一步降低费用,拟针对所选的最优设计方案的土建工程部分,以分部分项工程费用为对象开展价值工程分析。将土建工程划分为四个功能项目,各功能项目得分值及其目前成本见表 2.1.16。按限额和优化设计要求,目标成本额应控制为 12 170 万元。

表 2.1.16 各功能项目得分及目前成本表 单位:万元

功能项目	功能得分	目前成本
A 桩基围护工程	10	1 520
B 地下室工程	11	1 482
C 主体结构工程	35	4 705
D 装饰工程	38	5 105
合计	94	12 812

试分析各功能项目的目标成本及其可能降低的额度,并确定功能改进顺序。(功能指数保留 4 位小数,其他保留整数)

3.若某承包商以问题中的总成本加 3.98% 的利润报价(不含税)中标并与业主签订固定总

价合同，而在施工过程中该承包商的实际成本为12 170万元，则该承包商在该工程上的实际利润率为多少？

4.若要使实际利润率达到10%，成本降低额应为多少万元？（问题3和问题4计算结果保留2位小数）

[答案]

问题1：

（1）计算各方案的功能指数，见表2.1.17。

表2.1.17 功能指数计算表

方案功能	功能权重	方案功能加权得分		
		A	B	C
结构体系	0.25	10×0.25＝2.50	10×0.25＝2.50	8×0.25＝2.00
楼板类型	0.05	10×0.05＝0.50	10×0.05＝0.50	9×0.05＝0.45
墙体材料	0.25	8×0.25＝2.00	9×0.25＝2.25	7×0.25＝1.75
面积系数	0.35	9×0.35＝3.15	8×0.35＝2.80	7×0.35＝2.45
窗户类型	0.10	9×0.10＝0.90	7×0.1＝0.70	8×0.1＝0.80
合计		9.05	8.75	7.45
功能指数		9.05/25.25＝0.358	8.75/25.25＝0.347	7.45/25.25＝0.295

注：表中各方案功能加权得分之和为9.05+8.75+7.45＝25.25。

（2）计算各方案的成本指数，如表2.1.18所示。

表2.1.18 成本指数计算表

方案	A	B	C	合计
单方造价（元/m²）	1 438	1 108	1 082	3 628
成本指数	0.396	0.305	0.298	0.999

（3）计算各方案的价值指数，如表2.1.19所示。

表2.1.19 价值指数计算表

方案	A	B	C
功能指数	0.358	0.347	0.295
成本指数	0.396	0.305	0.298
价值指数	0.904	1.138	0.990

由上表的计算结果可知，B方案的价值指数最高，为最优方案。

问题2：

功能指数、目标成本和成本降低额如表2.1.20所示。

表 2.1.20 功能指数、目标成本和成本降低额计算表 单位:万元

功能项目	功能评分	功能指数 F_1	目前成本 C	目标成本 F	成本降低额($\Delta C=C-F$)	功能改进顺序
桩基围护工程	10	0.106 4	1 520	1 295	225	(1)
地下室工程	11	0.117 0	1 482	1 424	58	(4)
主体结构工程	35	0.372 3	4 705	4 531	174	(3)
装饰工程	38	0.404 3	5 105	4 920	185	(2)
合计	94	1.000 0	12 812	12 170	642	

由上表计算结果可知:根据目标成本降低额的大小,功能改进顺序依次为桩基围护工程、装饰工程、主体结构工程、地下室工程。

问题 3:

实际利润率=利润额/成本额

利润额=合同总价-实际成本=12 812×(1+3.98%)-12 170=1 151.92(万元)

实际利润率=1 151.92/12 170=9.47%

问题 4:

设成本降低额为 X 万元,则:(12 812×3.98% +X)/(12 812-X)= 10%,X=701.17

因此,若要使实际利润率达到 10%,成本降低额应为 701.17 万元。

第二节 综合评分法(加权评分法)

考点重要度分析

考 点	重要度星标
考点:综合评分法(加权评分法)	★★

[考点] 综合评分法(加权评分法)★★

【典型例题】

[背景资料]

某智能大厦的一套设备系统有 A、B、C 三个采购方案,其有关数据见表 2.2.1。

表 2.2.1 A、B、C 采购方案有关数据表

方案项目	A	B	C
购置费和安装费(万元)	520	600	700
年度使用费(万元/年)	65	60	55
使用年限(年)	16	18	20

续表 2.2.1

方案项目	A	B	C
大修周期(年)	8	10	10
大修费(万元/次)	100	100	110
残值(万元)	17	20	25

[问题] 拟采用加权评分法选择采购方案,对购置费和安装费、年度使用费、使用年限三个指标进行打分评价,打分规则为购置费和安装费最低的方案得 10 分,每增加 10 万元扣 0.1 分;年度使用费最低的方案得 10 分,每增加 1 万元扣 0.1 分;使用年限最长的方案得 10 分,每减少 1 年扣 0.5 分。以上三指标的权重依次为 0.5、0.4 和 0.1。应选择哪种采购方案较合理?(计算过程和结果保留 2 位小数并直接填入表 2.2.2 中)

表 2.2.2 A、B、C 方案权重得分表

指标	权重	A	B	C
购置和安装费	0.5			
年度使用费	0.4			
使用年限	0.1			
综合得分				

[答案]

A、B、C 方案权重和得分见表 2.2.3。

表 2.2.3 A、B、C 方案权重和得分表(计算过程及结果)

指标	权重	A	B	C
购置和安装费	0.5	10.00	10−(600−520)/10×0.1 =9.20	10−(700−520)/10×0.1 =8.20
年度使用费	0.4	10−(65−55)×0.1=9.00	10−(60−55)×0.1=9.50	10.00
使用年限	0.1	10−(20−16)×0.5=8.00	10−(20−18)×0.5=9.00	10.00
综合得分		10×0.5+9×0.4+8×0.1 =9.40	9.2×0.5+9.5×0.4+9×0.1 =9.30	8.2×0.5+10×0.4+10×0.1=9.10

由表 2.2.3 可知,选择方案 A 较合理。

[总结]

综合评分法(加权评分法)方案比选的步骤:

(1)确定各指标专家打分:题目给定或按题目要求计算;

(2)确定各指标权重:0—1 法、0—4 法或题目给定;

(3)计算各方案加权得分:Σ 专家打分×权重。

[结论] 综合得分(加权得分)最高的方案为最优方案。

第三节 寿命周期费用理论法

考点重要度分析

考　点	重要度星标
考点一：最小费用法	★★★
考点二：最大效益法（净现值、净年值法）	★★★
考点三：费用效率法	★★

［考点一］ 最小费用法★★★

1.现金流量图的绘制（图2.3.1）

现金流量图包括三大要素：

（1）大小。（表示资金数额，用箭线长短表示相对大小关系）

（2）方向。（现金流入或流出，流入箭线向上，流出箭线向下，注意站位角度）

（3）时间点。（现金流入或流出所发生的时间，通常每一时间点表示该**时间单位末**的时点）

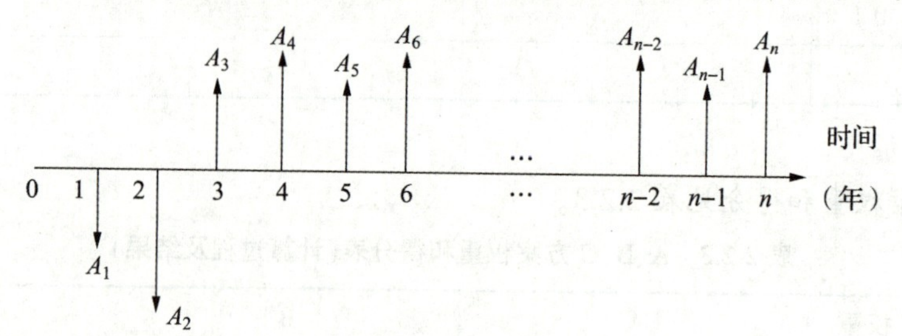

图2.3.1 现金流量图

2.资金等值计算（表2.3.1）

表2.3.1 资金等值计算表

名称	公式	系数符号	现金流量图
现值终值公式	$F=P(1+i)^n$	$(F/P,i,n)$	
	$P=F(1+i)^{-n}$	$(P/F,i,n)$	
年值终值公式	$F=A\dfrac{(1+i)^n-1}{i}$	$(F/A,i,n)$	
	$A=F\dfrac{i}{(1+i)^n-1}$	$(A/F,i,n)$	
年值现值公式	$P=A\dfrac{(1+i)^n-1}{i(1+i)^n}$	$(P/A,i,n)$	
	$A=P\dfrac{i(1+i)^n}{(1+i)^n-1}$	$(A/P,i,n)$	

[认识系数符号]

$(F/P,i,n)$:是公式 $F=P(1+i)^n$ 中的 $(1+i)^n$

(1)"/"右边"P,i,n"为已知项;"/"左边"F"为欲求项;$(F/P,i,n)$表示"已知现值求终值";

(2)该符号代表具体的数值,当 i 和 n 已知,就能计算出具体值 $(1+i)^n$;

(3)列式:$F=P(1+i)^n=P(F/P,i,n)$;

(4)$(F/P,i,n)$与$(P/F,i,n)$互为倒数。

[公式与现金流量图的对应关系]

(1)F 与 P 的对应关系(图 2.3.2)。

假设 $i=10\%$,

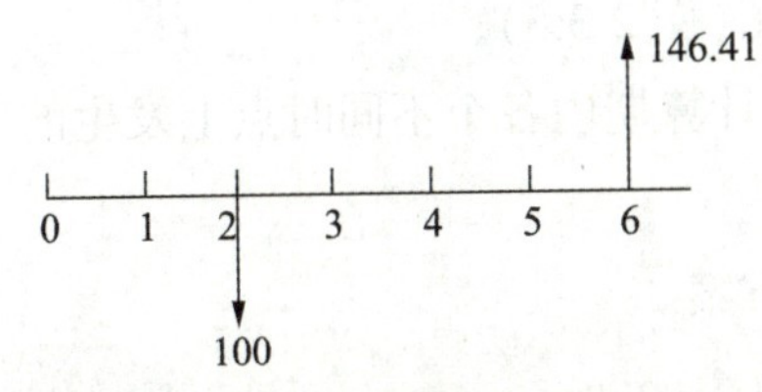

图 2.3.2　现金流量图(F 与 P 的关系)

$F=100\times(1+10\%)^4=146.41$

$P=146.41\times(1+10\%)^{-4}=100$

(2)F 与 A 的对应关系(图 2.3.3)。

1)F 与最后一个 A 位于同一时点;

2)n 等于 A 的个数。

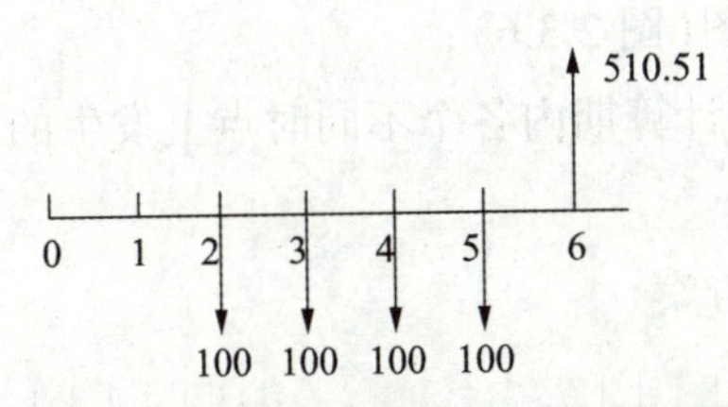

图 2.3.3　现金流量图(F 与 A 的关系)

$$F=100\times(F/A,10\%,4)\times(F/P,10\%,1)=100\times\frac{(1+10\%)^4-1}{10\%}\times(1+10\%)=510.51$$

$$A=510.51\times(P/F,10\%,1)\times(A/F,10\%,4)=510.51\times(1+10\%)^{-1}\times10\%/[(1+10\%)^4-1]=100$$

(3)P 与 A 的对应关系(图 2.3.4)。

1)P 在第一个 A 的前一个计息周期;

2)n 等于 A 的个数。

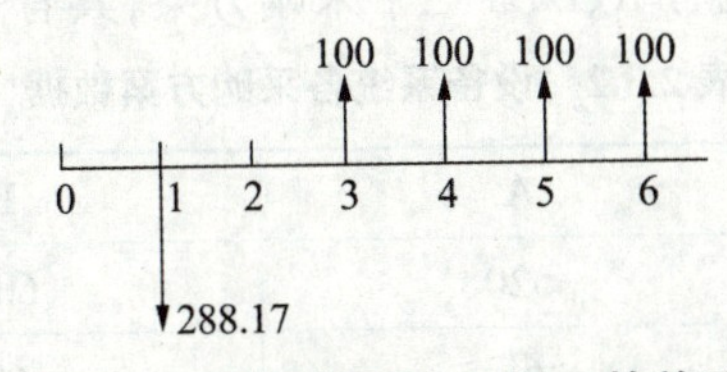

图 2.3.4　现金流量图(P 与 A 的关系)

$$P=100\times(P/A,10\%,4)\times(P/F,10\%,1)=100\times\frac{(1+10\%)^4-1}{(1+10\%)^4\times10\%}\times(1+10\%)^{-1}=288.17$$

$$A=288.17\times(F/P,10\%,1)\times(A/P,10\%,4)=288.17\times(1+10\%)^1\times\frac{(1+10\%)^4\times10\%}{(1+10\%)^4-1}=100$$

[最小费用法]

应用前提:如各方案的产出价值相同,或方案能满足同样的需要但其产出价值难以用价值形态计量时,可采用最小费用法进行方案的比较选择,选取费用最小(最经济)的方案为最优方案。

最小费用法主要考查以下两种方法:

(1)费用现值法:一般适用于计算期相同的方案。

1)画出各方案的费用流量图(图 2.3.5);

2)按基准折现率,将各方案计算期内各个不同时点上发生的费用均折算至建设期初,计算现值之和;

3)根据现值大小确定最优方案。

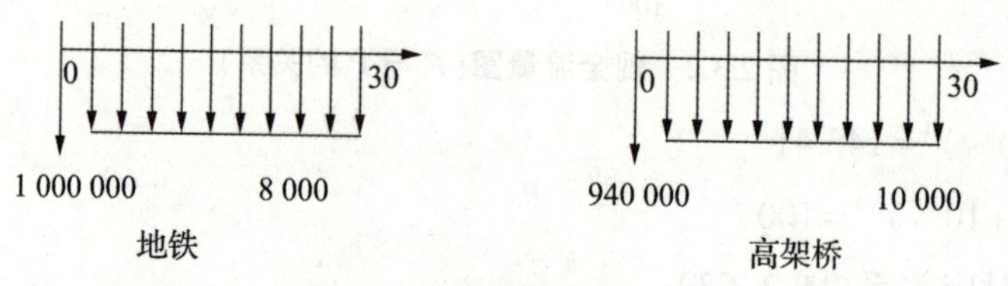

图 2.3.5 费用流量图(一)

(2)费用年值法:一般适用于计算期不同的方案。

1)画出各方案的费用流量图(图 2.3.6);

2)按基准折现率,将各方案计算期内各个不同时点上发生的费用分摊到计算期内,计算各年的等额年值;

3)根据年值大小确定最优方案。

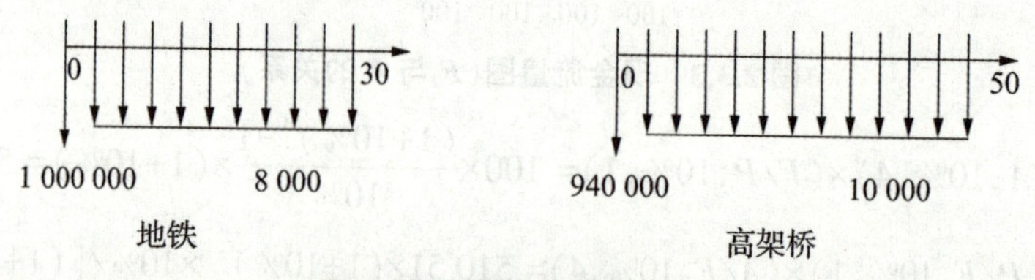

图 2.3.6 费用流量图(二)

【典型例题一】

[背景资料]

某智能大厦的一套设备系统有 A、B、C 三个采购方案,其有关数据见表 2.3.2。

表 2.3.2 设备系统各采购方案数据

方案项目	A	B	C
购置费和安装费(万元)	520	600	700
年度使用费(万元/年)	65	60	55

续表 2.3.2

方案项目	A	B	C
使用年限(年)	16	18	20
大修周期(年)	8	10	10
大修费(万元/次)	100	100	110
残值(万元)	17	20	25

已知基准折现率为 8%，现值系数见表 2.3.3。

表 2.3.3　现值系数表

n	8	10	16	18	20
$(P/A,8\%,n)$	5.747	6.710	8.851	9.372	9.818
$(P/F,8\%,n)$	0.540	0.463	0.292	0.250	0.215

[问题] 绘制 A、B、C 三个方案的现金流量图，列式计算各方案的年费用并按照最小年费用法做出采购方案比选。(计算结果保留 2 位小数)

[答案]

方案 A 现金流量图(图 2.3.7)。

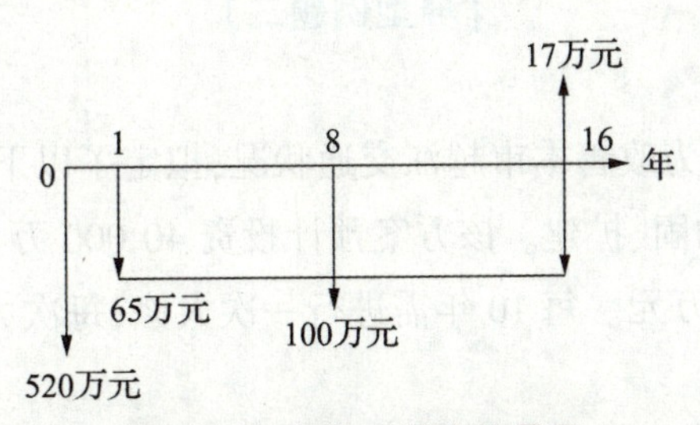

图 2.3.7　方案 A 现金流量图

方案 A 的年费用 $=65+[520+100\times(P/F,8\%,8)-17(P/F,8\%,16)]\times(A/P,8\%,16)$

$=65+(520+100\times0.540-17\times0.292)/8.851$

$=129.29$(万元)

方案 B 现金流量图(图 2.3.8)。

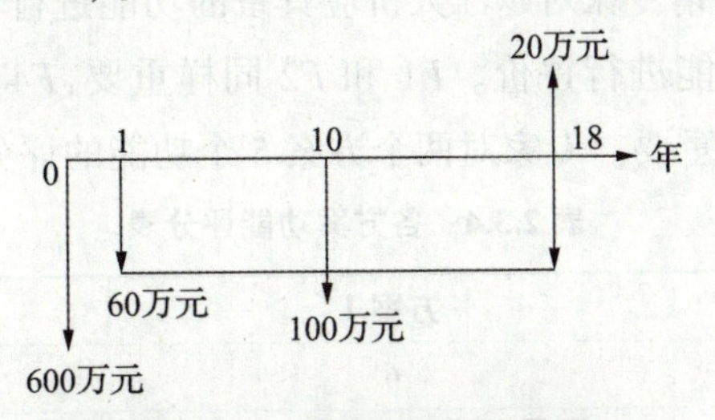

图 2.3.8　方案 B 现金流量图

方案 B 的年费用 $=60+[600+100\times(P/F,8\%,10)-20(P/F,8\%,18)]\times(A/P,8\%,18)$

$=60+(600+100\times0.463-20\times0.250)/9.372$

$=128.43$(万元)

方案 C 现金流量图(图 2.3.9)。

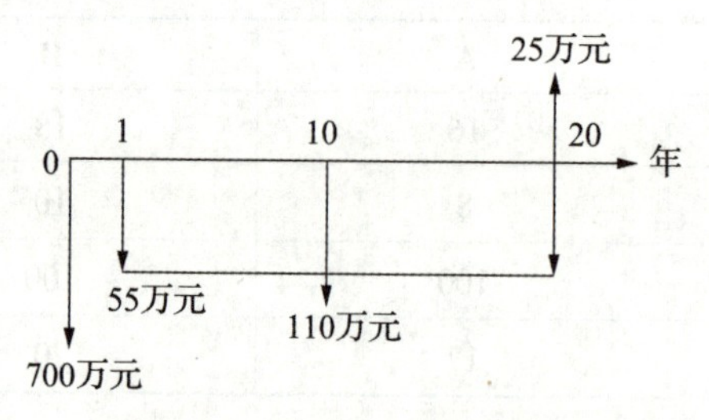

图 2.3.9　方案 C 现金流量图

方案 C 的年费用 $=55+[700+110\times(P/F,8\%,10)-25(P/F,8\%,20)]\times(A/P,8\%,20)$

$=55+(700+110\times0.463-25\times0.215)/9.818$

$=130.94$(万元)

比较三个方案的年费用,方案 B 年费用最低,故应选择方案 B。

[现金流量图绘制注意事项]

(1)年运营维护费每年发生且按每年年末计算,最后 1 年一定发生。

(2)大修费最后 1 年不发生。

(3)残值从费用中扣除,不计入收入。

【典型例题二】

[背景资料]

某市城市投资有限公司为改善本市越江交通状况,拟定了以下两个投资方案。

方案 1:在原桥基础上加固、扩建。该方案预计投资 40 000 万元,建成后可通行 20 年。这期间每年需维护费用 1 000 万元。每 10 年需进行一次大修,每次大修费用为 3 000 万元,运营 20 年后报废时没有残值。

方案 2:拆除原桥,在原址建一座新桥。该方案预计投资 120 000 万元,建成后可通行 60 年。这期间每年需维护费用 1 500 万元。每 20 年需进行一次大修,每次大修费用为 5 000 万元,运营 60 年后报废时可回收残值 5 000 万元。

不考虑两方案建设期的差异,基准收益率为 6%。

该城市投资有限公司聘请专家对越江大桥应具备的功能进行了深入分析,认为从 $F1$、$F2$、$F3$、$F4$、$F5$,共 5 个方面对功能进行评价。$F1$ 和 $F2$ 同样重要,$F4$ 和 $F5$ 同样重要,$F1$ 相对于 $F4$ 很重要,$F1$ 相对于 $F3$ 较重要。专家对两个方案 5 个功能的评分结果见表 2.3.4。

表 2.3.4　各方案功能评分表

功能项目	方案 1	方案 2
$F1$	6	10
$F2$	7	9
$F3$	6	7
$F4$	9	8
$F5$	9	9

资金时间价值系数表见表 2.3.5。

表 2.3.5　资金时间价值系数表

n	10	20	30	40	50	60
$(P/F,6\%,n)$	0.558 4	0.311 8	0.174 1	0.097 2	0.054 3	0.030 3
$(A/P,6\%,n)$	0.135 9	0.087 2	0.072 6	0.066 5	0.063 4	0.061 9

[问题]

1.采用 0—4 评分法计算各功能的权重(表 2.3.6)。(计算结果保留 3 位小数)

表 2.3.6　0—4 评分法计算各功能权重

功能	F1	F2	F3	F4	F5	得分	权重
F1	×						
F2		×					
F3			×				
F4				×			
F5					×		
合计							

2.分别列式计算两方案的年费用。(计算结果保留 2 位小数)

3.若采用价值工程方法对两方案进行评价,分别列式计算两方案的成本指数(以年费用为基础)、功能指数和价值指数,并根据计算结果确定最终应入选的方案。(计算结果保留 3 位小数)

4.若未来将通过收取车辆通行费的方式收回该桥梁投资和维持运营,预计机动车年通行量不会少于 1 500 万辆,分别列式计算两方案每辆机动车的平均最低收费额。(计算结果保留 2 位小数)

[答案]

问题 1:

$F1=F2>F3>F4=F5$。计算结果见表 2.3.7。

表 2.3.7　0—4 评分法计算各功能权重

功能	F1	F2	F3	F4	F5	得分	权重
F1	×	2	3	4	4	13	0.325
F2	2	×	3	4	4	13	0.325
F3	1	1	×	3	3	8	0.200
F4	0	0	1	×	2	3	0.075
F5	0	0	1	2	×	3	0.075
合计						40	1.000

问题 2:

计算各方案的年费用:

方案 1 的年费用:

1 000+[40 000+3 000×(P/F,6%,10)]×(A/P,6%,20)

= 1 000+(40 000+3 000×0.5 584)×0.0872

=4 634.08(万元)

方案 2 的年费用:

1 500+{120 000+5 000×[(P/F,6%,20)+(P/F,6%,40)]-5 000×(P/F,6%,60)}×(A/P,6%,60)

= 1 500+[120 000+5 000×(0.3118+0.0 972)-5 000×0.0 303]×0.0 619

=9 045.21(万元)

问题 3:

计算各方案成本指数:

方案 1:C1=4 634.08÷(4 634.08+9 045.21)=0.339

方案 2:C2=9 045.21÷(4 634.08+9 045.21)=0.661

计算各方案功能指数:

(1)各方案的加权得分:

方案 1:6×0.325+7×0.325+6×0.200+9×0.075+9×0.075=6.775

方案 2:10×0.325+9×0.325+7×0.200+8×0.075+9×0.075=8.850

(2)各方案的功能指数:

方案 1:F1=6.775÷(6.775+8.850)=0.434

方案 2:F2=8.850÷(6.775+8.850)=0.566

计算各方案价值指数:

方案 1:V1=F1/C1=0.434÷0.339=1.280

方案 2:V2=F2/C2=0.566÷0.661=0.856

由于方案 1 的价值指数大于方案 2 的价值指数,故应选择方案 1。

问题 4:

方案 1 的最低收费:4 634.08÷1 500=3.09(元/辆)

方案 2 的最低收费:9 045.20÷1 500=6.03(元/辆)

[考点二] 最大效益法(净现值、净年值法)★★★

(一)应用前提

最大效益法是寿命周期成本评价方法中的一种,一般适用于费用和收益都不相同的项目比选(图 2.3.10)。

(二)净现值法(计算期相同)

(1)绘制现金流量图。

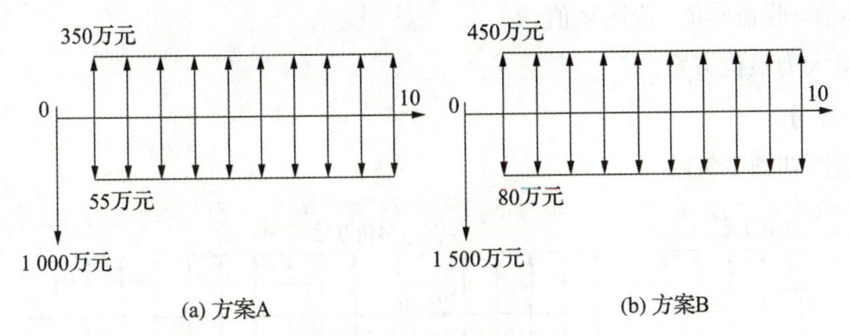

(a) 方案A　　(b) 方案B

图 2.3.10　现金流量图

(2)折算收益、费用现值。

(3)净现值=收益现值-费用现值。

净现值最大为最优方案。

随堂练习

现金流量图如图 2.3.11。

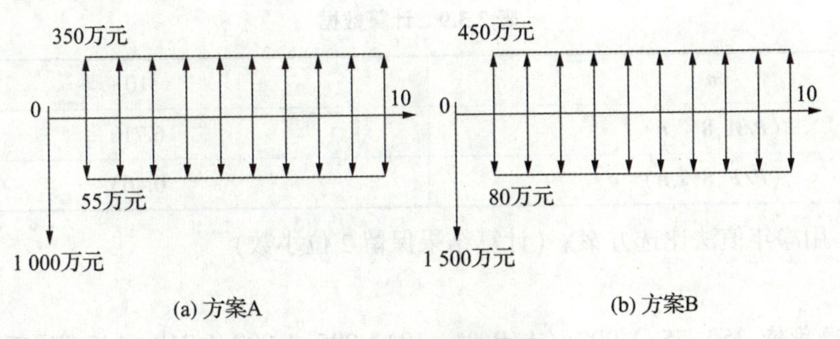

(a) 方案A　　(b) 方案B

图 2.3.11　现金流量图

计算数据如表 2.3.8 所示。

表 2.3.8　计算数据

n	10
$(P/A,8\%,n)$	6.710
$(P/F,8\%,n)$	0.463

[问题] 用净现值法比选方案。(计算结果保留 2 位小数)

[答案]

方案 A 净现值:$(350-55)\times(P/A,8\%,10)-1\ 000=295\times6.710-1\ 000=979.45$(万元)

方案 B 净现值:$(450-80)\times(P/A,8\%,10)-1\ 500=370\times6.710-1\ 500=982.70$(万元)

方案 B 净现值最大,应选择方案 B。

(三)净年值法(计算期不相同)

(1)绘制现金流量图。

(2)折算收益、费用年值。

(3)净年值=收益年值-费用年值。

净年值最大为最优方案。

随堂练习

现金流量图如图 2.3.12。

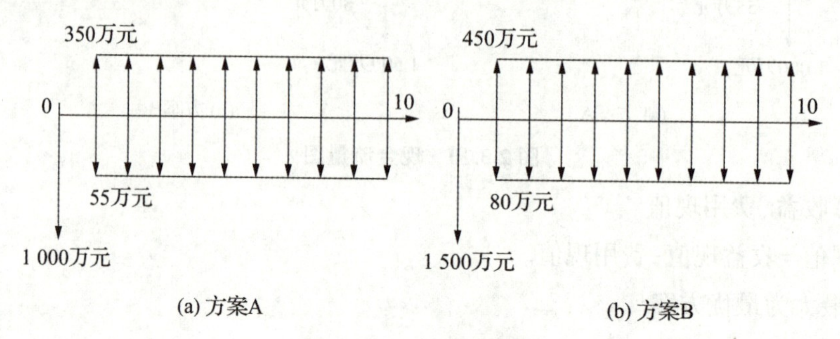

图 2.3.12 现金流量图

计算数据如表 2.3.9 所示。

表 2.3.9 计算数据

n	10
$(P/A,8\%,n)$	6.710
$(P/F,8\%,n)$	0.463

[问题] 用净年值法比选方案。(计算结果保留 2 位小数)

[答案]

方案 A 净年值:$350-55-1\,000\times(A/P,8\%,10)=295-1\,000/6.710=145.97$(万元)

方案 B 净年值:$450-80-1\,500\times(A/P,8\%,10)=370-1\,500/6.710=146.45$(万元)

方案 B 净年值最大,应选择方案 B。

【典型例题】

[背景资料]

某市城市投资公司拟投资建设大数据中心综合楼的智能安保系统(包括地下车库管理),为此委托甲工程项目咨询公司拟订了两个备选方案,对两个方案的相关费用和收入进行了测算,有关数据见表 2.3.10。

表 2.3.10 两个备选方案基础数据表

方案	购置、安装费(万元)	使用年限(年)	大修理周期(年)	每次大修费(万元)	年运行收入(万元)	年运行维护费(万元)
方案一	1 600	45	15	140	260	60
方案二	1 800	40	10	100	280	75

若不考虑期末残值,购置费、安装费及其他收支费用均发生在年末,年复利率为 10%,现值系数见表 2.3.11。

表 2.3.11　现值系数表

系数	n								
	1	10	15	20	30	40	41	45	46
(P/A,10%,n)	0.909 1	6.144 6	7.606 1	8.513 6	9.426 9	9.779 1	9.799 1	9.862 8	9.875 3
(P/F,10%,n)	0.909 1	0.385 5	0.239 4	0.148 6	0.057 3	0.022 1	0.020 1	0.013 7	0.012 5

乙设备安装承包商通过公开招标方式中标，承包综合楼智能安保系统的施工，建设期为1年，合同价格为3 000万元（不含税），其中利润为270万元。

[问题]

1.若采用净年值法计算分析，城市投资公司应选择哪个智能安保系统方案？

2.若承包商在当期市场价格水平下制订了将目标成本额控制在2 600万元的成本管理方案，且能保障得以实施。预测施工过程中占工程成本55%的材料费可能上涨，上涨10%的概率为0.6，上涨5%的概率为0.3，计算该承包商的期望成本利润率应为多少？（计算过程和结果均保留3位小数）

[答案]

问题1：

方案一：

年收益＝260×(P/A,10%,45)×(P/F,10%,1)×(A/P,10%,46)

＝260×9.862 8×0.090 91/9.875 3

＝236.067（万元）

年费用＝[1 600+140×(P/F,10%,15)+140×(P/F,10%,30)+60×(P/A,10%,45)]×(P/F,10%,1)×(A/P,10%,46)

＝(1 600+140×0.239 4+140×0.057 3+60×9.862 8)×0.909 1/9.875 3

＝205.594（万元）

净年值＝年收益－年费用＝236.067－205.594＝30.473（万元）

方案二：

年收益＝280×(P/A,10%,40)×(P/F,10%,1)×(A/P,10%,41)

＝280×9.779 1×0.090 91/9.799 1

＝254.028（万元）

年费用＝{1 800+100×[(P/F,10%,10)+(P/F,10%,20)+(P/F,10%,30)]+70×(P/A,10%,40)}×(P/F,10%,1)×(A/P,10%,41)

＝[1 800+100×(0.385 5+0.148 6+0.057 3)+75×9.779 1]×0.90 91/9.799 1

＝240.523（万元）

净年值＝年收益－年费用＝254.028－240.523＝13.505（万元）

方案一净年值较大，应选择方案一。

问题 2：

期望成本 = 2 600×45% + 2 600×55%×(1.1×0.6+1.05×0.3+1×0.1) = 2 707.250(万元)

期望利润 = 3 000−2 707.25 = 292.750(万元)

期望成本利润率 = 期望利润/期望成本 = 292.75/2 707.25 = 10.814%

[考点三] 费用效率法★★

应用前提：费用效率法是寿命周期成本评价方法中的一种，一般适用于投资较大的基础设施建设项目（产出成果和费用均不相同）。

$$费用效率=\frac{系统效率(收益)}{寿命周期成本}$$

寿命周期成本 = 资金成本 + 环境成本 + 社会成本

选择费用效率值最大的方案为最优方案。

[解题思路]

(1)对各投资方案的投资“成果（收益）”进行分析；

(2)分析各投资方案的寿命周期成本（LCC），包括资金成本、环境成本和社会成本。对各成本内容进行分析计算，如建设成本（设置费）、使用成本（维持费）、环境成本等，并汇总计算寿命周期成本；

(3)计算各投资方案的费用效率 = 收益/成本；

(4)选择费用效率值最大的投资方案为最优方案。

【典型例题】

[背景资料]

某特大城市为改善目前已严重拥堵的城市主干道的交通状况，拟投资建设一交通项目，有地铁、轻轨和高架道路三个方案。三个方案的使用寿命均按 50 年计算，分别需每 15 年、10 年、20 年大修一次。单位时间价值为 10 元/小时，基准折现率为 8%，其他有关数据见表 2.3.12、表 2.3.13。

不考虑建设工期的差异，即建设投资均按期初一次性投资考虑，不考虑动拆迁工作和建设期间对交通的影响，三个方案均不计残值，每年按 360 天计算。

表 2.3.12 各方案基础数据表

方案	地铁	轻轨	高架道路
建设投资(万元)	1 000 000	500 000	300 000
年维修和运行费(万元/年)	10 000	8 000	3 000
每次大修费(万元/次)	40 000	30 000	20 000
日均客流量(万人/天)	50	30	25
人均节约时间(小时/人)	0.7	0.6	0.4
运行收入(元/人)	3	3	0
土地升值(万元/年)	50 000	40 000	30 000

表 2.3.13　现值系数表

n	10	15	20	30	40	45	50
$(P/A,8\%,n)$	6.710	8.559	9.818	11.258	11.925	12.108	12.233
$(P/F,8\%,n)$	0.463	0.315	0.215	0.099	0.046	0.031	0.021

[问题]

1.三个方案的年度寿命周期成本各为多少?

2.若采用寿命周期成本的费用效率(CE)法,应选择哪个方案?

3.若轻轨每年造成的噪声影响损失为 7 000 万元,将此作为环境成本,则在地铁和轻轨两个方案中哪个方案较好?(费用效率保留 2 位小数,其余取整)

[答案]

问题 1:

地铁年度寿命周期成本=10 000+1 000 000(A/P,8%,50)+40 000[(P/F,8%,15)+(P/F,8%,30)+(P/F,8%,45)](A/P,8%,50)= 10 000+1 000 000/12.233+40 000×(0.315+0.099+0.031)/12.233=93 201(万元)

轻轨年度寿命周期成本=8 000+500 000(A/P,8%,50)+30 000[(P/F,8%,10)+(P/F,8%,20)+(P/F,8%,30)+(P/F,8%,40)](A/P,8%,50)= 8 000+500 000/12.233+30 000×(0.463+0.215+0.099+0.046)/12.233=50 891(万元)

高架道路年度寿命周期成本=3 000+300 000(A/P,8%,50)+20 000[(P/F,8%,20)+(P/F,8%,40)](A/P,8%,50)= 3 000+300 000/12.233+20 000×(0.215+0.046)/12.233=2 7951(万元)

问题 2:

计算地铁的年费用效率:

(1)地铁年收益=50×(0.7×10+3)×360+50 000=230 000(万元)

(2)地铁年费用效率=230 000/93 201=2.47

计算轻轨的年费用效率:

(1)轻轨年收益=30×(0.6×10+3)×360+40 000=137 200(万元)

(2)轻轨年费用效率=137 200/50 891=2.70

计算高架道路的年费用效率:

(1)高架道路年收益=25×0.4×10×360+30 000=66 000(万元)

(2)高架道路年费用效率=66 000/27 951=2.36

由于轻轨的费用效率最高,因此,应选择建设轻轨。

问题 3:

将 7 000 万元的环境成本加到轻轨的寿命周期成本上,则

轻轨的年度费用效率=137 200/(50 891+7 000)=2.37

由问题2可知,地铁费用效率2.47>轻轨费用效率2.37,因此,若考虑将噪声影响损失作为环境成本,则地铁方案优于轻轨方案。

第四节 决策树

考点重要度分析

考　点	重要度星标
考点:决策树	★★

[考点] 决策树★★

1.决策树的概念

决策树是以方框和圆圈为节点,并由直线连接而成的一种像树枝形状的结构;其中方框表示决策点,圆圈表示机会点;从决策点画出的每条直线代表一个方案,叫作方案枝,从机会点画出的每条直线代表一种自然状态,叫作概率枝。

2.决策树的绘制与期望值的计算

(1)决策树的绘制。决策树的绘制应从左向右,从决策点到机会点,再到各树枝的末端。绘制完成后,在树枝末端标上指标的期望值,在相应的树枝上标上该指标期望值所发生的概率。

(2)期望值的计算。期望值的计算应从右向左,从最后的树枝所连接的机会点,到上一个树枝连接的机会点,最后到最左边的机会点,每一步的计算采用概率的形式,计算结果标在机会点上方。

(3)最优方案的选择。期望值最大的(或最小的)方案为最优方案。根据各方案期望值大小进行选择,在收益期望值小的方案分支上画上删除号,表示删去。所保留下来的分支即为最优方案。

【典型例题一】

[背景资料]

A企业结合自身情况和投标经验,认为该工程项目投高价标的中标概率为40%,投低价标的中标概率为60%;投高价标中标后,收益效果好、中、差三种可能性的概率分别为30%、60%、10%,计入投标费用后的净损益值分别为40万元、35万元、30万元;投低价标中标后,收益效果好、中、差三种可能性的概率分别为15%、60%、25%,计入投标费用后的净损益值分别为30万元、25万元、20万元;投标发生的相关费用为5万元,A企业经测算、评估后最终选择了投低价标,投标价为500万元。

[问题] 绘制A企业投标决策树(图2.4.1),列式计算并说明A企业选择投低价标是否合理?(计算结果保留2位小数)

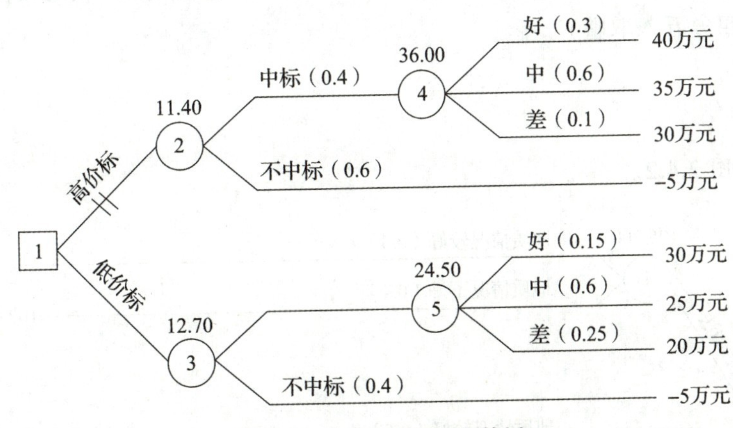

图 2.4.1　A 企业投标决策树

［答案］

机会节点④期望利润＝40×30%＋35×60%＋30×10%＝36.00（万元）

机会节点②期望利润＝36×40%－5×60%＝11.40（万元）

机会节点⑤期望利润＝30×15%＋25×60%＋20×25%＝24.50（万元）

机会节点③期望利润＝24.5×60%－5×40%＝12.70（万元）

投低价标期望利润 12.70 万元>投高价标期望利润 11.40 万元，投低价标合理。

【典型例题二】

［背景资料］

某隧洞工程，施工单位与项目业主签订了 120 000 万元的施工总承包合同，合同约定：每延长（或缩短）1 天工期，处罚（或奖励）金额 3 万元。

施工过程中发生了以下事件：

事件 1：施工前，施工单位拟定了三种隧洞开挖施工方案，并测算了各方案的施工成本，见表 2.4.1。

表 2.4.1　各施工方案施工成本　　单位：万元

施工方案	施工准备工作成本	不同地质条件下的施工成本	
		地质较好	地质不好
先拱后墙法	4 300	101 000	102 000
台阶法	4 500	99 000	106 000
全断面法	6 800	93 000	

当采用全断面法施工时，在地质条件不好的情况下，须改用其他施工方法，如果改用先拱后墙法施工，需再投入 3 300 万元的施工准备工作成本。如果改用台阶法施工，需再投入 1 100 万元的施工准备工作成本。根据对地质勘探资料的分析评估，地质情况较好的可能性为 0.6。

［问题］

1.绘制事件 1 中施工单位施工方案的决策树。

2.列式计算事件 1 中的施工方案选择的决策树,并按成本最低原则确定最佳施工方案。(计算结果四舍五入取整)

[答案]

问题 1:

具体内容见图 2.4.2。

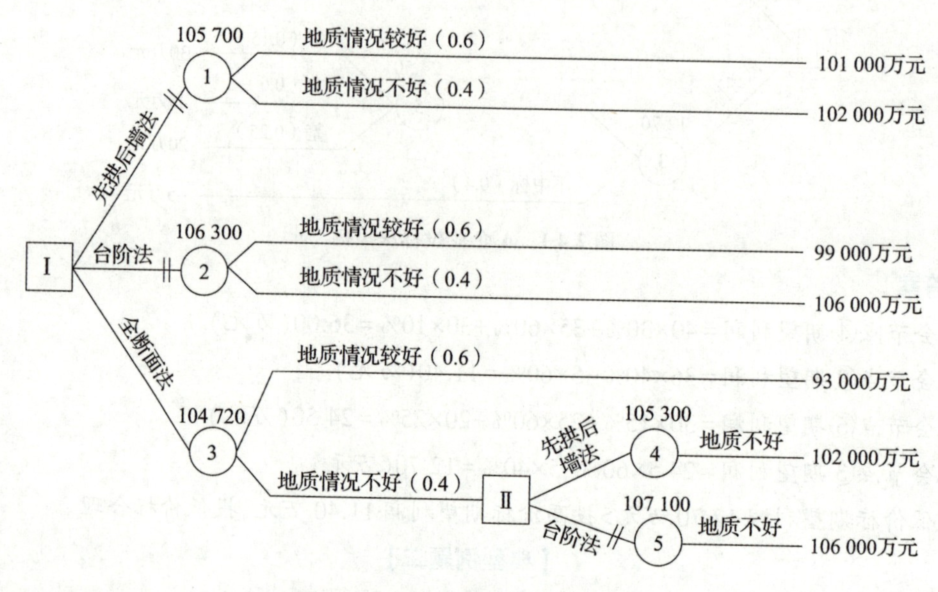

图 2.4.2 事件 1 中施工方案决策树

问题 2:

计算二级决策点各方案成本期望值并做出决策:

④102 000+3 300=105 300(万元)

⑤106 000+1 100=107 100(万元)

由于机会点④的成本期望值小于机会点⑤的成本期望值,所以,地质情况不好时选择先拱后墙法。

计算一级决策点各方案成本期望值并做出决策:

①101 000×0.6+102 000×0.4+4 300=105 700(万元)

②99 000×0.6+106 000×0.4+4 500=106 300(万元)

③93 000×0.6+105 300×0.4+6 800=104 720(万元)

由于机会点③的成本期望值小于机会点①和②的成本期望值,所以最佳施工方案为全断面法施工。

【典型例题三】

[背景资料]

某工程拟加固改造为商业仓库或生产车间后出租,由业主方负责改建支出和运营维护,或不改造直接出租,此 A、B、C 三个方案的基础数据见表 2.4.2。

表 2.4.2 备选方案基础数据表

备选方案	改建支出(万元)	使用年(年)	运营维护支出(万元/年)	租金收入(万元/年)
A 商业仓库	1 000	20	30	270
B 生产车间	1 500	20	50	360
C 不改造	0	20	10	100

折现率为 10%,复利系数见表2.4.3,不考虑残值和改建所需工期。

表 2.4.3 现值系数表

n	1	5	15	20
$(P/A,10\%,n)$	0.909	3.790 8	7.606 1	8.513 6
$(P/F,10\%,n)$	0.909	0.620 9	0.239 4	0.148 6

[问题]

1.若比较 A、B、C 三个方案的净年值,应选择哪个方案? A、B 方案的静态投资回收期哪个更短?

2.若考虑改建为 B 方案,生产车间带来噪声等污染的环境成本折合为 20 万元/年,带动高新技术发展应用的潜在社会收益折合为 10 万元/年。A 方案的环境成本折合为 1 万元/年,无社会收益。采用费用效率法比较 A、B 两个方案,哪个方案更好一些?

3.若考虑未来租金收入的不确定性因素,A 方案租金收入为 300 万元、270 万元、240 万元的概率分别为 0.20、0.70、0.10;B 方案租金收入为 390 万元、360 万元、300 万元的概率分别为 0.15、0.60、0.25;C 方案租金收入为 120 万元、100 万元、80 万元的概率分别为 0.25、0.65、0.10;其他条件不变,不考虑环境、社会因素的成本及收益,比较三个方案的净年值,应选择哪个方案?

4.若 A、B 方案不变(租金收入与概率和问题 3 中设定的一致),不考虑环境成本、社会收益。C 方案改为前 5 年不改造,每年收取固定租金 100 万元,5 年后,出租市场可能不稳定,再考虑改建为商业仓库或生产车间或不改造。5 年后商业仓库、生产车间和不改建方案的租金收入与概率和问题 3 中设定的一致。画出决策树,比较三个方案的净现值,决定采用 A、B、C 哪个方案更合适。(计算结果保留 2 位小数)

[答案]

问题 1:

按各方案的净年值进行比选:

A 方案的净年值=270-1 000×$(A/P,10\%,20)$-30=122.54(万元)

B 方案的净年值=360-1 500×$(A/P,10\%,20)$-50=133.81(万元)

C 方案的净年值=100-10=90.00(万元)

由于 B 方案的净年值最大,故应选择 B 方案。

按各方案的静态投资回收期进行比选:

A 方案的静态投资回收期=1 000÷(270-30)=4.17(年)

B 方案的静态投资回收期=1 500÷(360-50)=4.84(年)

可见,A 方案的静态投资回收期更短。

问题 2:

A 方案:年度寿命周期成本 = 1 000×(A/P,10%,20)+30+1 = 148.46(万元)

年度费用效率 = 270÷148.46 = 1.82

B 方案:年度寿命周期成本 = 1 500×(A/P,10%,20)+50+20 = 246.19(万元)

年度费用效率 = (360+10)÷246.19 = 1.50

方案选择:由于 1.82>1.50,故考虑社会、环境因素后,A 方案更好一些。

问题 3:

计算各方案净年值的期望值:

A 方案:(300×0.2+270×0.7+240×0.1)−1 000×(A/P,10%,20)−30 = 125.54(万元)

B 方案:(390×0.15+360×0.6+300×0.25)−1 500×(A/P,10%,20)−50 = 123.31(万元)

C 方案:(120×0.25+100×0.65+80×0.1)−10 = 93.00(万元)

由于 A 方案净年值的期望值最大,故选择 A 方案。

问题 4:

根据背景资料所给出的条件画出决策树,标明各方案的概率和租金收入,如图 2.4.3 所示。

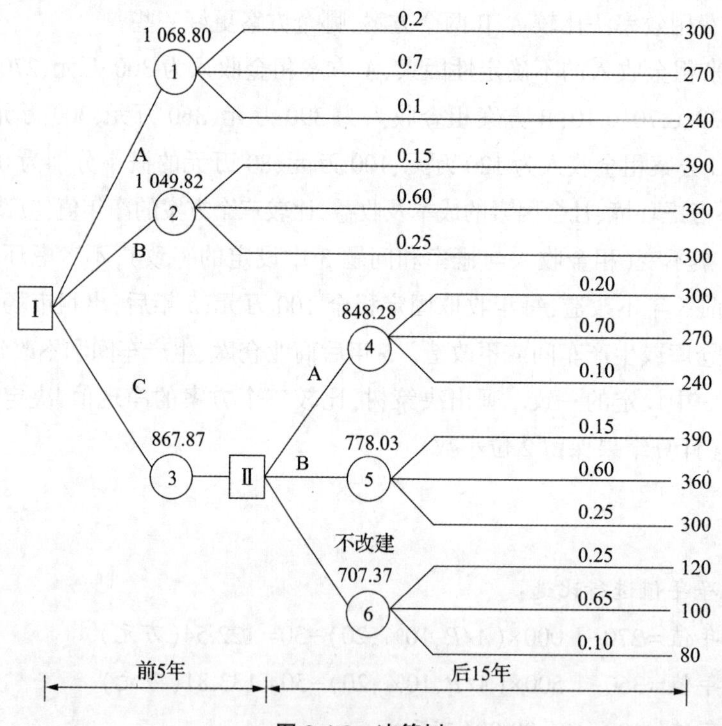

图 2.4.3 决策树

计算二级决策点各备选方案的期望值并做出决策:

机会点④的期望值 = (300×0.2+270×0.7+240×0.1−30)×(P/A,10%,15)−1 000

= 243×7.606 1−1 000

= 848.28(万元)

机会点⑤的期望值 $=(390\times0.15+360\times0.6+300\times0.25-50)\times(P/A,10\%,15)-1\ 500$

$=299.50\times7.606\ 1-1\ 500$

$=778.03$(万元)

机会点⑥的期望值 $=(120\times0.25+100\times0.65+80\times0.10-10)\times(P/A,10\%,15)$

$=93\times7.606\ 1$

$=707.37$(万元)

由于机会点④的期望值大于机会点⑤、⑥的期望值,因此5年后改建为商业仓库出租。

计算一级决策点各备选方案的期望值并做出决策:

机会点①的期望值 $=(300\times0.2+270\times0.7+240\times0.1-30)\times(P/A,10\%,20)-1\ 000$

$=243\times8.513\ 6-1\ 000$

$=1\ 068.80$(万元)

机会点②的期望值 $=(390\times0.15+360\times0.6+300\times0.25-50)\times(P/A,10\%,20)-1\ 500$

$=299.50\times8.513\ 6-1\ 500.00$

$=1\ 049.82$(万元)

机会点③的期望值 $=(100-10)\times(P/A,10\%,5)+848.28\times(P/F,10\%,5)$

$=90\times3.790\ 8+848.28\times0.620\ 9$

$=867.87$(万元)

由于机会点①的期望值最大,故应采用A方案改建加固为商业仓库。

第五节　数学法

考点重要度分析

考　点	重要度星标
考点:数学法	★★

[考点]　数学法★★

基本概念:

总成本=直接成本+间接成本

(1)直接成本随工期的缩短而增加;

(2)间接成本随工期的缩短而减少。

成本利润率(实际利润率)=利润额/成本额

产值利润率=利润额/合同额

【典型例题一】

[背景资料]

某公司承包了一建设项目的设备安装工程,采用固定总价合同,合同价为5 500万元,合同工期为200天。合同中规定，实际工期每拖延1天，逾期违约金为5万元；实际工期每提前1天，提前工期奖为3万元。经造价工程师分析，该设备安装工程成本最低的工期为210天，相应的成本为5 000万元。在此基础上，工期每缩短1天需增加成本10万元；工期每延长1天需增加成本9万元。在充分考虑施工现场条件和本公司人力、施工机械条件的前提下，该工程最可能的工期为206天。根据本公司类似工程的历史资料，该工程按最可能的工期、合同工期和成本最低的工期完成的概率分别为0.6、0.3和0.1。

[问题]

1.该工程按合同工期和按成本最低的工期组织施工的利润额各为多少？（计算结果四舍五入取整）

2.在确保该设备安装工程不亏本的前提下，该设备安装工程允许的最长工期为多少？（计算结果四舍五入取整）

3.若按最可能的工期组织施工，该设备安装工程的利润额为多少？相应的成本利润率为多少？（计算结果保留2位小数）

4.假定该设备安装工程按合同工期、成本最低的工期和最可能的工期组织施工的利润额分别为380万元、480万元和420万元，该设备安装工程的期望利润额为多少？相应的产值利润率为多少？（计算结果保留2位小数）

[答案]

问题1：

按合同工期组织施工的利润额=5 500-[5 000+10×(210-200)]=400(万元)

按成本最低的工期组织施工的利润额=5 500-5 000-5×(210-200)=450(万元)

问题2：

设允许的最长工期为X天，则

5 500-[5 000+9×(X-210)]-5×(X-200)=0

解得：X=242

问题3：

按最可能工期组织施工利润额=5 500-[5 000+10×(210-206)]-5×(206-200)=430.00(万元)

相应的成本利润率=430/(5 500-430)=8.48%

问题4：

该工程的期望利润额=420×0.6+380×0.3+480×0.1=414.00(万元)

相应的产值利润率=414/5 500=7.53%

【典型例题二】

[背景资料]

某隧洞工程，施工单位与项目业主签订了120 000万元的施工总承包合同，合同约定：每延长(或缩短)1天工期，处罚(或奖励)金额3万元。

按计划工期施工的施工成本为110 500万元。经测算，施工的间接成本为2万元/天，直接成本每压缩工期 5 天增加 30 万元，每延长工期 5 天减少 20 万元。

[问题]

1.从经济的角度考虑，施工单位应压缩工期、延长工期还是按计划工期施工？说明理由。

2.施工单位按计划工期施工的产值利润率为多少？成本利润率是多少？若施工单位希望实现 10% 的产值利润率，应降低成本多少万元？（计算结果保留 2 位小数）

[答案]

问题 1：

压缩工期每天增加费用 = 30/5−2−3 = 1（万元/天）

延长工期每天增加费用 = 2−20/5+3 = 1（万元/天）

所以按计划工期施工，因为压缩工期和延长工期均需要增加费用。

问题 2：

按计划工期施工的产值利润率 =（120 000−110 500）/120 000 = 7.92%

成本利润率 =（120 000−110 500）/110 500 = 8.60%

设若施工单位要实现 10% 的产值利润率，应降低成本为 X 万元。

[120 000−（110 500−X）]/120 000×100% = 10%

解得：X = 2 500

即若施工单位要实现 10% 的产值利润率，应降低成本 2 500 万元。

【典型例题三】

[背景资料]

某施工单位决定参与某工程的投标。在基本确定技术方案后，为提高竞争能力，对其中某关键技术措施拟订了三个方案进行比选。若以 C 表示费用（费用单位为万元），T 表示工期（时间单位为周），则方案一的费用为 $C1 = 100+4T$；方案二的费用为 $C2 = 150+3T$；方案三的费用为 $C3 = 250+2T$。

经分析，这种技术措施的三个比选方案对施工网络计划的关键线路均没有影响。各关键工作可压缩的时间及相应增加的费用见表 2.5.1。

表 2.5.1　各关键工作可压缩时间及相应增加的费用表

关键工作	A	C	E	H	M
可压缩时间（周）	1	2	1	3	2
压缩单位时间增加的费用（万元/周）	3.5	2.5	4.5	6.0	2.0

在以下问题分析中，假定所有关键工作压缩后不改变关键线路。

[问题]

1.若仅考虑费用和工期因素，请分析这三种方案的适用情况。

2.若该工程的合理工期为 60 周，该施工单位相应的估算报价为 1 653 万元。在确保利润不变的前提下，为了争取中标，该施工单位投标应报工期和报价各为多少？

3.若招标文件规定，评标采用“经评审的最低投标价法”，且规定施工单位自报工期小于60周时，工期每提前1周，其总报价降低2万元作为经评审的报价，则该施工单位的自报工期应为多少？相应的经评审的报价为多少？若该施工单位中标，则合同价为多少？

[答案]

问题1：

令$C_1=C_2$，即$100+4T=150+3T$，解得$T=50$(周)

则，当$T\leqslant 50$，应采用方案一；$T\geqslant 50$应采用方案二。

再令$C_2=C_3$，即$150+3T=250+2T$，解得$T=100$(周)

则，当$T\leqslant 100$，应采用方案二；$T\geqslant 100$应采用方案三。

综上，当$T\leqslant 50$，应采用方案一；当$50\leqslant T\leqslant 100$时应采用方案二；当$T\geqslant 100$时，应采用方案三。

问题2：

工期为60周时，应采用方案二：$C_2=150+3T$，所以，对每压缩1周所增加的费用小于3万元的关键工作均可以压缩，即：应对关键工作C和M进行压缩。

则自报工期$=60-2-2=56$(周)

相应的报价$=1\ 653+2.5\times 2+2\times 2-3\times 4=1\ 650$(万元)

问题3：

由于工期每提前1周，可降低2万元作为经评审的报价，则对每压缩1周所增加的费用小于5万元的关键工作均可以压缩，即：应对关键工作A、C、E、M进行压缩。

自报工期$=60-1-2-1-2=54$(周)

相应的报价$=1\ 653+3.5+2.5\times 2+4.5+2\times 2-3\times 6=1\ 652$(万元)

经评审的报价为$=1\ 652-2\times 6=1\ 640$(万元)

合同价=投标报价$=1\ 652$(万元)

[**注意**]“经评审的投标价”只是招标人选择中标人的依据，既不是投标人的实际报价也不是合同价。

第三章　工程计量与计价

分值分布

节名称	分值分布	节重要度
第一节　工程计量	40分	★★★★
第二节　工程计价		★★★★

第一节　工程计量

考点重要度分析

考　　点	重要度星标
考点一:识图基础	★★★
考点二:地下结构算量	★★★★
考点三:地上结构算量	★★★
考点四:装饰装修	★★★
考点五:厂房仓库	★★★

[考点一]　识图基础★★★

(一)建筑图的形成

1.建筑平面图

建筑平面图是选取一个水平切面,在门窗洞口处将房屋剖切开,移走上面部分,以下部分做投影得到的水平投影图,如图3.1.1所示。平面图主要反映建筑物的平面形状、内部布局、门窗位置、墙体厚度和占地面积等情况。底层平面图如图3.1.2所示。

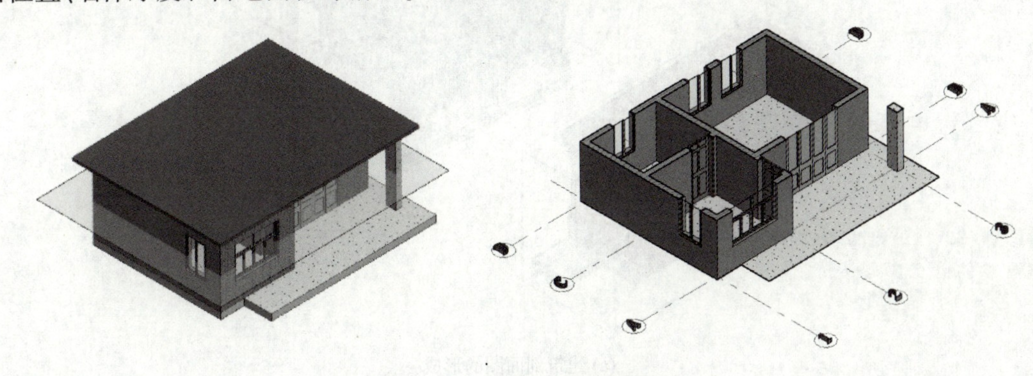

图3.1.1　建筑平面图的形成

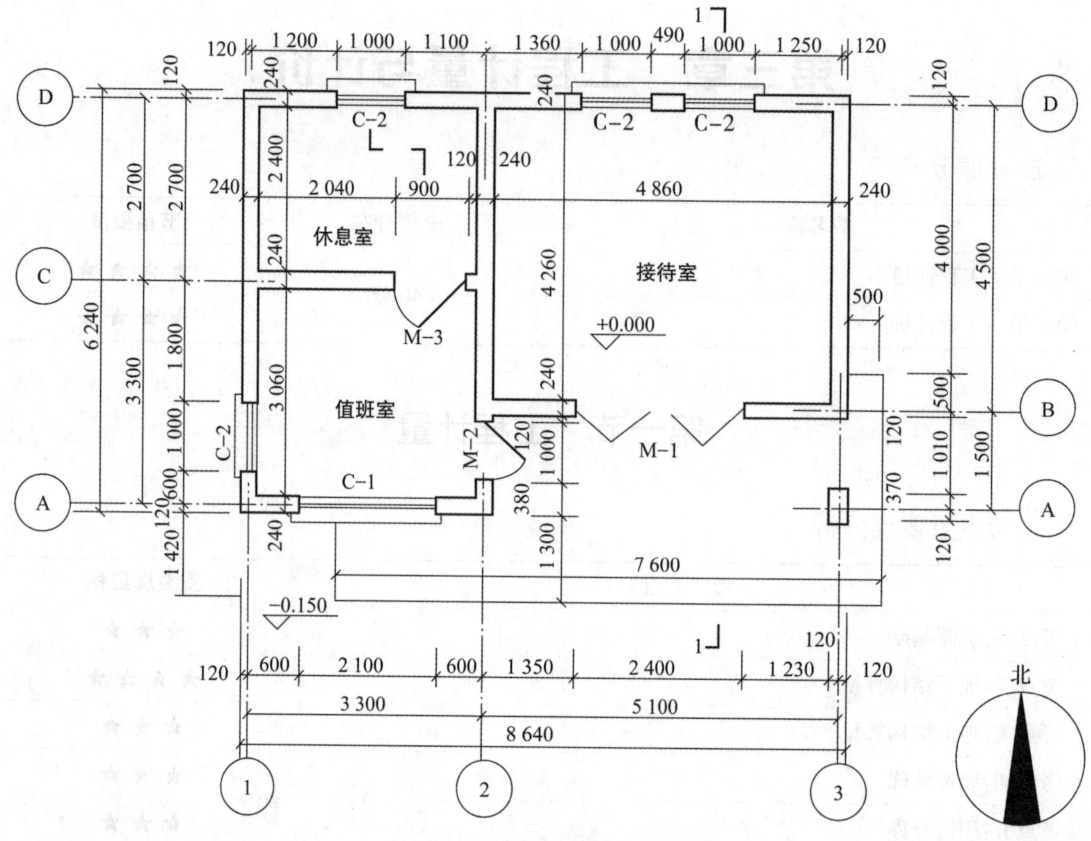

图 3.1.2　底层平面图（1：100）

2.建筑剖面图

建筑剖面图是用一个假想的竖直剖切平面垂直于外墙，将房屋剖切后所得的某一方向的正投影图，如图 3.1.3 所示。

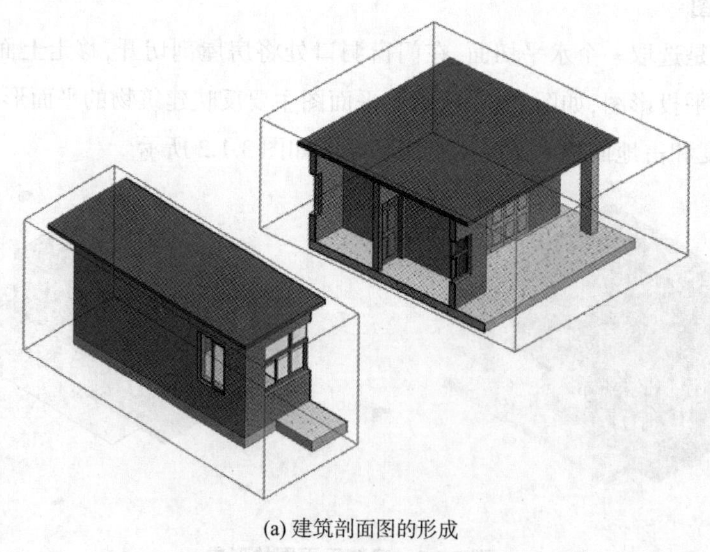

(a) 建筑剖面图的形成

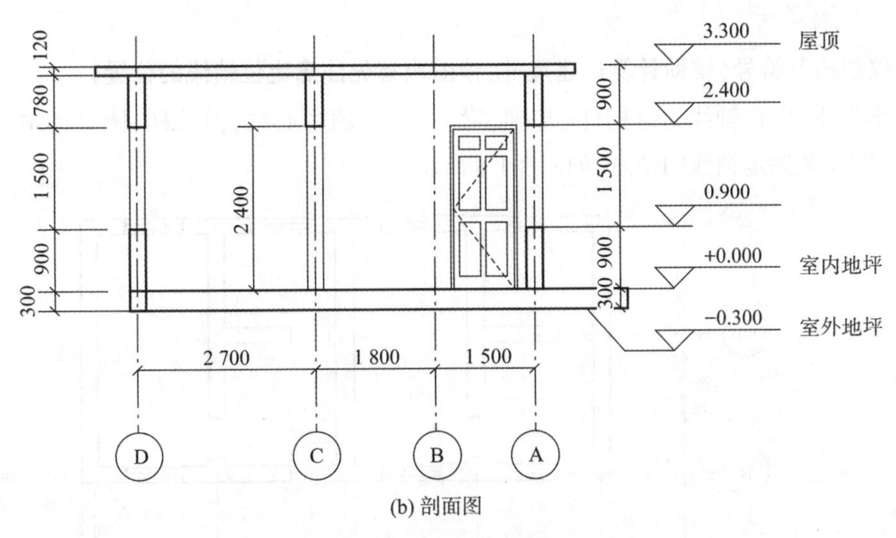

(b) 剖面图

图 3.1.3 建筑剖面图

3.建筑立面图

建筑立面图是在与房屋立面平行的投影面上所做的房屋正投影图，如图 3.1.4 所示。

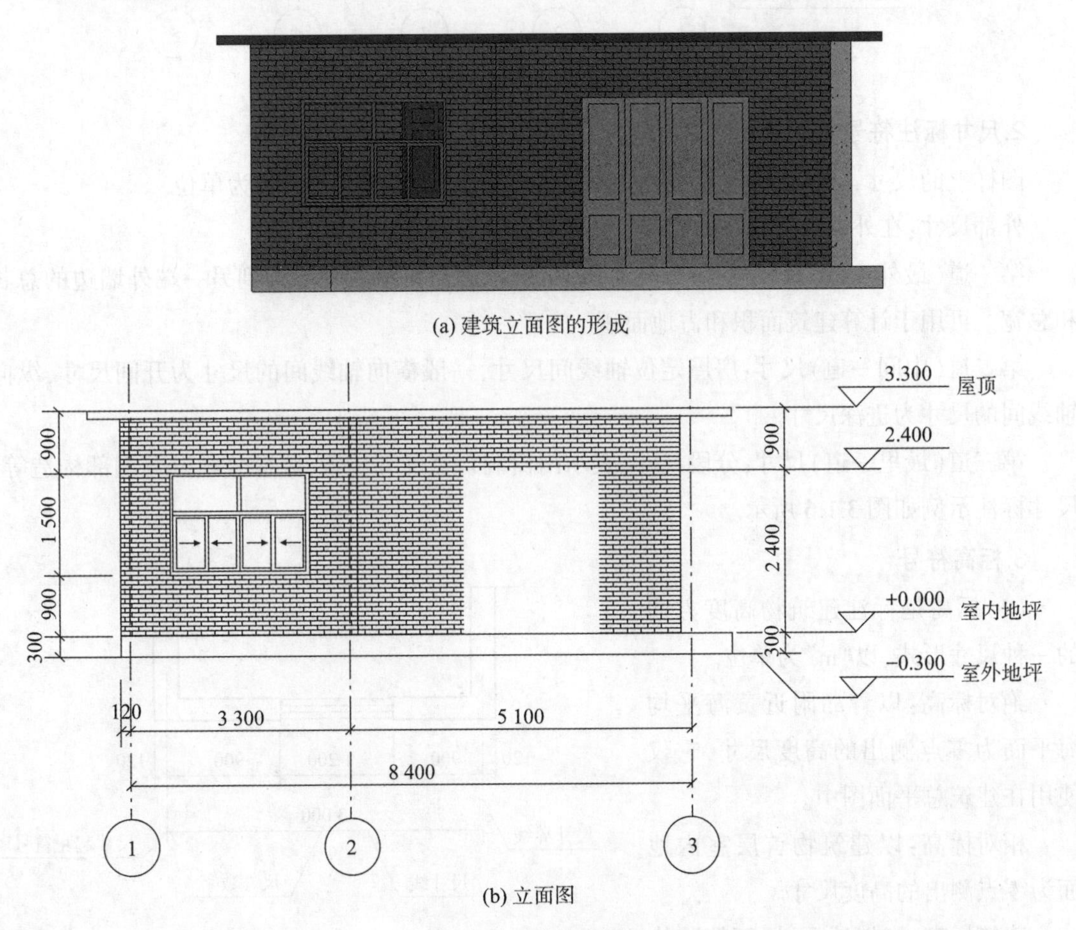

(b) 立面图

图 3.1.4 建筑立面图

(二)识图符号

1.定位轴线及编号(辅助计算构建尺寸,读图应首先注意定位轴线的位置)

一般情况下,定位轴线为结构件(基础、梁、柱、墙)的中心线,但若柱、墙等的中心线不重合,需要特别注意确定轴线的位置,如图 3.1.5 所示。

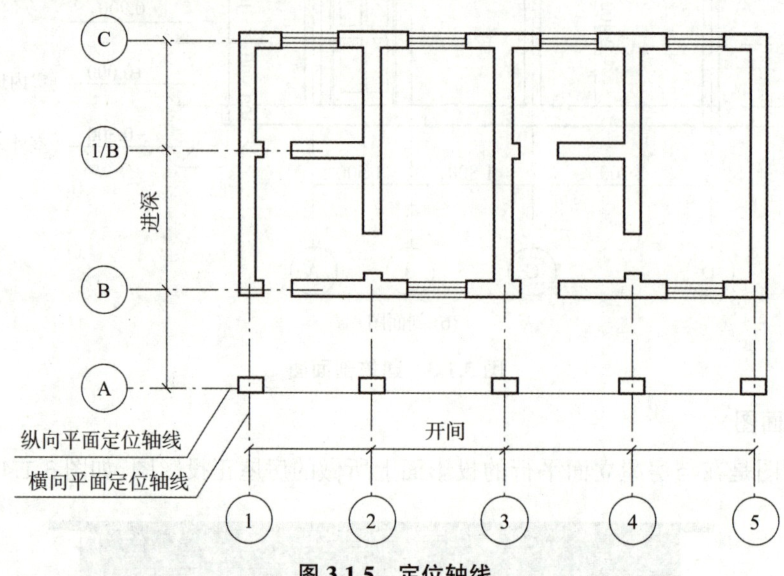

图 3.1.5 定位轴线

2.尺寸标注符号

图样上的尺寸,除标高和总平面图以“m”为单位外,其他都以“mm”为单位。

外部尺寸:在外墙外侧标注三道尺寸。

第一道(最外一道)尺寸:房屋外轮廓的总尺寸,即从一端的外墙边到另一端外墙边的总长和总宽。可用于计算建筑面积和占地面积。

第二道(中间一道)尺寸:房屋定位轴线间尺寸,一般横向轴线间的尺寸为开间尺寸,纵向轴线间的尺寸为进深尺寸。

第三道(最里一道)尺寸:分段尺寸,表示门窗洞口宽度和位置,墙垛分段以及细部构造等。尺寸标注示例如图 3.1.6 所示。

3.标高符号

(1)标高是标注建筑物高度方向的一种尺寸形式,以“m”为单位。

绝对标高:以青岛附近黄海平均海平面为零点测出的高度尺寸,它仅使用在建筑总平面图中。

相对标高:以建筑物首层室内地面为零点测出的高度尺寸。

建筑标高:指楼地面、屋面等装修

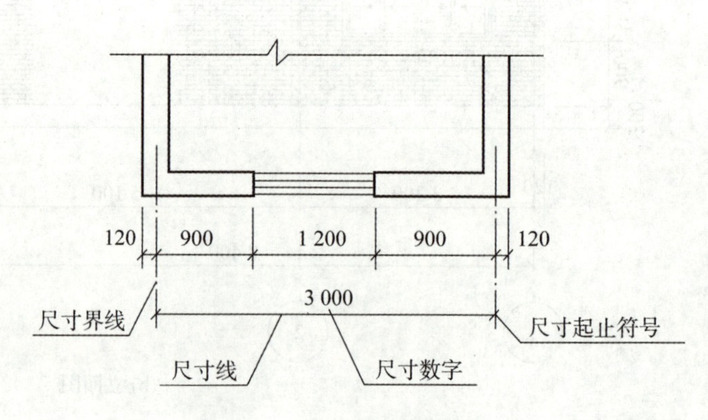

图 3.1.6 尺寸标注示例图

完成后构件表面的标高。（包括装饰层厚度）

结构标高：指结构构件未经装修表面的标高。（不包括装饰层厚度）

（2）标高符号画法及标高尺寸标注，如图3.1.7所示。

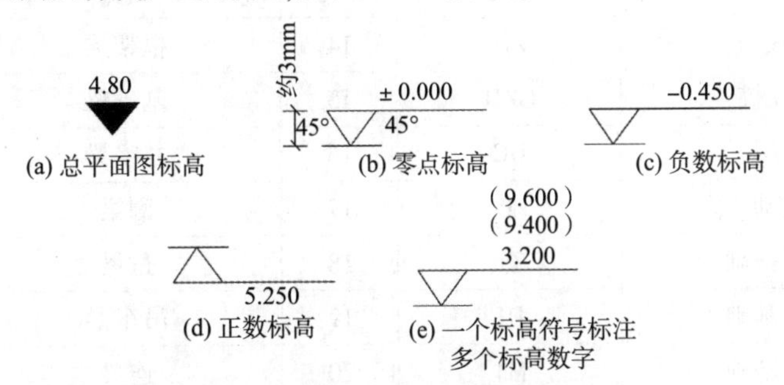

图3.1.7 标高符号画法及标高尺寸标注

4.引出线

引出线是对图样上某些部位引出作文字说明、尺寸标注和索引详图等用的，应以细实线绘制，如图3.1.8所示。

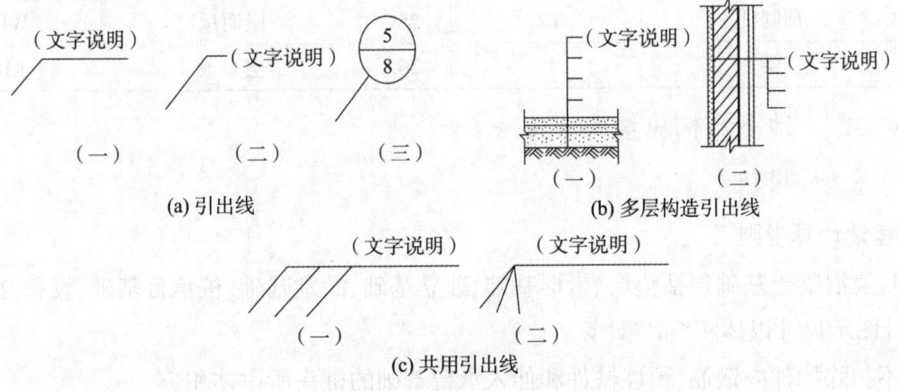

图3.1.8 引出线示例

5.剖切符号

剖切符号一般由两部分组成，分别为长边——位置线，短边——方向线，长短两边互相垂直。剖切位置线即所要表示的垂直面与水平面的切线。剖切方向线则相当于一个箭头，其指向即为人眼所看向的方向。剖切符号示例见图3.1.9。

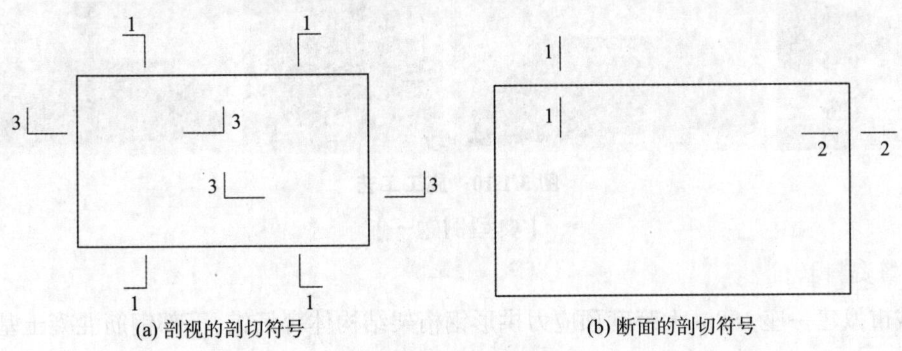

图3.1.9 剖切符号

6.常用的基本构件代号(表 3.1.1)

表 3.1.1 常用基本构件代号

序号	名称	代号	序号	名称	代号
1	桩	ZH	14	框架梁	KL
2	灌注桩	GZH	15	基础梁	JL
3	垫层	DC	16	井字梁	JZL
4	基础	J	17	圈梁	QL
5	条形基础	TJ	18	过梁	GL
6	独立基础	DJ	19	吊车梁	DL
7	满堂基础	MJ	20	连梁	LL
8	承台	CT	21	屋面梁	WL
9	柱	Z	22	屋面框架梁	WKL
10	框架柱	KZ	23	梯梁	TL
11	构造柱	GZ	24	板	B
12	预制柱	YZ	25	屋面板	WB
13	梁	L	26	空心板	KB

[考点二] 地下结构算量★★★★

(一)基础、模板

1.工程量计算规则

(1)现浇混凝土基础包括垫层、带形基础、独立基础、满堂基础、桩承台基础、设备基础等项目,按设计图示尺寸以体积“m^3”计算。

(2)不扣除构件内钢筋、预埋铁件和伸入承台基础的桩头所占体积。

(3)现浇混凝土基础、柱、梁、墙板等主要构件模板及支架工程量按模板与现浇混凝土构件的接触面积“m^2”计算。柱、梁、墙、板相互连接的重叠部分,均不计算模板面积。

2.独立阶型基础

施工工艺如图 3.1.10 所示。

图 3.1.10 施工工艺

【典型例题一】

[背景资料]

某城市拟建一座 188m 大跨度预应力拱形钢桁架结构体育场馆,下部钢筋混凝土基础平面布置图及基础详图设计如图 3.1.11“基础平面布置图”,图 3.1.12“基础详图”所示。

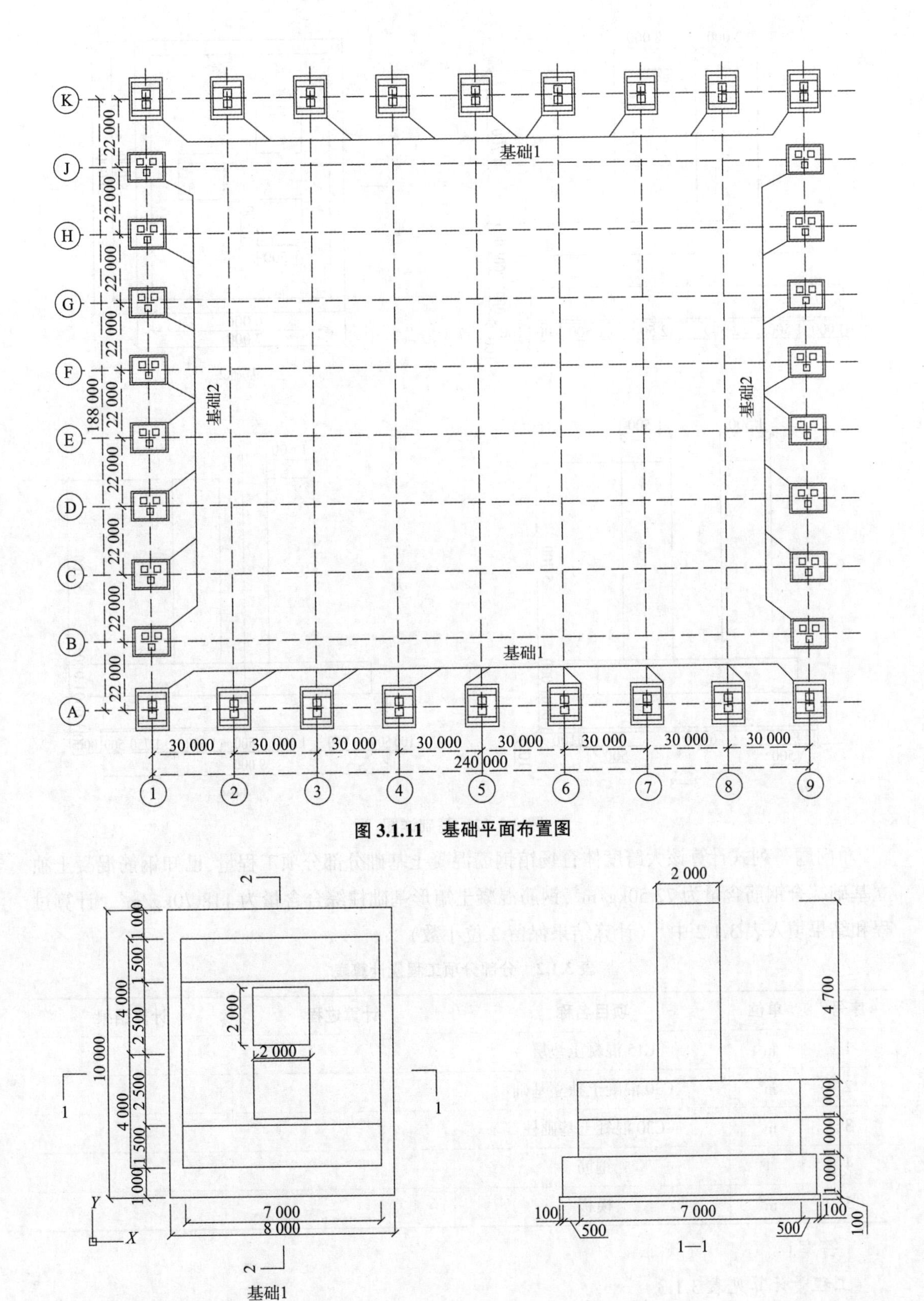

图 3.1.11　基础平面布置图

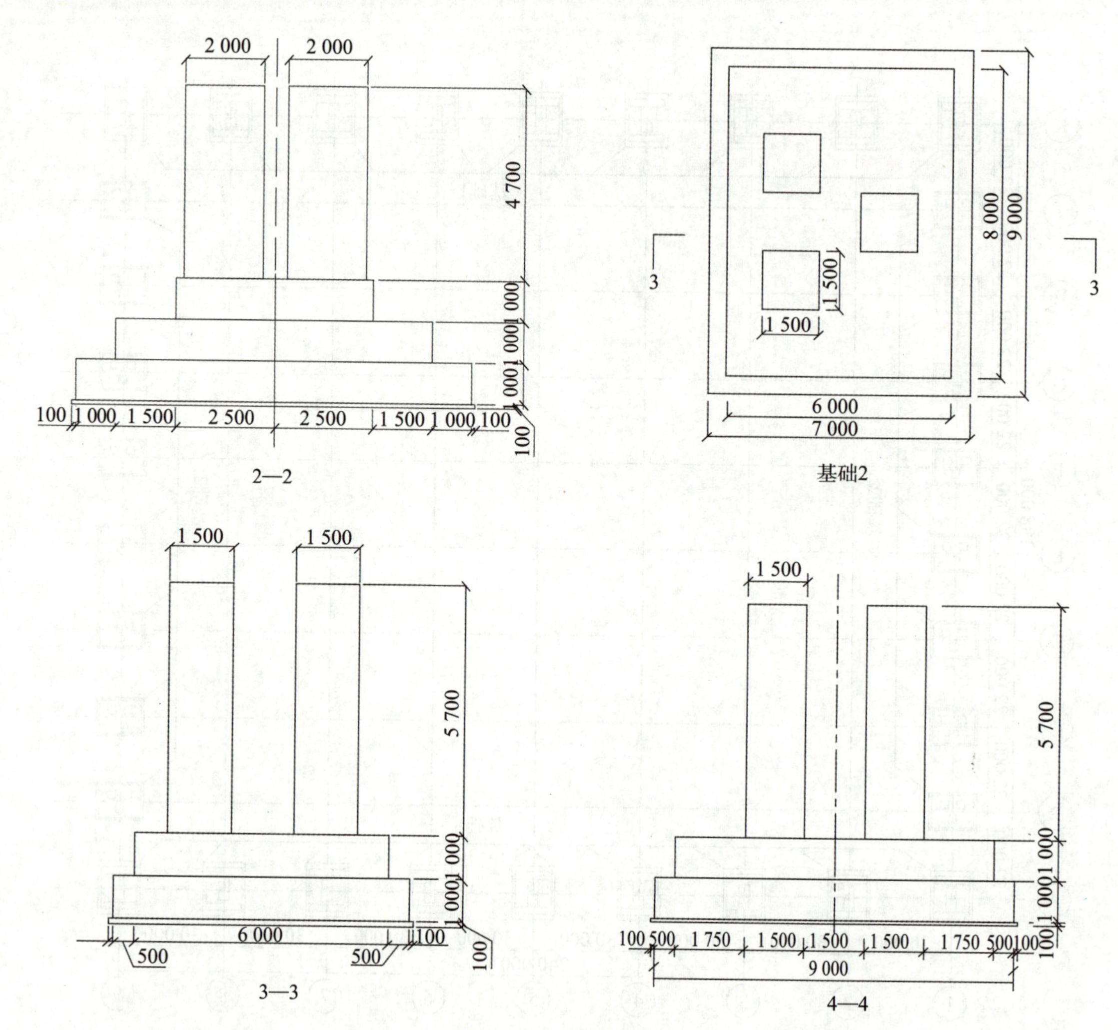

图 3.1.12 基础详图

［问题］列式计算该大跨度体育场馆钢筋混凝土基础分部分项工程量，已知钢筋混凝土独立基础综合钢筋含量为72.50kg/m³，钢筋混凝土矩形基础柱综合含量为118.70kg/m³。计算过程和结果填入表3.1.2中。（计算结果保留2位小数）

表 3.1.2 分部分项工程量计算表

序号	单位	项目名称	计算过程	计算结果
1	m³	C15 混凝土垫层		
2	m³	C30 混凝土独立基础		
3	m³	C30 混凝土基础柱		
4	t	钢筋		
5	m²	模板		

［答案］

工程量计算见表3.1.3。

表 3.1.3　工程量计算表

序号	单位	项目名称	计算过程	计算结果
1	m^3	C15 混凝土垫层	基础一：(8+0.2)×(10+0.2)×0.1×18=150.55 基础二：(7+0.2)×(9+0.2)×0.1×16=105.98 合计：150.55+105.98=256.53	256.53
2	m^3	C30 混凝土独立基础	基础一：18×(8×10×1+7×8×1+7×5×1)=3 078.00 基础二：16×(7×9×1+6×8×1)=1 776.00 合计：3 078+1 776=4 854.00	4 854.00
3	m^3	C30 混凝土基础柱	基础柱一：2×2×4.7×18×2=676.80 基础柱二：1.5×1.5×5.7×16×3=615.60 合计：676.80+615.60=1292.40	1 292.40
4	t	钢筋	独立基础钢筋：4 854×72.50/1 000=351.92 基础柱钢筋：1 292.4×118.70/1 000=153.41 合计：351.92+153.41=505.33	505.33
5	m^2	模板	垫层： 基础一：(8.2+10.2)×2×0.1×18=66.24 基础二：(7.2+9.2)×2×0.1×16=52.48 合计：66.24+52.48=118.72 基础： 基础一：18×[(8+10)×2×1+(7+8)×2×1+(7+5)×2×1] =1 620.00 基础二：16×[(7+9)×2×1+(6+8)×2×1]=960.00 合计：1 620+960=2 580.00 基础柱： 基础柱一：(2+2)×2×4.7×18×2=1 353.60 基础柱二：(1.5+1.5)×2×5.7×16×3=1 641.60 合计：1 353.60+1 641.60=2 995.20	5 693.92

【典型例题二】

[背景资料]

某热电厂煤仓燃煤架空运输坡道基础平面及相关技术参数，如图 3.1.13“燃煤架空运输坡道基础平面图”和图 3.1.14“基础详图”所示。

[问题] 列式计算现浇混凝土基础垫层、现浇混凝土独立基础(-0.30m 以下部分)、现浇混凝土基础梁、现浇构件钢筋、现浇混凝土模板五项分部分项工程的工程量填入表 3.1.4 中。根据已有类似项目结算资料测算，各钢筋混凝土基础钢筋参考含量分别为：独立基础80kg/m^3，基础梁 100kg/m^3。(基础梁施工是在基础回填土回填至-1.00m 时再进行基础梁施工)(计算结果保留 2 位小数)

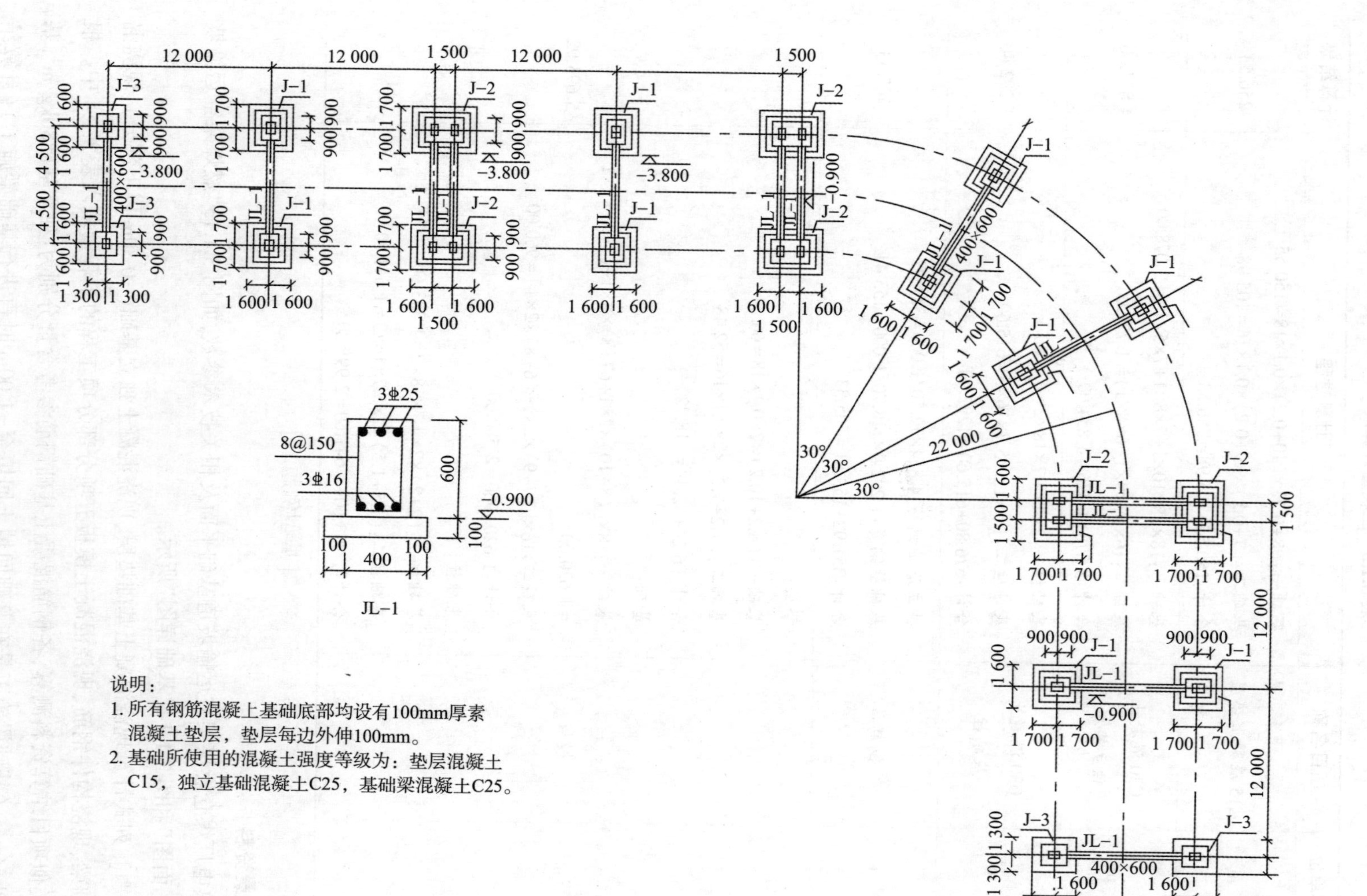

说明：

1. 所有钢筋混凝上基础底部均设有100mm厚素混凝土垫层，垫层每边外伸100mm。
2. 基础所使用的混凝土强度等级为：垫层混凝土C15，独立基础混凝土C25，基础梁混凝土C25。

图3.1.13　燃煤架空运输坡道基础平面图

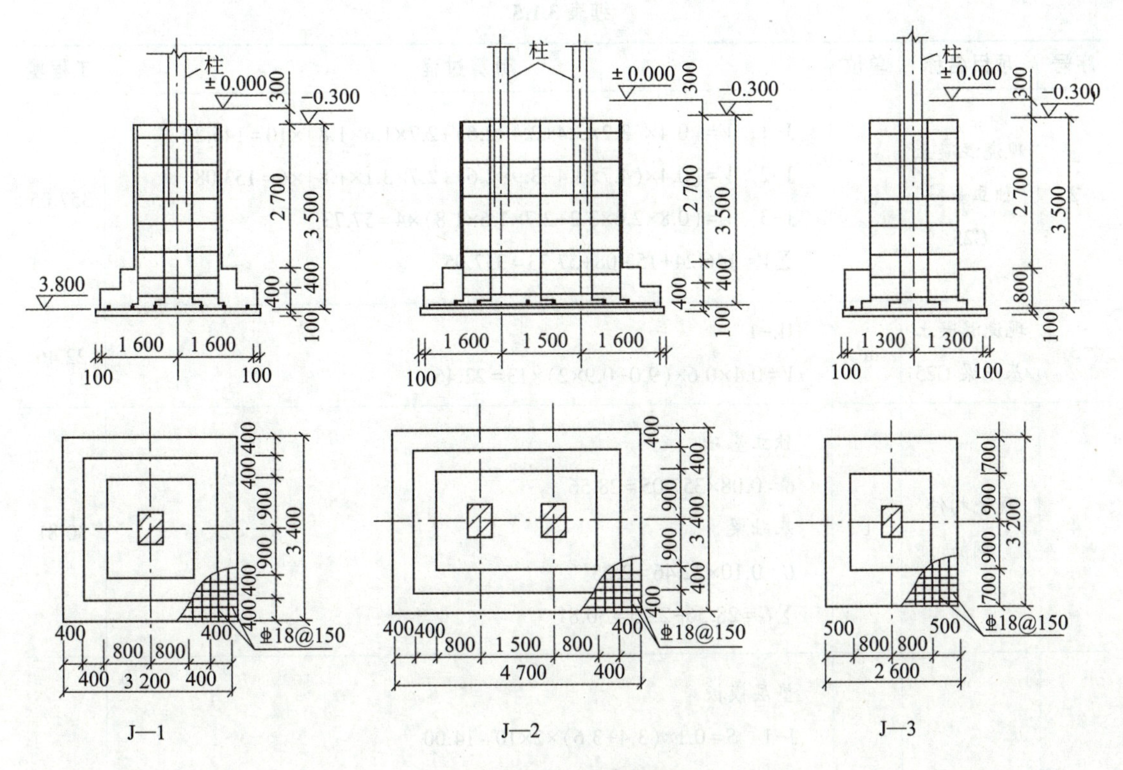

图 3.1.14 基础详图

表 3.1.4 工程量计算表

序号	项目名称	单位	计算过程	工程量
1	现浇混凝土基础垫层 C15			
2	现浇混凝土独立基础 C25			
3	现浇混凝土基础梁 C25			
4	现浇构件钢筋			
5	现浇混凝土模板			

[答案]

计算结果见表 3.1.5。

表 3.1.5 工程量计算过程及结果

序号	项目名称	单位	计算过程	工程量
1	现浇混凝土基础垫层 C15	m^3	J-1 $V=0.1\times3.4\times3.6\times10=12.24$ J-2 $V=0.1\times4.9\times3.6\times6=10.58$ J-3 $V=0.1\times2.8\times3.4\times4=3.81$ JL-1 $V=0.1\times0.6\times(9.0-0.9\times2)\times13=5.62$ $\sum V=12.24+10.58+3.81+5.62=32.25$	32.25

续表 3.1.5

序号	项目名称	单位	计算过程	工程量
2	现浇混凝土独立基础 C25	m^3	J-1　$V=[0.4\times(3.2\times3.4+2.4\times2.6)+2.7\times1.6\times1.8]\times10=146.24$ J-2　$V=[0.4\times(4.7\times3.4+3.9\times2.6)+2.7\times3.1\times1.8]\times6=153.08$ J-3　$V=(0.8\times2.6\times3.2+2.7\times1.6\times1.8)\times4=57.73$ $\sum V=146.24+153.08+57.73=357.05$	357.05
3	现浇混凝土基础梁 C25	m^3	JL-1 $V=0.4\times0.6\times(9.0-0.9\times2)\times13=22.46$	22.46
4	现浇构件钢筋	t	独立基础 $G=0.08\times357.05=28.56$ 基础梁 $G=0.10\times22.46=2.25$ $\sum G=28.56+2.25=30.81$	30.81
5	现浇混凝土模板	m^2	垫层模板 J-1　$S=0.1\times(3.4+3.6)\times2\times10=14.00$ J-2　$S=0.1\times(4.9+3.6)\times2\times6=10.20$ J-3　$S=0.1\times(2.8+3.4)\times2\times4=4.96$ JL-1　$S=0.1\times(9.0-0.9\times2)\times2\times13=18.72$ $\sum S=14.00+10.20+4.96+18.72=47.88$	776.00
		m^2	独立基础模板 J-1　$S=[0.4\times(3.2+3.4+2.4+2.6)\times2+2.7\times(1.6+1.8)\times2]\times10$ $=276.40$ J-2　$S=[0.4\times(4.7+3.4+3.9+2.6)\times2+2.7\times(3.1+1.8)\times2]\times6$ $=228.84$ J-3　$S=[0.8\times(2.6+3.2)\times2+2.7\times(1.6+1.8)\times2]\times4=110.56$ $\sum S=276.40+228.84+110.56=615.80$	
		m^2	基础梁模板 JL-1　$S=0.6\times2\times(9.0-0.9\times2)\times13=112.32$	

【典型例题三】

[背景资料]

某旅游客运索道工程的上站设备基础施工图和相关参数如图 3.1.15~图 3.1.17 所示。

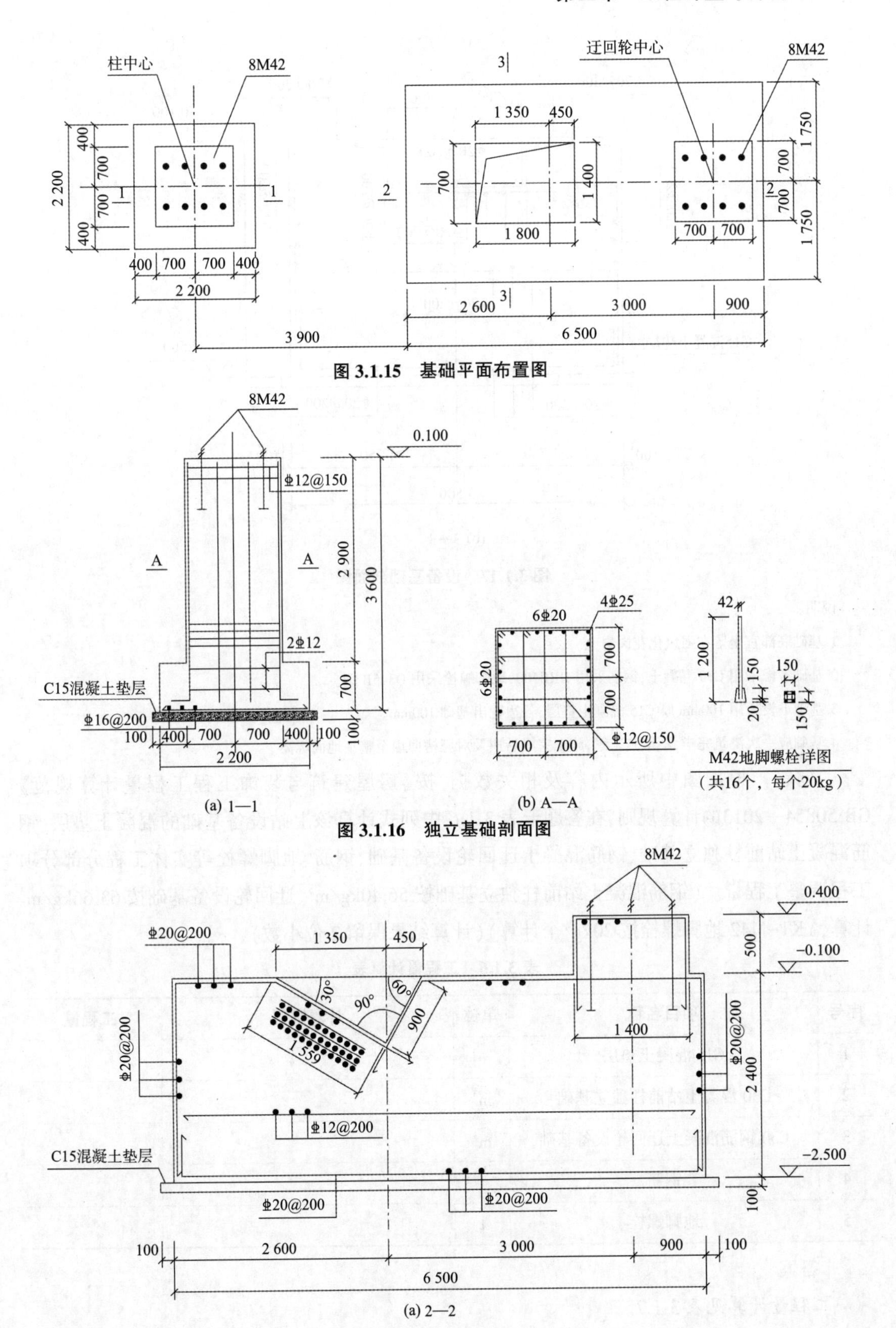

图 3.1.15　基础平面布置图

图 3.1.16　独立基础剖面图

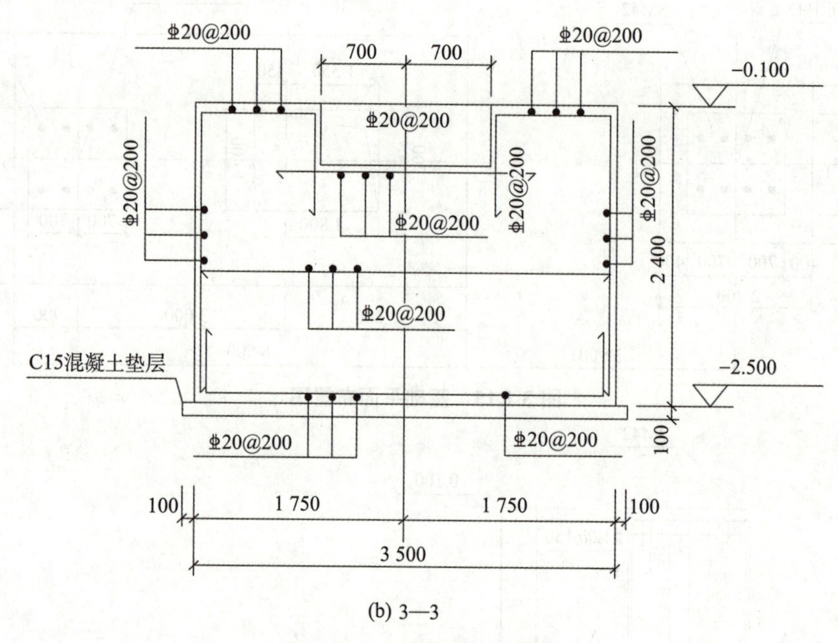

(b) 3—3

图 3.1.17　设备基础剖面图

说明：

1.基础底部宜坐落在强风化花岗岩上。

2.基础考虑采用 C30 混凝土，钢筋采用 HRB400，地脚螺栓采用 Q345B 钢。

3.基础下设通用 100mm 厚 C15 混凝土垫层，各边宽出基础 100mm。

4.基础应一次浇筑完毕，不留施工缝，施工完毕后应及对肥槽回填至整平地面标高。

[问题] 根据图中所示内容及相关数据，按《房屋建筑与装饰工程工程量计算规范》GB 50854—2013的计算规则，在答题卡表 3.1.6 中列式计算该上站设备基础的混凝土垫层、钢筋混凝土站前柱独立基础、钢筋混凝土迂回轮设备基础、钢筋、地脚螺栓等实体工程分部分项工程调整工程量。（钢筋混凝土站前柱独立基础按 56.40kg/m^3、迂回轮设备基础按 63.66kg/m^3 计算，YKT-M42 地脚螺栓按 20kg/个计算）（计算结果保留 2 位小数）

表 3.1.6　工程量计算表

序号	项目名称	单位	计算过程	工程量
1	C15 混凝土垫层	m^3		
2	C30 混凝土站前柱独立基础	m^3		
3	C30 钢筋混凝土迂回轮设备基础	m^3		
4	钢筋	t		
5	地脚螺栓	t		

[答案]

工程量计算见表 3.1.7。

表 3.1.7　工程量计算过程及结果

序号	项目名称	单位	计算过程	计算结果
1	C15 混凝土垫层	m^3	2.4×2.4×0.1+6.7×3.7×0.1=3.06	3.06
2	C30 混凝土站前柱独立基础	m^3	2.2×2.2×0.7+1.4×1.4×2.9=9.07	9.07
3	C30 钢筋混凝土迂回轮设备基础	m^3	6.5×3.5×2.4+1.4×1.4×0.5−1.559×0.9×0.5×1.4=54.60	54.60
4	钢筋	t	(9.07×56.4+63.66×54.60)/1 000=3.99	3.99
5	地脚螺栓	t	16×20/1 000=0.32	0.32

3.坡型独立基础

随堂练习

某坡型独立基础平面图及剖面图见图 3.1.18 所示。

[问题] 计算坡型独立基础的混凝土垫层、基础及模板工程量。(计算结果保留 3 位小数)

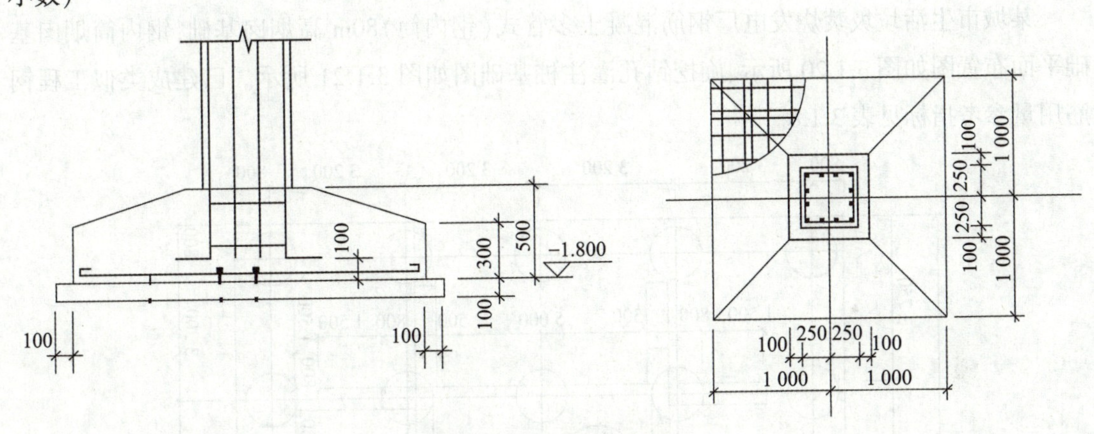

图 3.1.18　坡型独立基础

[答案]

垫层=(2+0.2)×(2+0.2)×0.1=0.484(m^3)

垫层模板=2.2×4×0.1=0.880(m^2)

基础=$2×2×0.3+(0.7×0.7+2×2+\sqrt{0.7×0.7×2×2})×0.2/3=1.593$($m^3$)

基础模板=2×4×0.3=2.400(m^2)

4.桩基础、筏板(承台)基础

(1)计算规则。

灌注桩基础,以“m”计量,按设计图示尺寸以桩长(包括桩尖)计算。以“m^3”计量,按不同截面在桩上范围内以体积计算。(截面面积×设计桩长)

筏板(承台)基础:不扣除构件内钢筋、预埋铁件和伸入承台基础的桩头所占体积。

(2)灌注桩基础施工工艺如图 3.1.19 所示。

图 3.1.19 灌注桩基础施工工艺

【典型例题四】

［背景资料］

某城市生活垃圾焚烧发电厂钢筋混凝土多管式(钢内筒)80m 高烟囱基础,钢内筒烟囱基础平面布置图如图 3.1.20 所示、旋挖钻孔灌注桩基础图如图 3.1.21 所示。已建成类似工程钢筋用量参考指标见表 3.1.8。

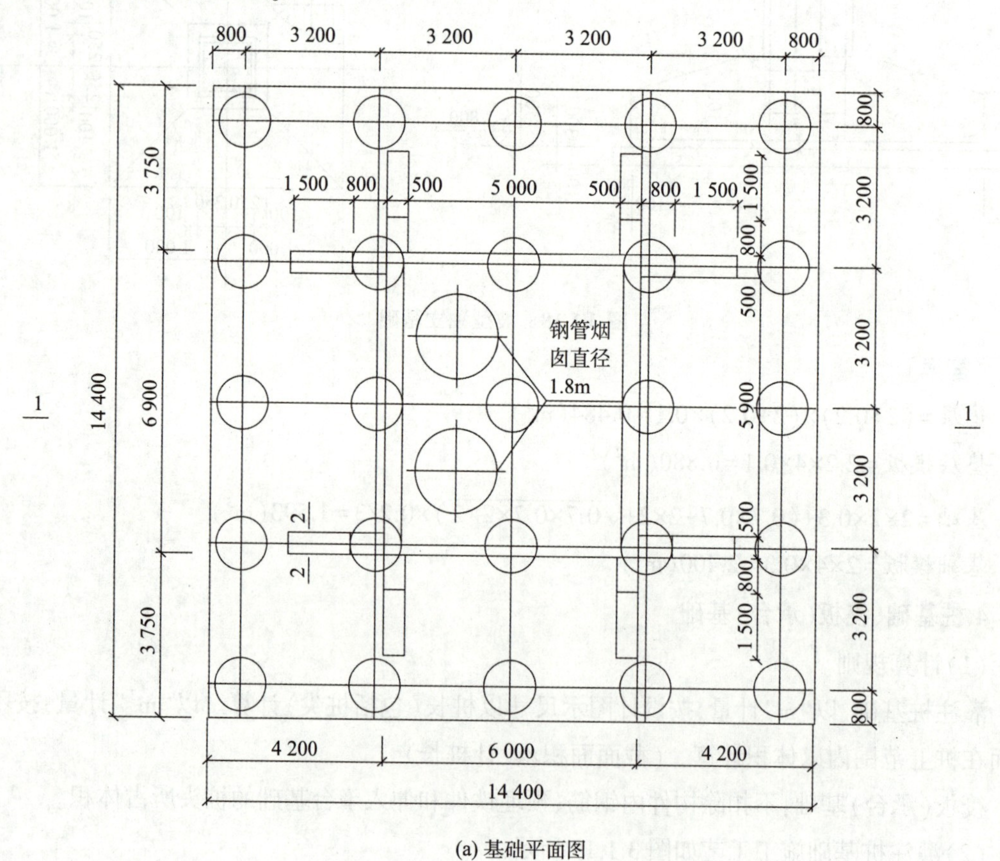

(a) 基础平面图

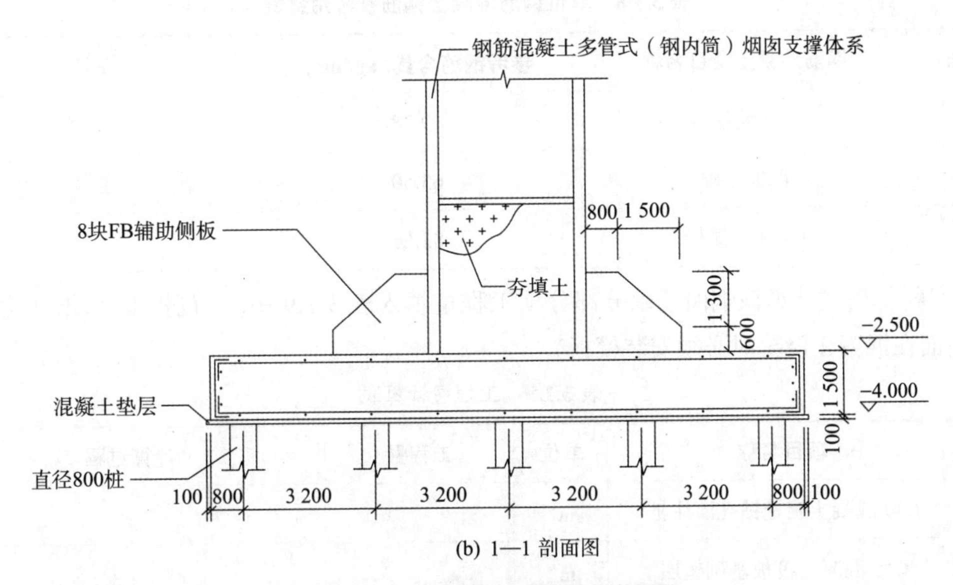

(b) 1—1 剖面图

图 3.1.20　钢内筒烟囱基础平面布置图

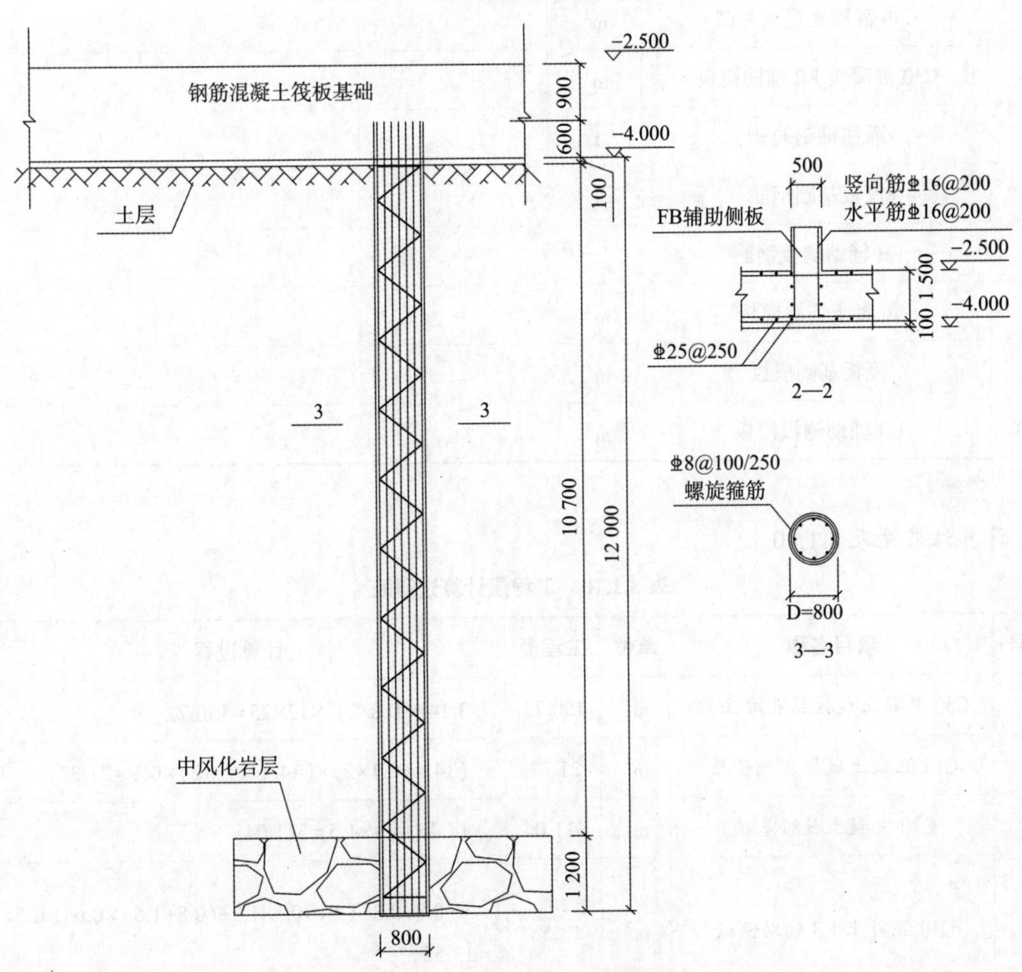

图 3.1.21　旋挖钻孔灌注桩基础图

表 3.1.8 单位钢筋混凝土钢筋参考用量表

序号	钢筋混凝土项目名称	参考钢筋含量(kg/m³)	备注
1	钻孔灌注桩	49.28	
2	筏板基础	63.50	
3	FB 辅助侧板	82.66	

[问题] 列式计算该烟囱基础分部分项工程量填入表 3.1.9 中。(筏板上 8 块 FB 辅助侧板的斜面在混凝土浇捣时必须安装模板)

表 3.1.9 工程量计算表

序号	项目名称	单位	工程量	计算过程
1	C30 混凝土旋挖钻孔灌注桩	m^3		
2	C15 混凝土筏板基础垫层	m^3		
3	C30 混凝土筏板基础	m^3		
4	C30 混凝土 FB 辅助侧板	m^3		
5	灌注桩钢筋笼	t		
6	筏板基础钢筋	t		
7	FB 辅助侧板钢筋	t		
8	混凝土垫层模板	m^2		
9	筏板基础模板	m^2		
10	FB 辅助侧板模板	m^2		

[答案]

计算结果见表 3.1.10。

表 3.1.10 工程量计算过程表

序号	项目名称	单位	工程量	计算过程
1	C30 混凝土旋挖钻孔灌注桩	m^3	150.72	$3.14\times(0.8/2)^2\times12\times25=150.72$
2	C15 混凝土筏板基础垫层	m^3	21.32	$(14.4+0.1\times2)\times(14.4+0.1\times2)\times0.1=21.32$
3	C30 混凝土筏板基础	m^3	311.04	$14.4\times14.4\times1.5=311.04$
4	C30 混凝土 FB 辅助侧板	m^3	13.58	$[(0.8+0.8+1.5)\times0.5\times1.3+(0.8+1.5)\times0.6]\times0.5\times8=13.58$

续表 3.1.10

序号	项目名称	单位	工程量	计算过程
5	灌注桩钢筋笼	t	7.43	150.72×49.28/1 000=7.43
6	筏板基础钢筋	t	19.75	311.04×63.50/1 000=19.75
7	FB 辅助侧板钢筋	t	1.12	13.58×82.66/1 000=1.12
8	混凝土垫层模板	m^2	5.84	(14.4+0.1×2)×4×0.1=5.84
9	筏板基础模板	m^2	86.40	14.4×4×1.5=86.40
10	FB 辅助侧板模板	m^2	64.66	$\{[(0.8+0.8+1.5)\times1.3/2+(0.8+1.5)\times0.6]\times2+0.5\times0.6+\sqrt{1.3\times1.3+1.5\times1.5}\times0.5\}\times8=64.66$

【典型例题五】

[背景资料]

某展示中心工程项目，建筑面积为 1 600m^2，地下 1 层，地上 4 层，檐口高度 23.60m，基础为箱型基础，地下室外墙为钢筋混凝土墙，楼梯采用装配式混凝土楼梯。(预制厂距该项目 30km) 箱型底板满堂基础平面布置示意图见图 3.1.22，基础及地下室外墙剖面示意图如图 3.1.23 所示。混凝土采用预拌混凝土，强度等级：基础垫层为 C15，满堂基础、混凝土墙均为抗渗混凝土 C35。

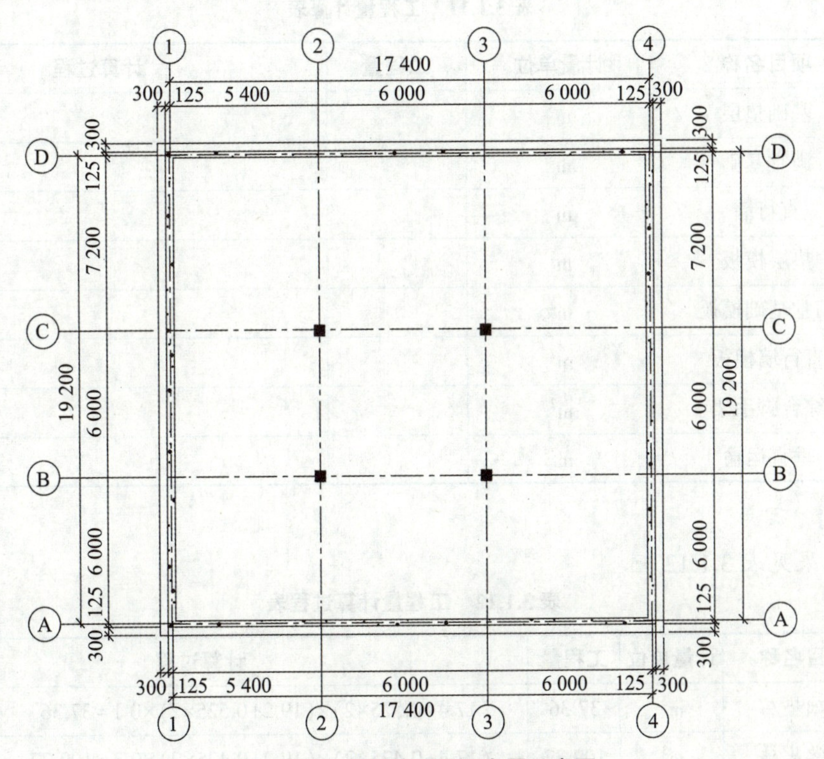

图 3.1.22 满堂基础平面布置示意图

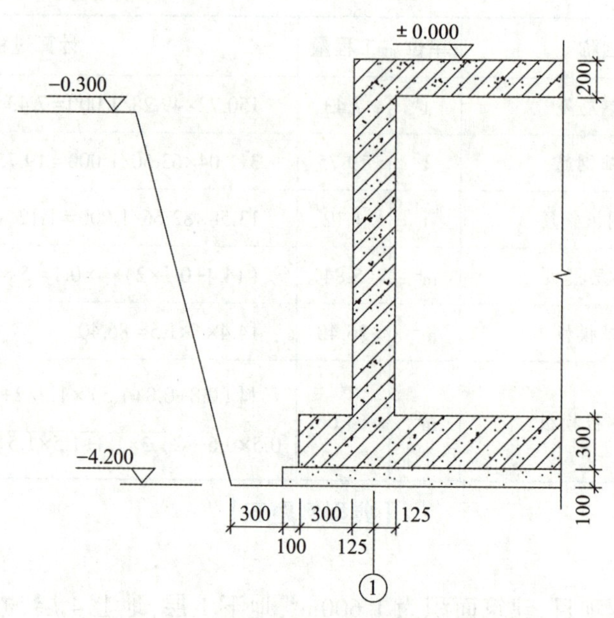

图 3.1.23　满堂基础及地下室外墙剖面示意图

［问题］ 根据图示内容计算该工程基础垫层、混凝土满堂基础、混凝土墙、垫层模板、满堂基础模板、混凝土墙模板、综合脚手架、垂直运输的招标工程量清单中的数量，计算结果列入表 3.1.11。(计算结果保留 2 位小数)

表 3.1.11　工程量计算表

序号	项目名称	计量单位	工程量	计算过程
1	基础垫层	m^3		
2	满堂基础	m^3		
3	直行墙	m^3		
4	垫层模板	m^2		
5	满堂基础模板	m^2		
6	直行墙模板	m^2		
7	综合脚手架	m^2		
8	垂直运输	m^2		

［答案］

计算结果见表 3.1.12。

表 3.1.12　工程量计算过程表

序号	项目名称	计量单位	工程量	计算过程
1	基础垫层	m^3	37.36	(17.4+0.525×2)×(19.2+0.525×2)×0.1=37.36
2	满堂基础	m^3	109.77	(17.4+0.425×2)×(19.2+0.425×2)×0.3=109.77

续表 3.1.12

序号	项目名称	计量单位	工程量	计算过程
3	直行墙	m^3	69.54	(17.4×2+19.2×2)×0.25×(4.2−0.1−0.3)= 69.54
4	垫层模板	m^2	7.74	[(17.4+0.525×2)+(19.2+0.525×2)]×2×0.1=7.74
5	满堂基础模板	m^2	22.98	[(17.4+0.425×2)+(19.2+0.425×2)]×2×0.3=22.98
6	直行墙模板	m^2	541.88	(17.4+0.25+19.2+0.25)×2×3.8+(17.4−0.25+19.2−0.25)×2×3.6=541.88
7	综合脚手架	m^2	1 600.00	建筑面积 1 600.00
8	垂直运输	m^2	1 600.00	建筑面积 1 600.00

(二)基坑支护

1.计算规则

(1)地下连续墙,按设计图示墙中心线长乘以厚度乘以槽深以体积"m^3"计算。

(2)钢筋混凝土灌注桩,以"m"计量,按设计图示尺寸以桩长(包括桩尖)计算。以"m^3"计量,按不同截面在桩上范围内以体积计算。以"根"计量,按设计图示数量计算。

(3)锚杆(锚索)、土钉以"m"计量,按设计图示尺寸以钻孔深度计算。以"根"计量,按设计图示数量计算。

2.施工工艺

(1)地下连续墙,见图 3.1.24。

(2)钢筋混凝土灌注桩+止水帷幕+外拉锚,如图 3.1.25 所示。

图 3.1.24 地下连续墙施工工艺

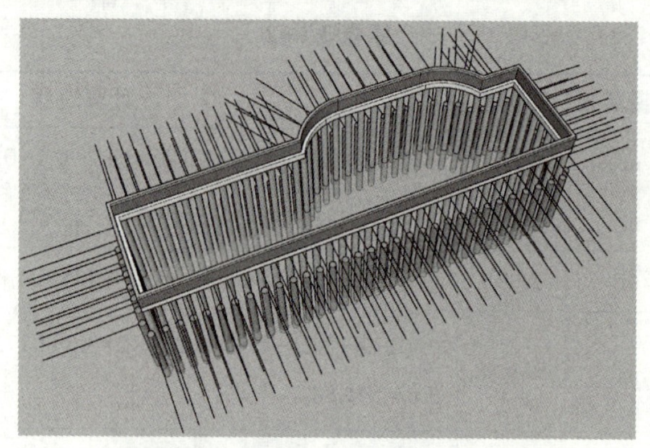

图 3.1.25 灌注桩+止水帷幕+外拉锚

【典型例题六】

[背景资料]

某建筑采用盖挖逆作法,相关图形见图 3.1.26。

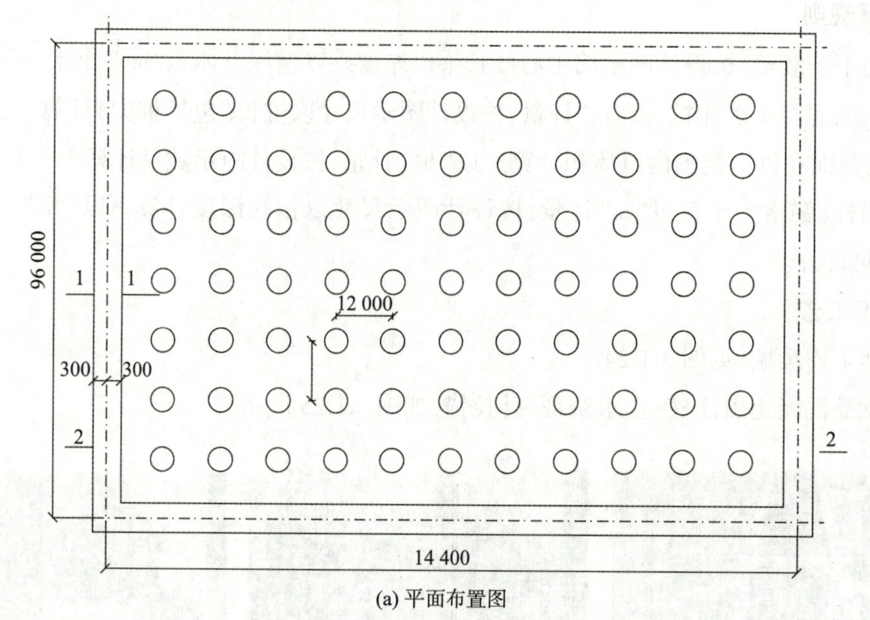

(a) 平面布置图

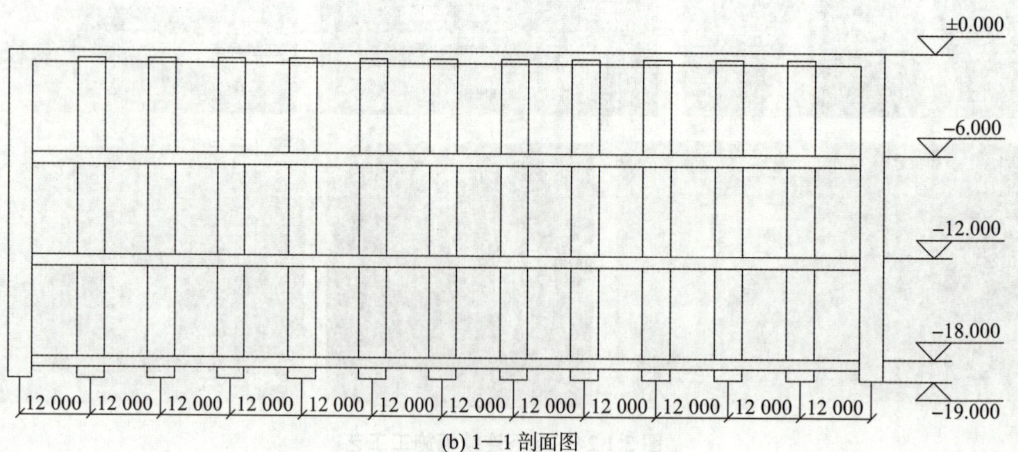

(b) 1—1 剖面图

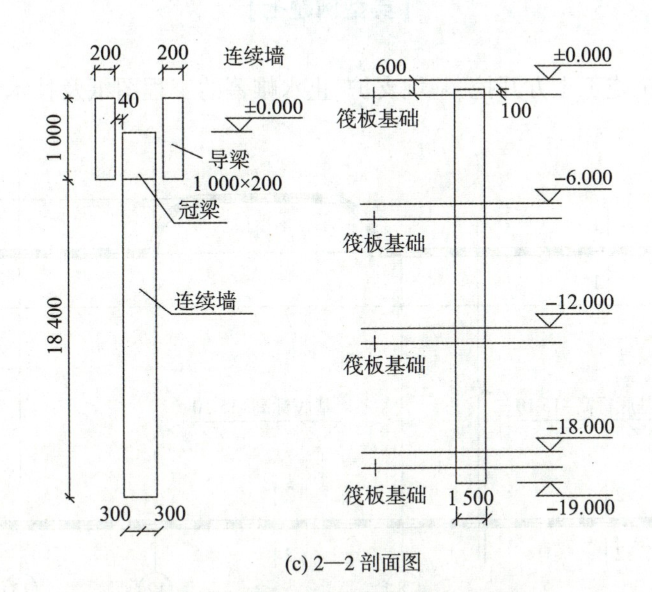

(c) 2—2 剖面图

图 3.1.26 盖挖逆作法平面图及剖面图

［问题］计算相关工程量列入表 3.1.13。

表 3.1.13 工程量计算表

分项工程名称	单位	工程量	计算过程
挖一般土方	m^3		
地下连续墙	m^3		
灌注桩	m^3		
冠梁	m^3		
满堂基础	m^3		

［答案］

计算过程见表 3.1.14。

表 3.1.14 工程量计算过程表

分项工程名称	单位	工程量	计算过程
挖一般土方	m^3	254 454.70	$(144-0.6)\times(96-0.6)\times18.6=254\ 454.70$
地下连续墙	m^3	5 299.20	$18.4\times0.6\times(144+96)\times2=5\ 299.20$
灌注桩	m^3	2 516.02	$(19-0.5)\times77\times3.14\times0.75^2=2\ 516.02$
冠梁	m^3	172.80	$(144+96)\times2\times0.6\times0.6=172.80$
满堂基础	m^3	32 588.06	$(144-0.6)\times(96-0.6)\times0.6\times4-3.14\times0.75^2\times0.6\times77\times3=32\ 588.06$

【典型例题七】

［背景资料］

某大型公共建筑施工土方开挖、基坑支护、止水帷幕的工程图纸及技术参数如图 3.1.27 和图 3.1.28 所示。

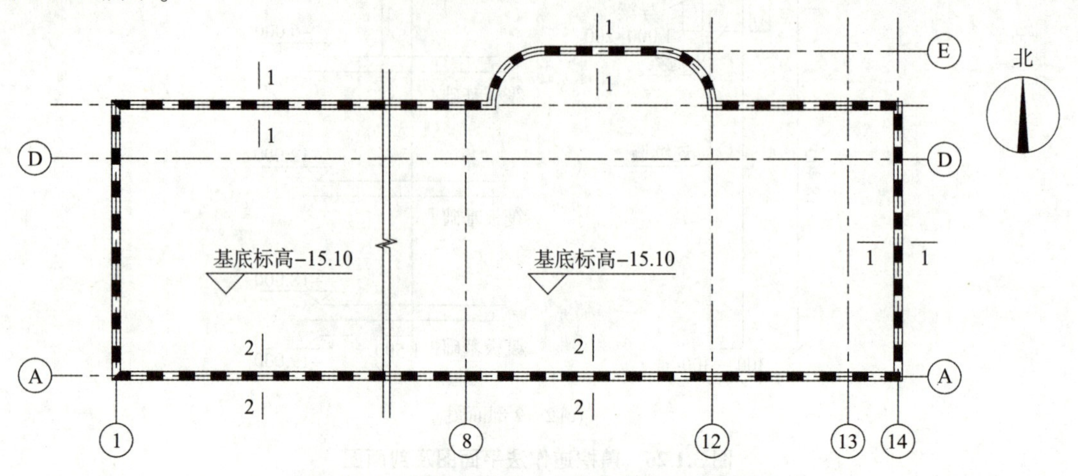

图 3.1.27　基坑支护及止水帷幕方案平面布置图

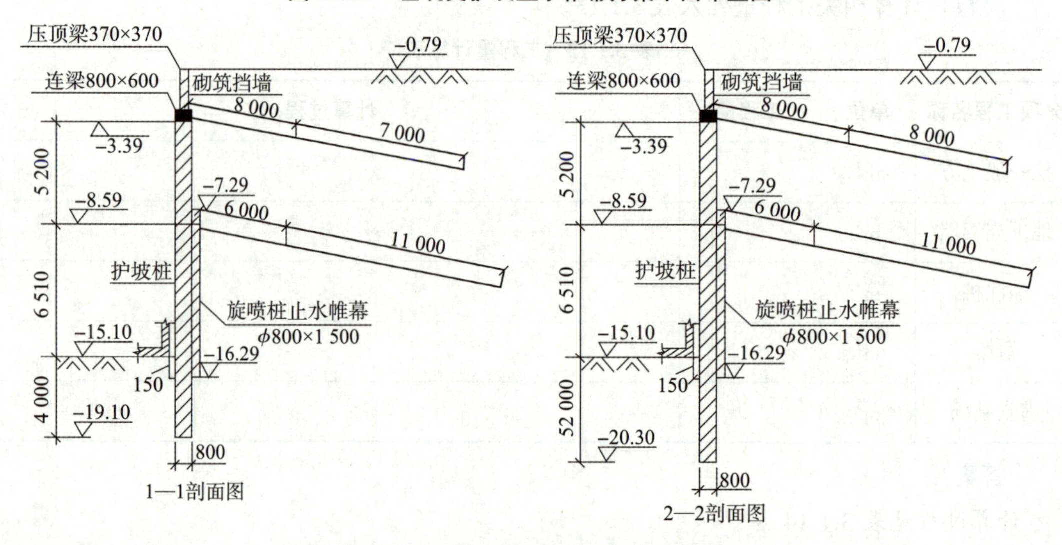

图 3.1.28　基坑支护及止水帷幕剖面图

说明：

1.图中采用相对坐标系，±0.000 =49.25m，自然地面标高-0.79m。基坑支护采用砌筑挡墙+护坡桩+预应力锚索。

2.1—1、2—2 剖面基底为-15.10m，基坑支护深度为-14.31m。

3.1—1 剖面护坡桩直径为 800mm，间距 1.50m，共计 194 根。2—2 剖面护坡桩直径为 800mm，间距 1.50m，共计 156 根。1—1 双重锚索共计 190 列(380 根)。2—2 双重锚索共计 154 列(308 根)。

4.基坑采用旋喷桩止水帷幕。旋喷桩直径为 800mm，间距 1 500mm，与护坡桩间隔布置，旋喷桩桩顶标高为-7.29m，共计 350 根。

5.护坡桩桩顶设置 800mm ×600mm 连梁，1—1、2—2 剖面连梁以上 2 000mm 为 370mm 厚挡土墙。

6.护坡桩、连梁以及压顶梁的混凝土强度等级采用 C25。

7.图中标注尺寸以“mm”计，标高以“m”计。

[问题] 列式计算混凝土灌注护坡桩、护坡桩钢筋笼、旋喷桩止水帷幕及长锚索四项分部分项工程的工程量列入表 3.1.15。护坡桩钢筋含量为 93.42/m^3。(计算结果保留 2 位小数)

表 3.1.15　工程量计算表

序号	项目名称	单位	计算过程	计算结果
1	混凝土灌注护坡桩	m^3		
2	护坡桩钢筋笼	t		
3	旋喷桩止水帷幕	m		
4	长锚索	m		

[答案]

计算结果见表 3.1.16。

表 3.1.16　工程量计算过程表

序号	项目名称	单位	计算过程	计算结果
1	混凝土灌注护坡桩	m^3	1—1 剖面 194×15.71×0.4×0.4×3.14＝1 531.18 2—2 剖面 156×16.91×0.4×0.4×3.14＝1 325.31 合计 1 531.18+1 325.31＝2 856.49	2 856.49
2	护坡桩钢筋笼	t	2 856.49×93.42/1 000＝266.85	266.85
3	旋喷桩止水帷幕	m	350×9.0＝3 150.00	3 150.00
4	长锚索	m	1—1 剖面 190×(8+7+6+11)＝6 080.00 2—2 剖面 154×(8+8+6+11)＝5 082.00 小计 6 080+5 082＝11 162.00	11 162.00

【典型例题八】

[背景资料]

某矿山尾矿库区内 680m 长排洪渠道土石方开挖边坡支护设计方案及相关参数如图3.1.29所示,设计单位根据该方案编制的“长锚杆边坡支护方案分部分项工程和单价措施项目清单与计价表”如表 3.1.17 所示。鉴于相关费用较大,经造价工程师与建设单位、设计单位、监理单位充分讨论研究,为减少边坡土石方开挖对植被的破坏,清障常见的排洪渠道纵向及横向滑移安全隐患,提出了把排洪渠道兼做边坡稳定的预应力长锚索整体腰梁的边坡支护优化方案,相关设计和参数如图 3.1.30 所示。

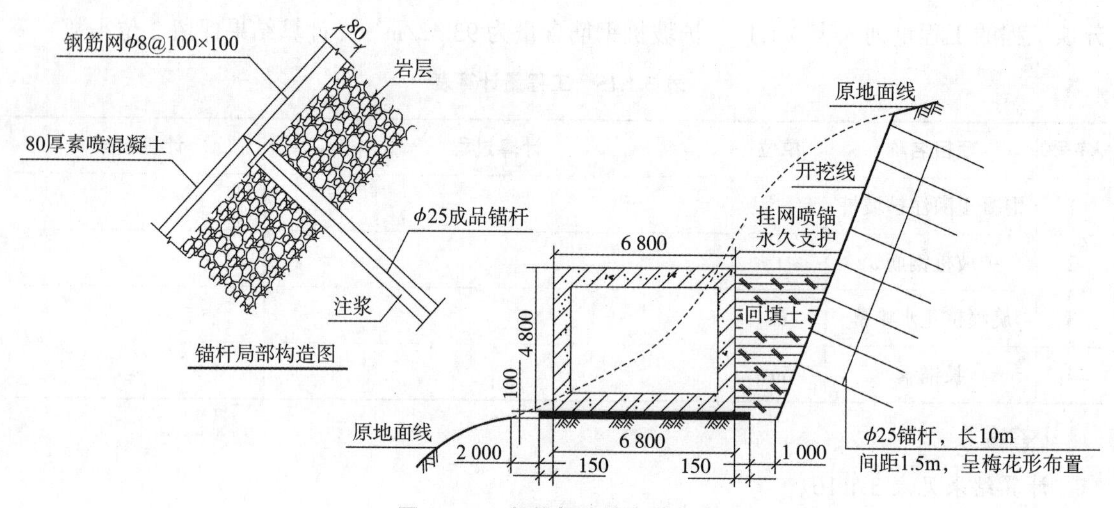

图 3.1.29 长锚杆边坡支护方案

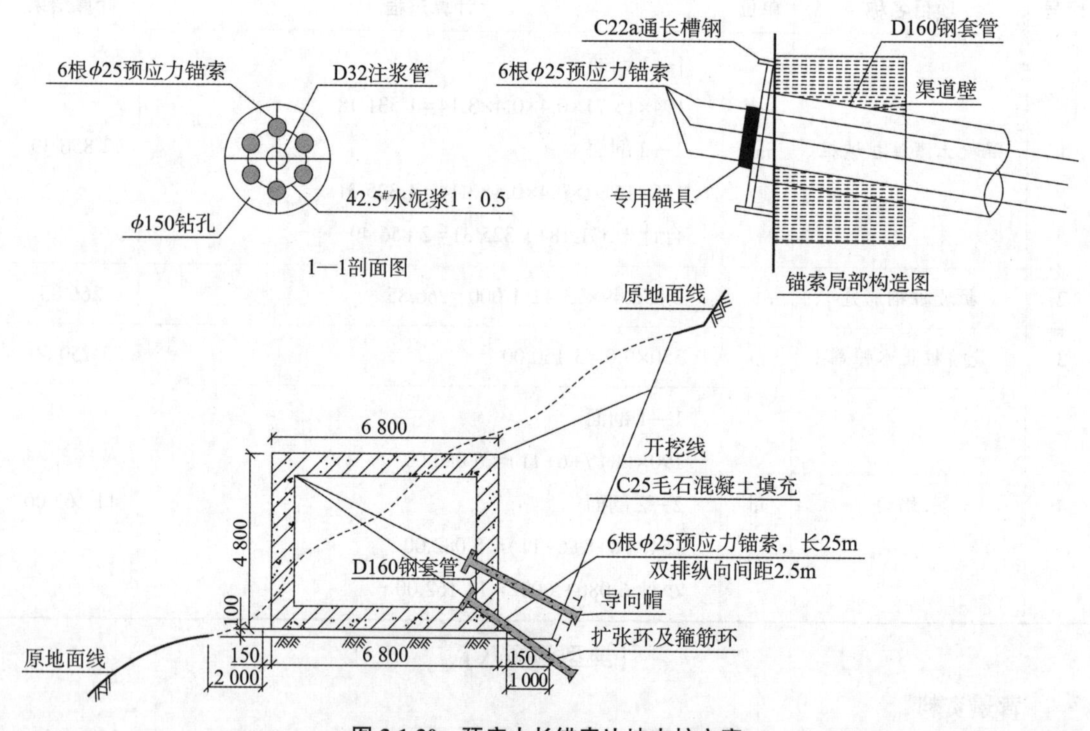

图 3.1.30 预应力长锚索边坡支护方案

说明：

1.本设计为尾矿库排洪渠道土方开挖边坡支护预应力锚索(25m)方案。

2.本排洪渠道总长 680m。

3.锚索采用 6 根 ϕ25 高强度低松弛无粘结预应力钢绞线。

4.注浆采用水泥标号 42.5#。水灰比为 1∶0.5。

5.本方案每米工程量见每米综合工程量表 3.1.17。其中土方和石方比例为 5∶5。

表 3.1.17　每米综合工程量表

序号	名称	单位	工程量	备注
1	土石方开挖	m^3	31.00	土石方比例 5 : 5
2	6 根 ϕ25 长锚索	根	0.80	每根长 25m
3	C22a 通长槽钢腰梁	m	2.00	C22a
4	回填 C25 毛石混凝土	m^3	9.60	

［问题］根据图 3.1.30 中相关数据，按《房屋建筑与装饰工程工程量计算规范》GB 50854—2013的计算规则，在答题卡表 3.1.18 中列式计算该预应力长锚索边坡支护优化方案分部分项工程量，土石方工程量中土方、石方的比例按 5 : 5 计算。（计算结果保留 2 位小数）

表 3.1.18　工程量计算表

序号	项目名称	单位	计算过程	计算结果
1	土方挖运 1km 内	m^3		
2	石方挖运 1km 内	m^3		
3	预应力锚索 S6×D25	m		
4	通常槽钢腰梁 22a	m		
5	C25 毛石混凝土填充	m^3		

［答案］

计算过程见表 3.1.19。

表 3.1.19　工程量计算过程表

序号	项目名称	单位	计算过程	计算结果
1	土方挖运 1km 内	m^3	680×31×0.5 = 10 540.00	10 540.00
2	石方挖运 1km 内	m^3	680×31×0.5 = 10 540.00	10 540.00
3	预应力锚索 S6×D25	m	680×0.8×25 = 13 600.00	13 600.00
4	通常槽钢腰梁 22a	m	680×2 = 1 360.00	1 360.00
5	C25 毛石混凝土填充	m^3	680×9.6 = 6 528.00	6 528.00

［考点三］　地上结构算量★★★

1.柱

按设计图示尺寸以体积“m^3”计算。

依附柱上的牛腿和升板的柱帽，并入柱身体积计算。

有梁板的柱高,应自柱基上表面(或楼板上表面)至上一层楼板上表面之间的高度计算。

无梁板的柱高,应自柱基上表面(或楼板上表面)至柱帽下表面之间的高度计算。

框架柱的柱高,应自柱基上表面至柱顶的高度计算。柱高示意图见图 3.1.31。

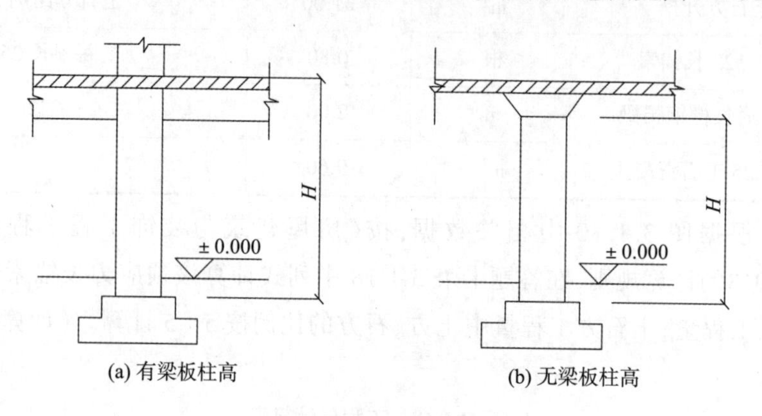

图 3.1.31 柱高示意图

2.梁

(1)结构梁:按设计图示尺寸以体积"m^3"计算,不扣除构件内钢筋、预埋铁件所占体积,伸入墙内的梁头、梁垫并入梁体积内。

梁长的确定:梁与柱连接时,梁长算至柱侧面;主梁与次梁连接时,次梁长算至主梁侧面。

(2)过梁:按设计图示尺寸以体积"m^3"计算。

3.板

按设计图示尺寸以体积"m^3"计算。不扣除构件内钢筋、预埋铁件及单个面积小于或等于 $0.3m^2$ 的柱、垛以及孔洞所占体积。

有梁板(包括主、次梁与板)按梁、板体积之和计算。

无梁板按板和柱帽体积之和计算。

4.墙

(1)混凝土剪力墙(直行墙):按设计图示尺寸以体积"m^3"计算。

(2)砌块墙:按设计图示尺寸以体积"m^3"计算。扣除门窗、洞口、嵌入墙内的钢筋混凝土柱、梁、圈梁、挑梁、过梁及凹进墙内的壁龛、管槽、暖气槽、消火栓箱所占体积,不扣除梁头、板头、檩头、垫木、木楞头、沿缘木、木砖、门窗走头、砖墙内加固钢筋、木筋、铁件、钢管及单个面积 $<0.3m^2$ 的孔洞所占的体积。

框架间墙,不分内外墙按墙体净尺寸以体积计算。

5.模板

现浇混凝土基础、柱、梁、墙板等主要构件模板及支架工程量按模板与现浇混凝土构件的接触面积"m^2"计算。柱、梁、墙、板相互连接的重叠部分均不计算模板面积。

【典型例题一】

［背景资料］

某学院档案资料室现浇混凝土框架如图 3.1.32 所示。板厚 100mm，层高 4.2m，柱梁板混凝土强度等级均为 C25。

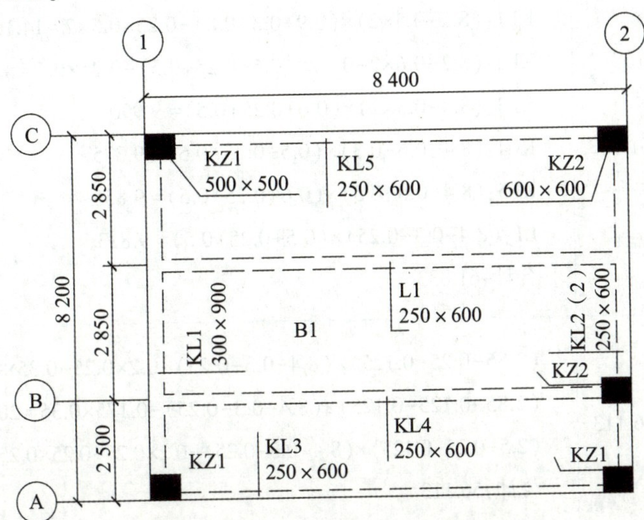

图 3.1.32　资料室现浇混凝土框架图

［问题］试计算该资料室梁板的清单工程量，列入表 3.1.20 中。（计算结果保留 3 位小数）

表 3.1.20　工程量计算表

项目	单位	工程量	列　式
矩形梁	m^3		
楼板	m^3		
矩形梁模板	m^2		
楼板模板	m^2		

［答案］

计算结果见表 3.1.21 所示。

表 3.1.21　计算过程表

项目	单位	工程量	列　式
矩形梁	m^3	7.427	KL1：0.3×0.9×（8.2−0.5×2）= 1.944 KL2：0.25×0.6×（8.2−0.6×2−0.5）= 0.975 KL3：0.25×0.6×（8.4−0.5×2）= 1.110 KL4：0.25×0.6×（8.4−0.6−0.3）= 1.125 KL5：0.25×0.6×（8.4−0.6−0.5）= 1.095 L1：0.25×0.6×（8.4−0.3−0.25）= 1.178 合计：7.427

续表 3.1.21

项目	单位	工程量	列　式
楼板	m^3	5.652	(8.4−0.3−0.25)×(8.2−0.25×4)×0.1＝5.652
矩形梁模板	m^2	61.833	KL1:(8.2−0.5×2)×(0.9+0.3+0.8)−0.25×0.5×2＝14.150 KL2:(8.2−0.6×2−0.5)×(0.6+0.25+0.5)−0.25×0.5＝8.650 KL3:(8.4−0.5×2)×(0.6+0.25+0.5)＝9.990 KL4:(8.4−0.6−0.3)×(0.5+0.25+0.5)＝9.375 KL5:(8.4−0.6−0.5)×(0.6+0.25+0.5)＝9.855 L1:(8.4−0.3−0.25)×(0.5+0.25+0.5)＝9.813 合计:61.833
楼板模板	m^2	56.113	(2.85−0.25−0.125)×(8.4−0.3−0.25)−0.2×0.25−0.35×0.35＝19.256 (2.85−0.125−0.125)×(8.4−0.3−0.25)−0.175×0.35＝20.349 (2.5−0.25−0.125)×(8.4−0.3−0.25)−0.2×0.25−0.25×0.25−0.175×0.35＝16.508 合计:56.113

【典型例题二】

[背景资料]

某企业已建成 1 500m^3 生活用高位水池,如图 3.1.33 和图 3.1.34 所示。

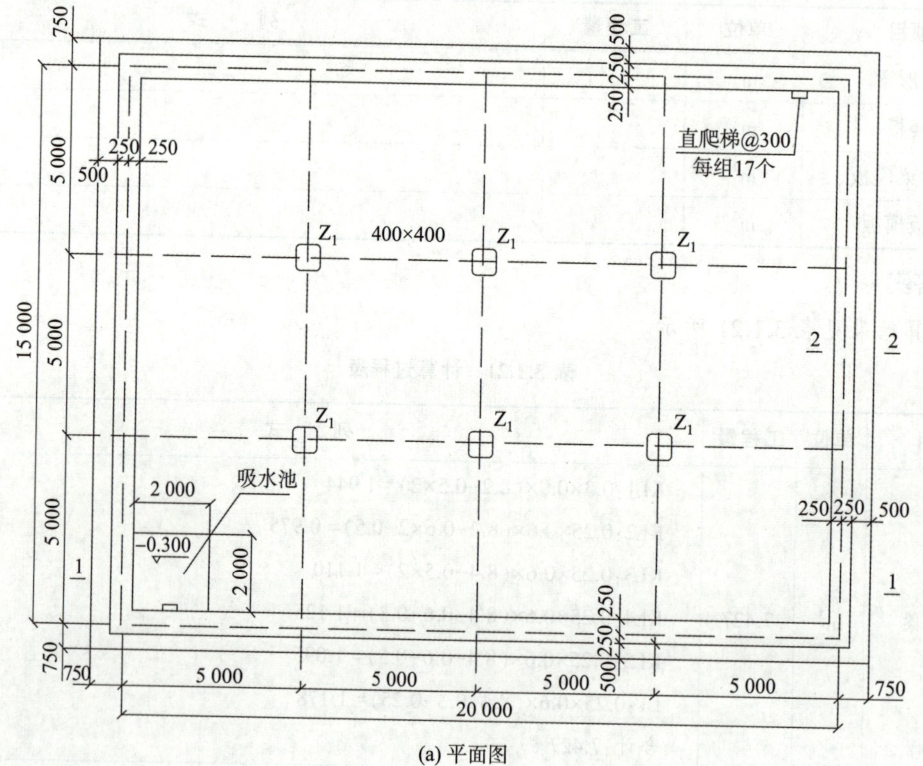

(a) 平面图

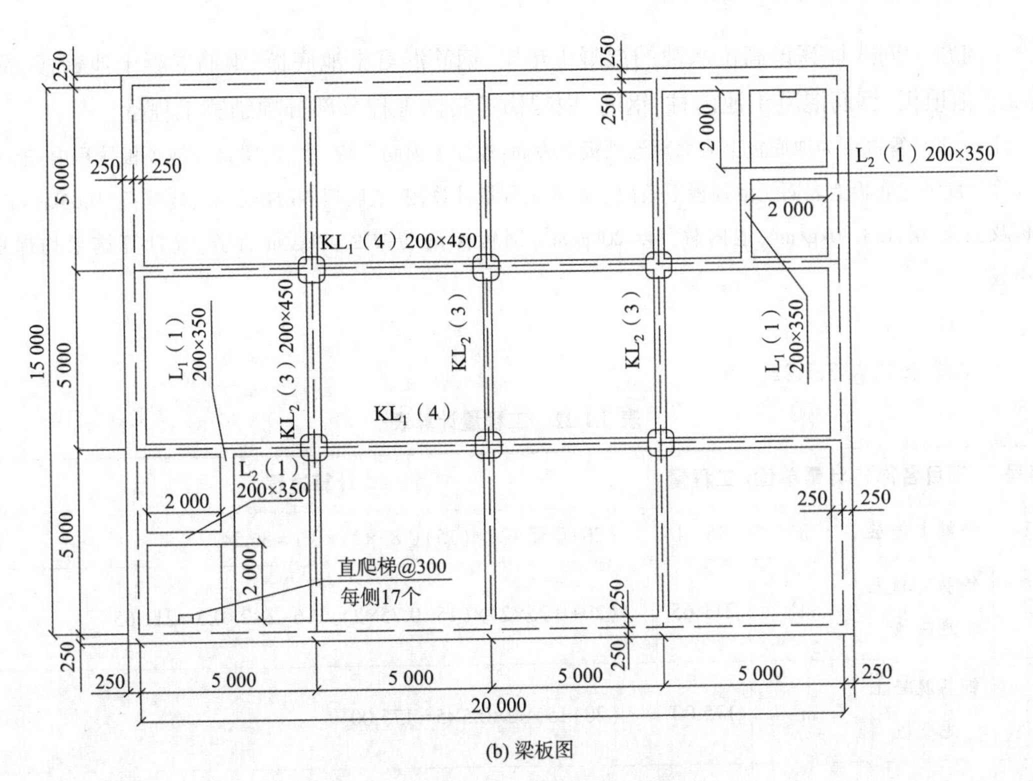

(b) 梁板图

图 3.1.33　高位水池平面图和梁板图

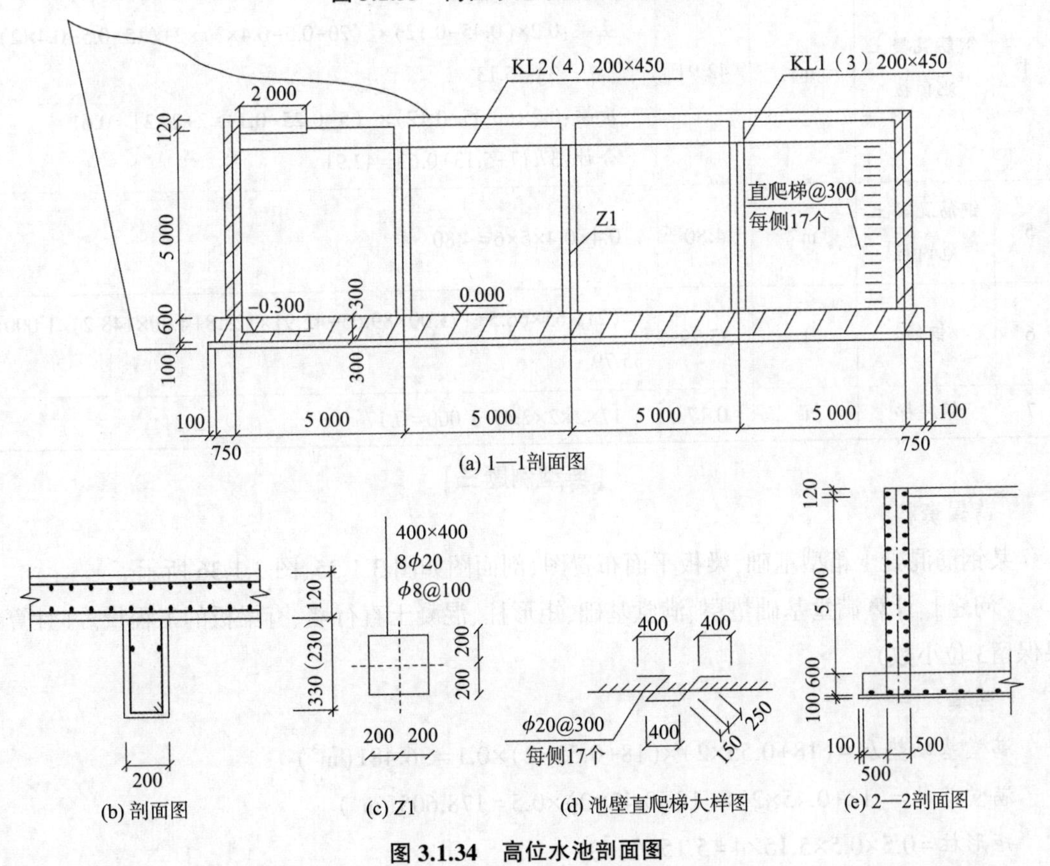

(a) 1—1剖面图

(b) 剖面图　(c) Z1　(d) 池壁直爬梯大样图　(e) 2—2剖面图

图 3.1.34　高位水池剖面图

[问题] 列式计算该高位水池的混凝土垫层、钢筋混凝土池底板、钢筋混凝土池壁板、钢筋混凝土池顶板、钢筋混凝土池内柱、钢筋、钢爬梯等实体工程分部分项结算工程量。

注:池壁计算高度为池底板上表面至池顶板下表面;池顶板为肋形板、主、次梁计入池顶板体积内;池内柱的计算高度为池底板上表面至池顶板下表面。钢筋工程量计算按:池底板 66.50kg/m³,池壁板 89.65kg/m³,池顶板及主、次梁 123.80kg/m³,池内柱 148.20kg/m³,钢爬梯钢筋按 2.47kg/m 计算。(计算结果均保留 2 位小数)

[答案]

计算结果见表 3.1.22。

表 3.1.22 工程量计算表

序号	项目名称	计量单位	工程量	计算过程
1	混凝土垫层	m³	36.24	(20+0.85×2)×(15+0.85×2)×0.1=36.24
2	钢筋混凝土池底板	m³	211.65	(20+0.75×2)×(15+0.75×2)×0.6−2×2×0.3=211.65
3	钢筋混凝土池壁板	m³	175.00	(20+15)×2×0.5×5=175.00
4	钢筋混凝土池顶板	m³	42.91	板:[(20+0.25×2)×(15+0.25×2)−2×2×2]×0.12=37.17 主梁:0.2×(0.45−0.12)×[(20−0.5−0.4×3)×2+(15−0.5−0.4×2)×3]=5.13 次梁:0.2×(0.35−0.12)×[(5−0.25−0.1)×2+2×2]=0.61 合计:37.17+5.13+0.61=42.91
5	钢筋混凝土池内柱	m³	4.80	0.4×0.4×5×6=4.80
6	钢筋	t	35.79	(211.65×66.5+175.00×89.65+42.91×123.8+4.80×148.2)/1 000=35.79
7	钢爬梯	t	0.17	17×2×2×2.47/1 000=0.17

【典型例题三】

[背景资料]

某钢筋混凝土箱型基础,梁板平面布置图、剖面图如图 3.1.35、图 3.1.36 所示。

[问题] 计算满堂基础垫层、满堂基础、矩形柱、混凝土直行墙、有梁板的工程量。(计算结果保留3 位小数)

[答案]

满堂基础垫层=(18+0.55×2)×(18+0.55×2)×0.1=36.481(m³)

满堂基础=(18+0.45×2)×(18+0.45×2)×0.5=178.605(m³)

矩形柱=0.5×0.5×5.15×4=5.150(m³)

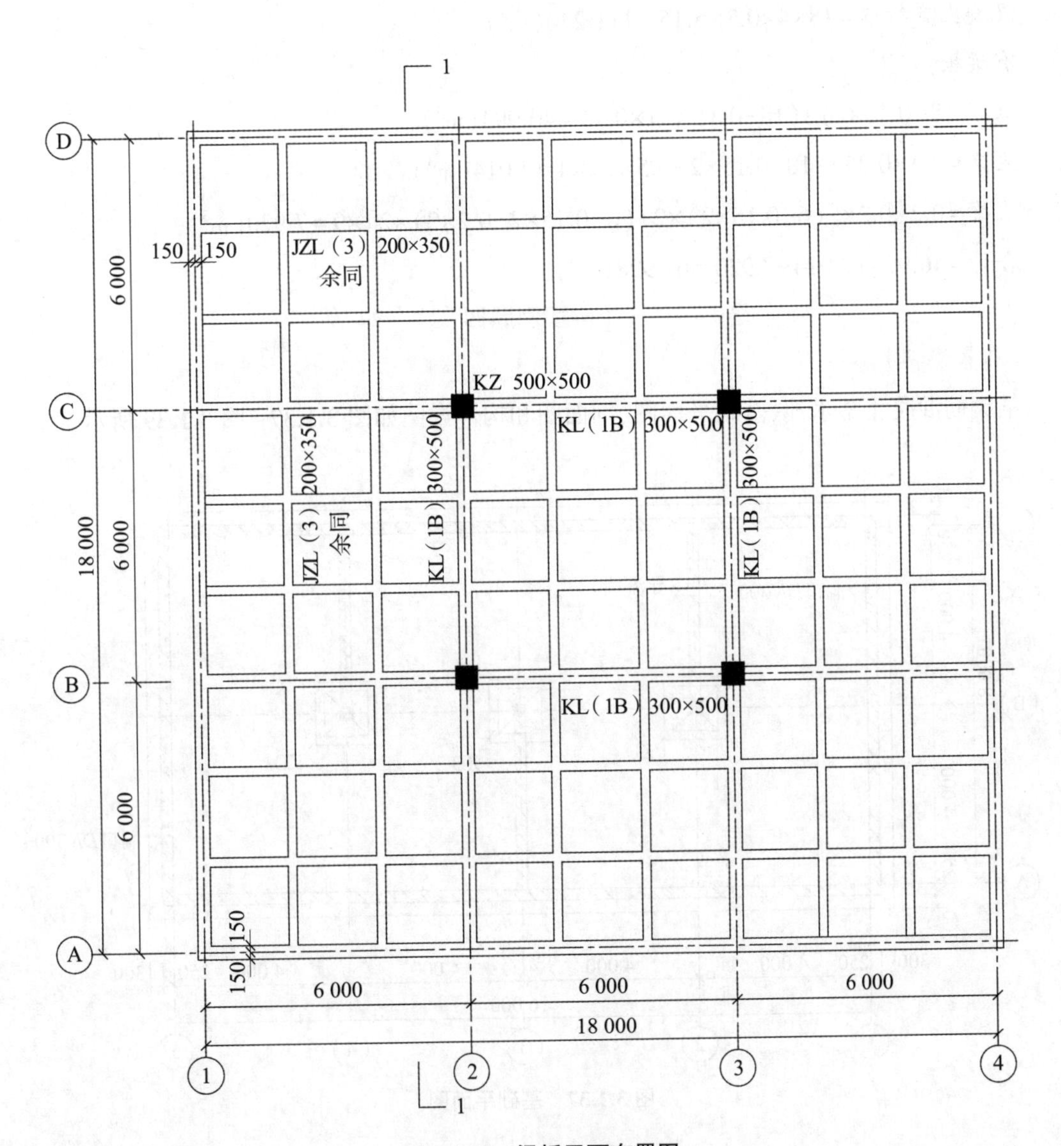

图 3.1.35 梁板平面布置图

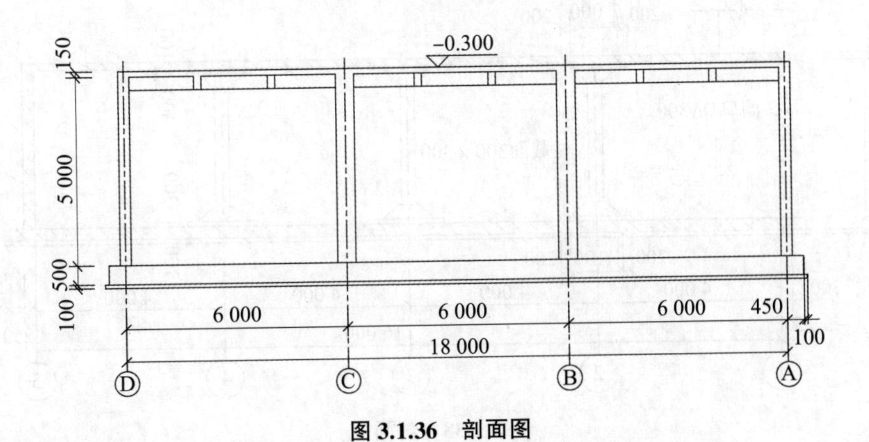

图 3.1.36 剖面图

混凝土直行墙 = 18×4×0.3×5.15 = 111.240(m³)

有梁板:

板 = (18−0.15×2)×(18−0.15×2)×0.15 = 46.994(m³)

主梁 = 0.3×0.35×(18−0.15×2−0.5×2)×4 = 7.014(m³)

次梁 = 0.2×0.2×[(6−0.15×2)×2+(6−0.15×2−0.2×2)×2]×9 = 7.920(m³)

合计 = 46.994+7.014+7.920 = 61.928(m³)

【典型例题四】

［背景资料］

某钢筋混凝土蓄水池,基础平面图、剖面图和构件详图如图 3.1.37~图 3.1.39 所示。

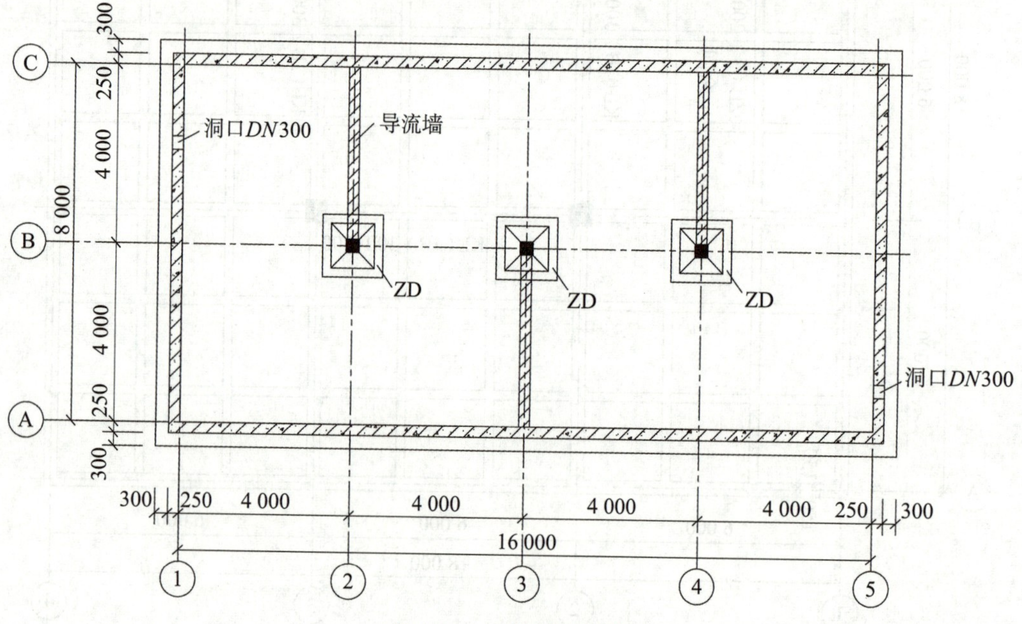

图 3.1.37 基础平面图

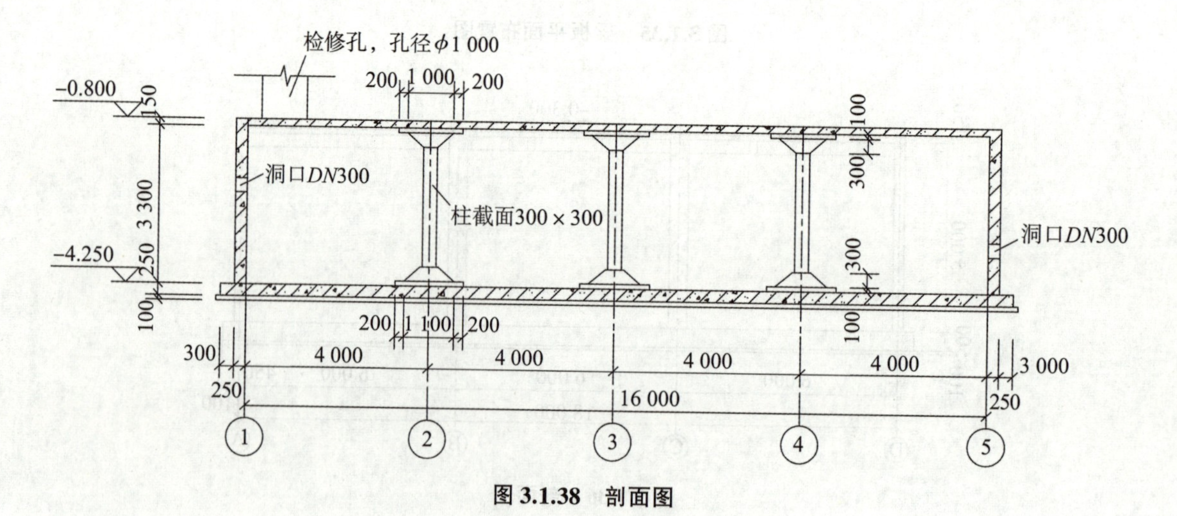

图 3.1.38 剖面图

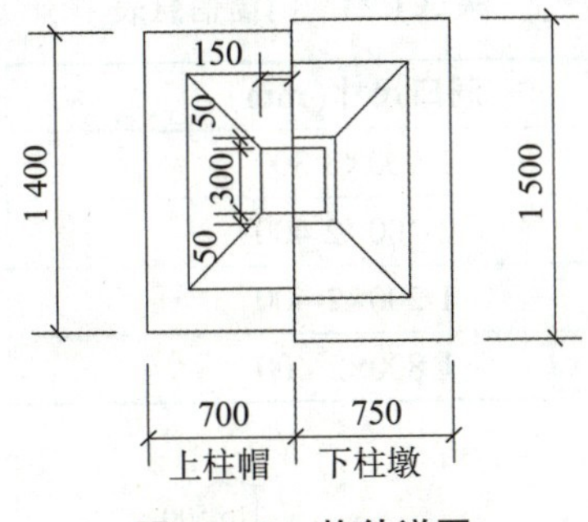

图 3.1.39　构件详图

说明：

1.除混凝土垫层采用 C20 混凝土以外，池体及柱的混凝土均为 C40，抗渗等级为 P6。

2.导流墙：采用 240mm 粘土烧结砖墙，墙顶距池顶板底 200mm。

3.垫层宽出基础每侧 100mm。

4.不考虑洞口对模板的影响。

［问题］计算垫层、满堂基础（含柱墩）、直行墙、直行墙模板、无梁板的工程量。（计算结果保留 3 位小数）

［答案］

混凝土垫层 $=(16+0.65\times2)\times(8+0.65\times2)\times0.1=16.089(m^3)$

混凝土满堂基础

底板：$(16+0.55\times2)\times(8+0.55\times2)\times0.25=38.903(m^3)$

柱墩：$[1.5\times1.5\times0.1+(0.4^2+1.1^2+\sqrt{0.4^2\times1.1^2})\times0.3/3]\times3=1.218(m^3)$

合计：$38.903+1.218=40.121(m^3)$

混凝土直行墙 $=(16.25+8.25)\times2\times0.25\times3.45=42.263(m^3)$

无梁板：

板 $=(16\times8-3.14\times0.5^2)\times0.15=19.082(m^3)$

柱帽 $=[1.4\times1.4\times0.1+(0.3^2+1^2+\sqrt{0.3^2\times1^2})\times0.3/3]\times3=1.005(m^3)$

合计：$19.082+1.005=20.087(m^3)$

混凝土矩形柱 $=0.3\times0.3\times(3.3-0.4\times2)\times3=0.675(m^3)$

直行墙模板 $=(16+8)\times2\times3.3+(16.5+8.5)\times2\times3.45=330.900(m^2)$

【典型例题五】

［背景资料］

某钢筋混凝土框架结构建筑物一层，层高 4.2m，门窗信息见表 3.1.23，门窗洞口上方设置混凝土过梁，截面为 240mm×180mm，过梁两端伸出洞边 250mm，平面图、柱独立基础配筋图、柱网布置及配筋图、顶梁结构图、顶板结构图如图 3.1.40～图 3.1.44 所示。已知外墙为 240mm 加气混凝土砌块墙，首层墙体砌筑在顶面标高 -0.200m 的钢筋混凝土基础梁上。楼板厚有 150mm、100mm 两种。试计算表中的工程量。

表 3.1.23　门窗信息表

编号	洞口尺寸(mm)	数量
M1	1 900×3 300	1
C1	2 100×2 400	8
C2	1 200×2 400	1
C3	1 800×2 400	4

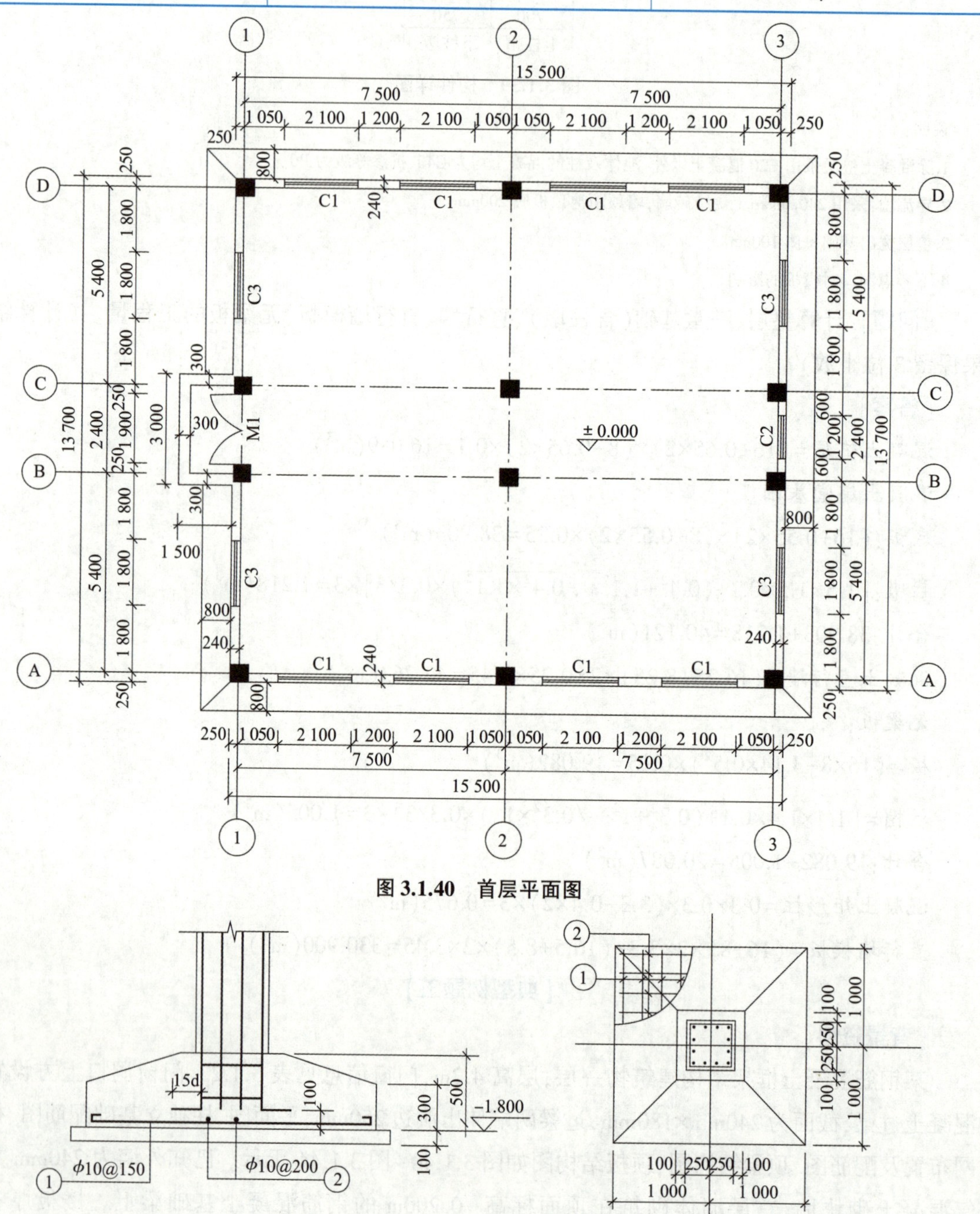

图 3.1.40　首层平面图

图 3.1.41　柱独立基础配筋图

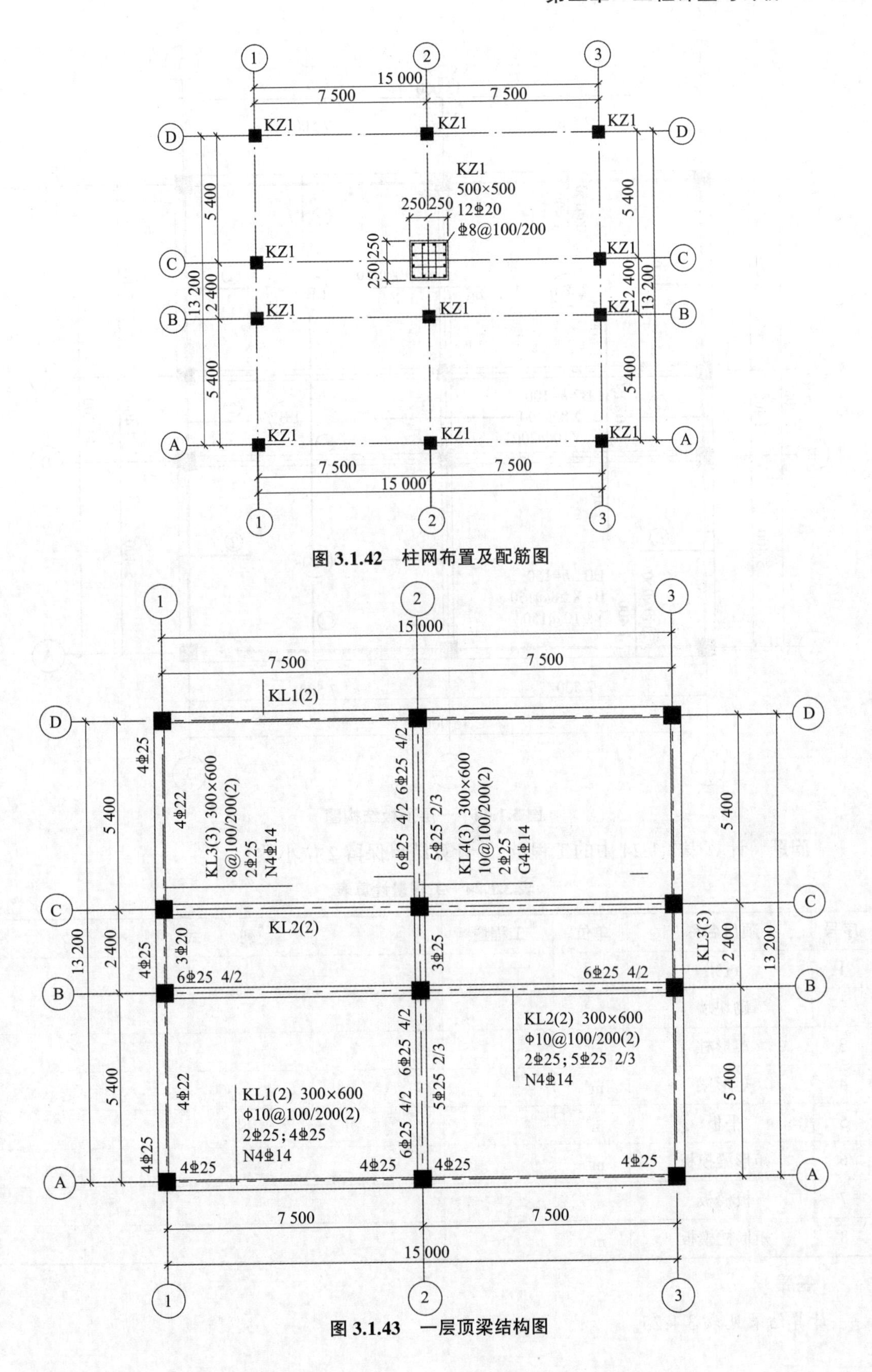

图 3.1.42　柱网布置及配筋图

图 3.1.43　一层顶梁结构图

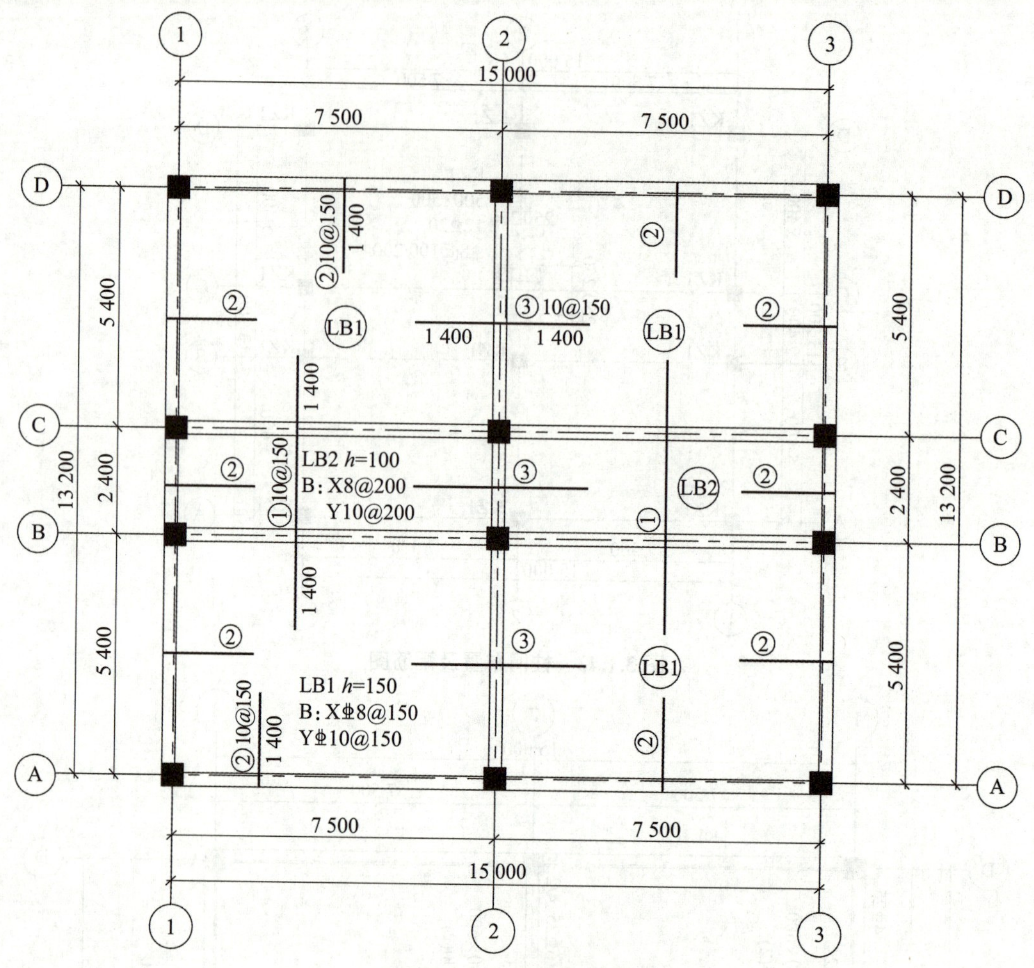

图 3.1.44 一层顶板结构图

[问题] 计算表 3.1.24 中的工程量。(计算结果保留 2 位小数)

表 3.1.24 工程量计算表

序号	项目名称	单位	工程量	列 式
1	过梁	m^3		
2	砌块墙	m^3		
3	矩形柱	m^3		
4	矩形梁	m^3		
5	平板	m^3		
6	矩形梁模板	m^2		
7	板模板	m^2		
8	矩形柱模板	m^2		

[答案]

计算结果见表 3.1.25。

表 3.1.25　计算过程表

序号	项目名称	单位	数量	计算过程
1	过梁	m^3	1.45	截面积：$S=0.24\times0.18=0.043(m^2)$ 总长度：$L=(2.1+0.25\times2)\times8+(1.2+0.25\times2)\times1+(1.8+0.25\times2)\times4+1.9\times1=33.60(m)$ 体积：$V=S\times L=0.24\times0.18\times33.60=1.45(m^3)$
2	砌块墙	m^3	29.41	墙长：$L=[(15.5-0.5\times3)+(13.7-0.5\times4)]\times2=51.40(m)$ 墙高：$H=4.2+0.2-0.6$（梁的高度）$=3.80(m)$ 扣洞口面积：$1.9\times3.3+2.1\times2.4\times8+1.2\times2.4+1.8\times2.4\times4=66.75(m^2)$ 扣过梁体积：$1.45m^3$ 墙体体积：$V=(51.40\times3.80-66.75)\times0.24-1.45=29.41(m^3)$
3	矩形柱	m^3	16.50	柱高：$H=4.2+(1.8-0.5)=5.5(m)$ 截面积：$0.5\times0.5=0.25(m^2)$ 数量：$n=12$ 体积：$V=0.25\times5.5\times12=16.50(m^3)$
4	矩形梁	m^3	16.40	梁截面积：$0.3\times0.6=0.18(m^2)$ 梁长： KL1：$(15-0.5\times2)\times2=28(m)$ KL2：$(15-0.5\times2)\times2=28(m)$ KL3：$(13.2-0.5\times3)\times2=23.4(m)$ KL4：$(13.2-0.5\times3)=11.7(m)$ 合计：$28+28+23.4+11.7=91.10(m)$ $V=0.3\times0.6\times91.1=16.40(m^3)$
5	平板	m^3	25.84	150 厚板： $(7.5-0.15-0.05)\times(5.4-0.15-0.05)\times0.15\times4=22.776(m^3)$ 100 厚板： $(7.5-0.15-0.05)\times(2.4-0.15-0.15)\times0.10\times2=3.066(m^3)$ 合计：$22.776+3.066=25.84(m^3)$
6	梁模板	m^2	118.81	KL1：$(15.5-0.5\times3)\times(0.6+0.45+0.3)\times2=37.80(m^2)$ KL2：$(15.5-0.5\times3)\times(0.45+0.5+0.3)\times2=35.00(m^2)$ KL3：$[(5.4-0.5)\times(0.6+0.45+0.3)\times2+(2.4-0.5)\times(0.6+0.5+0.3)]\times2=31.78(m^2)$ KL4：$(5.4-0.5)\times(0.45\times2+0.3)\times2+(2.4-0.5)\times(0.5\times2+0.3)=14.23(m^2)$ 合计：$S=37.80+35.00+31.78+14.23=118.81(m^2)$
7	板模板	m^2	182.02	$(15.5-0.3\times3)\times(13.7-0.3\times4)-0.2\times0.2\times4-0.2\times0.1\times12-0.1\times0.1\times8=182.02(m^2)$

续表 3.1.25

序号	项目名称	单位	数量	计算过程
8	矩形柱模板	m^2	124.96	原始面积：$0.5\times4\times5.5\times12=132.00(m^2)$ 扣梁占位：$0.3\times0.6\times34=6.12(m^2)$ 扣板占位： 角柱：$0.2\times0.15\times8=0.24(m^2)$ 边柱：$(0.2+0.1)\times0.15\times8+(0.2+0.1)\times0.1\times4=0.48(m^2)$ 独立柱：$0.1\times0.15\times8+0.1\times0.1\times8=0.20(m^2)$ 矩形柱模板$=132-6.12-0.24-0.48-0.2=124.96(m^2)$

[考点四] 装饰装修★★★

(一)楼地面

1.整体地面

水泥砂浆楼地面、现浇水磨石楼地面、细石混凝土楼地面、菱苦土楼地面、自流坪楼地面，按设计图示尺寸以面积“m^2”计算。

扣除凸出地面构筑物、设备基础、室内铁道、地沟等所占面积。

不扣除间壁墙及小于或等于 $0.3m^2$ 柱、垛、附墙烟囱及孔洞所占面积。门洞、空圈、暖气包槽、壁龛的开口部分不增加面积。

2.块料地面

石材楼地面、碎石材楼地面、块料楼地面按设计图示尺寸以面积计算。

门洞、空圈、暖气包槽、壁龛的开口部分并入相应的工程量内。

说明：注意过门石/波打线是否单独计算。

3.踢脚线

(1)计算规则。

踢脚线包括水泥砂浆踢脚线、石材踢脚线、块料踢脚线、塑料板踢脚线、木质踢脚线、金属踢脚线、防静电踢脚线。

工程量以“m^2”计量，按设计图示长度乘以高度以面积计算；以“m”计量，按延长米计算。

(2)注意事项。

凸出墙面的角柱，不影响踢脚线长度。

凸出墙面的边柱，应增加两个侧边的长度。

扣除门洞口的长度。

独立柱是否做踢脚线看题目约定。

门洞处是否做踢脚线看题目约定。

随堂练习

某建筑物首层平面图如图 3.1.45 所示，已知柱截面尺寸为500mm×500mm，墙厚为240mm，M1 尺寸为 1 900mm×3 300mm，门洞边和独立柱不做踢脚线。

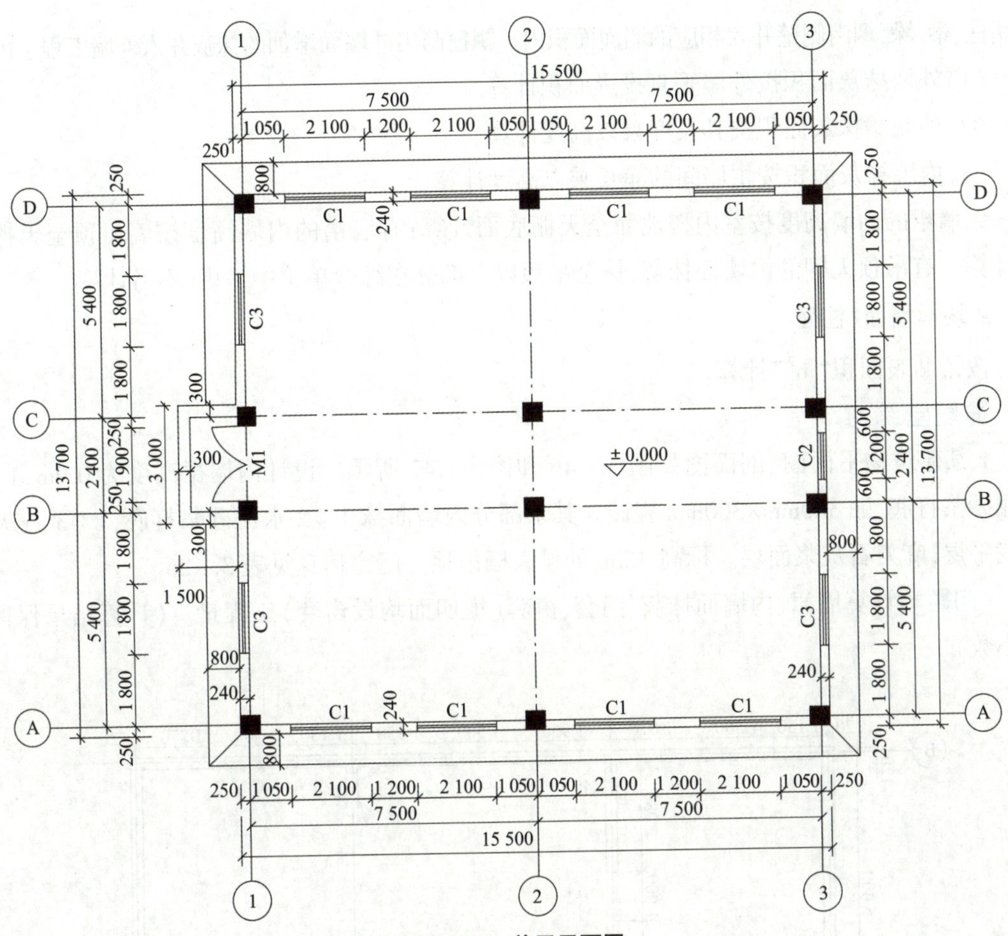

图 3.1.45　首层平面图

［问题］

1.若地面为整体面层,计算地面工程量。

2.若地面为块料面层,计算地面工程量。

3.计算踢脚线工程量(以“m”为单位)。(计算结果保留 2 位小数)

［答案］

问题 1:$(15.5-0.24\times2)\times(13.7-0.24\times2)=198.56(m^2)$

问题 2:

$(15.5-0.24\times2)\times(13.7-0.24\times2)-0.5\times0.5\times2-0.26\times0.26\times4-0.5\times0.26\times6+1.9\times0.24$

$=197.47(m^2)$

问题 3:

$L=(15.5-0.24\times2+13.7-0.24\times2)\times2+0.26\times10-1.9=57.18(m)$

(二)墙面柱面

1.墙面抹灰

墙面一般抹灰按设计图示尺寸以面积“m^2”计算。扣除墙裙、门窗洞口及单个大于 $0.3m^2$ 的孔洞面积,不扣除踢脚线、挂镜线和墙与构件交接处的面积,门窗洞口和孔洞的侧壁及顶面不增加面积。

附墙柱、梁、垛,烟囱侧壁并入相应的墙面面积内。飘窗凸出外墙面增加的抹灰并入外墙工程量内。

(1)外墙抹灰面积按外墙垂直投影面积计算。

(2)外墙裙抹灰面积按其长度乘以高度计算。

(3)内墙抹灰面积按主墙间的净长乘以高度计算。

无墙裙的内墙高度按室内楼地面至天棚底面计算;有墙裙的内墙高度按墙裙顶至天棚底面计算。有吊顶天棚的内墙面抹灰,抹至吊顶以上部分在综合单价中考虑,不另计算。

2.块料墙面/柱面

按镶贴表面积“m^2”计算。

随堂练习

1.某建筑物平面图、剖面图如图 3.1.46 和图 3.1.47 所示。设计内墙裙高度为 0.9m,1∶2 水泥砂浆打底,贴 300mm×300mm 瓷砖。其余部分内墙面抹 1∶2 水泥砂浆打底,1∶3 石灰砂浆找平层,麻刀石灰浆面层。标高 3.2m 处设天棚吊顶。门窗信息见表 3.1.26。

[问题] 计算墙裙、内墙面抹灰、门套、窗套(窗四面均设窗套)工程量。(计算结果保留 3 位小数)

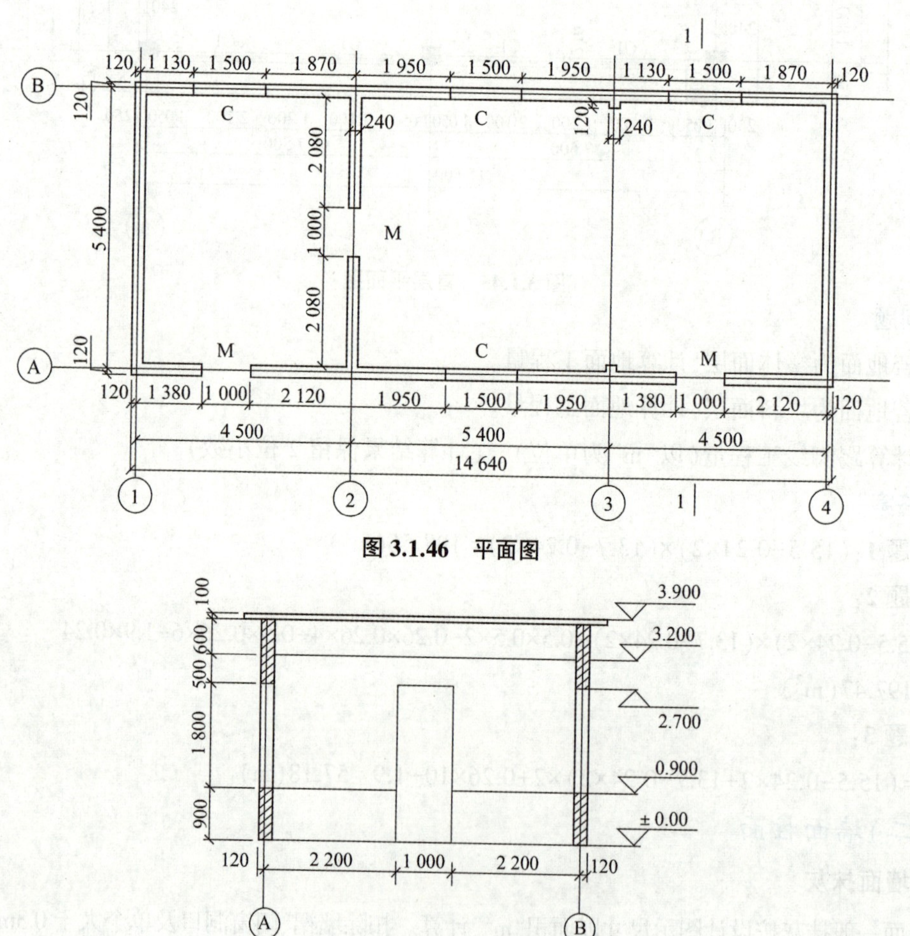

图 3.1.46 平面图

图 3.1.47 1—1 剖面图

表 3.1.26 门窗信息表

编号	洞口尺寸	数量
M	1 000×2 700	3
C	1 500×1 800	4

［答案］

墙裙：

(4.5−0.24+5.4−0.24)×2×0.9−1×0.9×2=15.156(m²)

(9.9−0.24+0.12×2+5.4−0.24)×2×0.9−1×0.9×2=25.308(m²)

合计：15.156+25.308=40.464(m²)

内墙面抹灰工程量：

(4.5−0.24+5.4−0.24)×2×(3.2−0.9)−1×(2.7−0.9)×2−1.5×1.8=37.032(m²)

(9.9−0.24+0.12×2+5.4−0.24)×2×(3.2−0.9)−1×(2.7−0.9)×2−1.5×1.8×3=57.576(m²)

合计：37.032+57.576=94.608(m²)

门套=(2.7×2+1)×0.24×3=4.608(m²)

窗套=(1.5+1.8)×2×0.24×4=6.336(m²)

2.某建筑物门窗信息见表 3.1.27，平面图、剖面图如图 3.1.48 和图 3.1.49 所示。设计内墙为水泥砂浆打底，1∶2 水泥砂浆贴 300mm×300mm 瓷砖，瓷砖贴至 3.3m 处。标高 3.2m 处设天棚吊顶。

表 3.1.27 门窗信息表

编号	洞口尺寸	数量
M	1 000×2 700	3
C	1 500×1 800	4

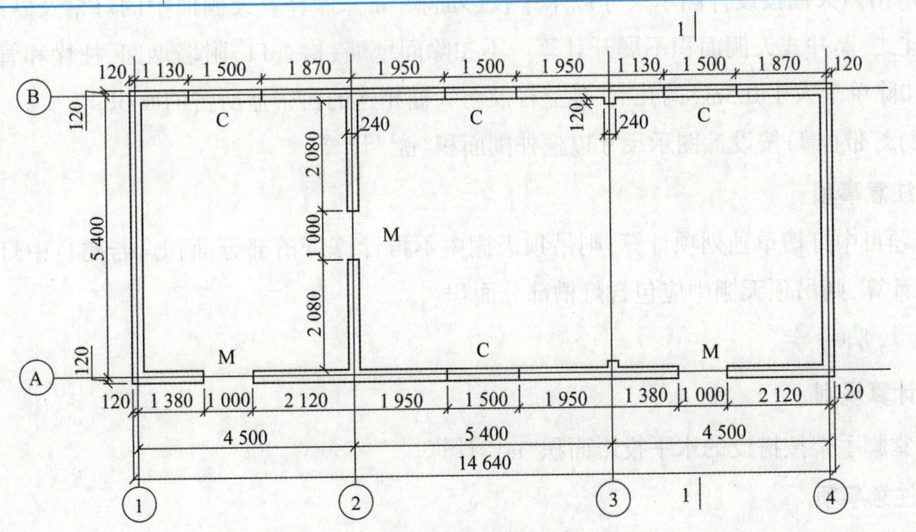

图 3.1.48 平面图

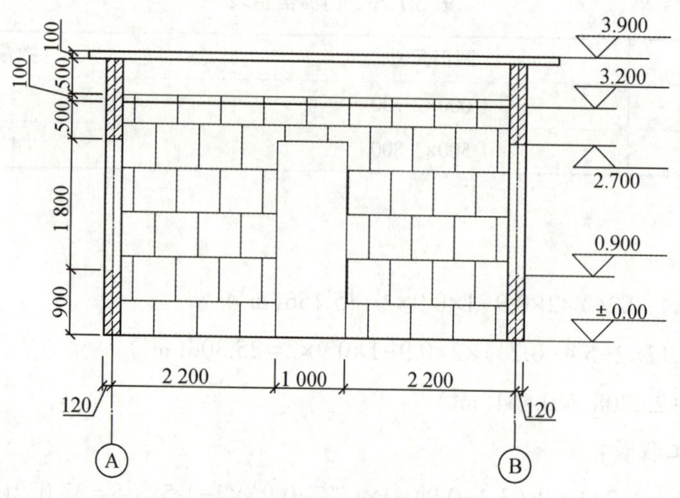

图 3.1.49　1—1 剖面图

［问题］计算瓷砖墙面、门套、窗套(窗四面均设窗套)工程量。(计算结果保留 3 位小数)

［答案］

内墙面瓷砖工程量：

$(4.5-0.24+5.4-0.24)\times2\times3.3-1\times2.7\times2-1.5\times1.8=54.072(m^2)$

$(9.9-0.24+0.12\times2+5.4-0.24)\times2\times3.3-1\times2.7\times2-1.5\times1.8\times3=85.896(m^2)$

合计：$54.072+85.896=139.968(m^2)$

门套 $=(2.7\times2+1)\times0.24\times3=4.608(m^2)$

窗套 $=(1.5+1.8)\times2\times0.24\times4=6.336(m^2)$

(三)吊顶天棚

1.计算规则

(1)吊顶天棚按设计图示尺寸以水平投影面积“m^2”计算。天棚面中的灯槽及跌级、锯齿形、吊挂式、藻井式天棚面积不展开计算。不扣除间壁墙、检查口、附墙烟囱、柱垛和管道所占面积,扣除单个大于 $0.3m^2$ 的孔洞、独立柱及与天棚相连的窗帘盒所占的面积。

(2)灯带(槽)按设计图示尺寸以框外围面积“m^2”计算。

2.注意事项

若题目中灯槽单独列项计算,则吊顶天棚中不再计算灯槽部分面积。若题目中灯槽未单独列项计算,则吊顶天棚中应包含灯槽部分面积。

(四)脚手架

1.计算规则

满堂脚手架按搭设的水平投影面积“m^2”计算。

2.注意事项

满堂脚手架通常与地面工程量、吊顶天棚一致。

【典型例题一】

［背景资料］

某写字楼电梯厅共 20 套，装修竣工图及相关技术参数如图 3.1.50～图 3.1.53 所示，墙面干挂石材高度为 2 900mm，其石材外皮距结构面尺寸为 100mm。

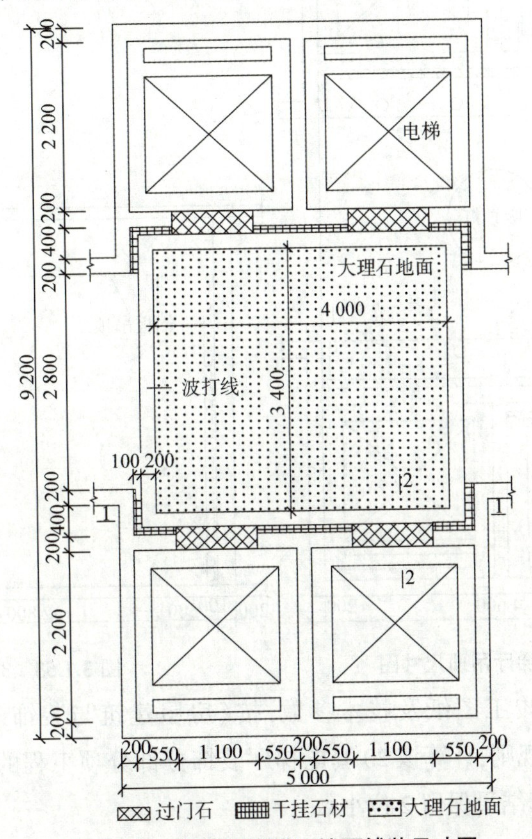

图 3.1.50 标准层电梯厅楼面铺装尺寸图

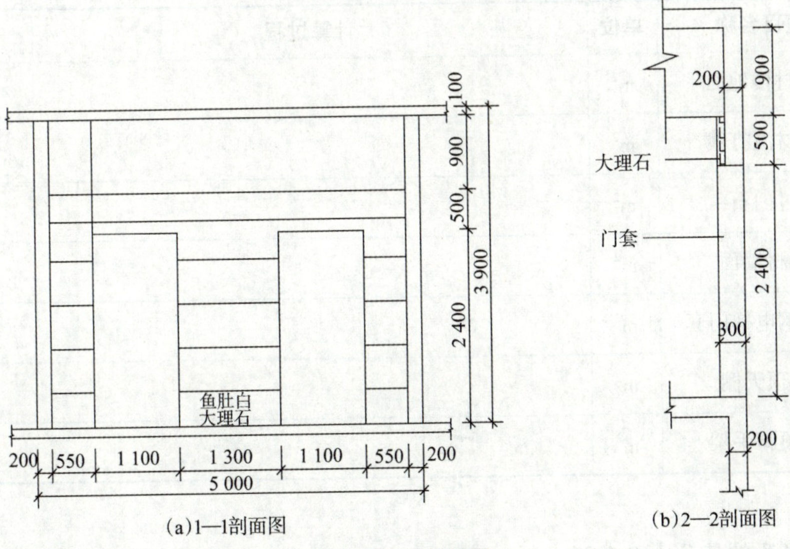

图 3.1.51 剖面图

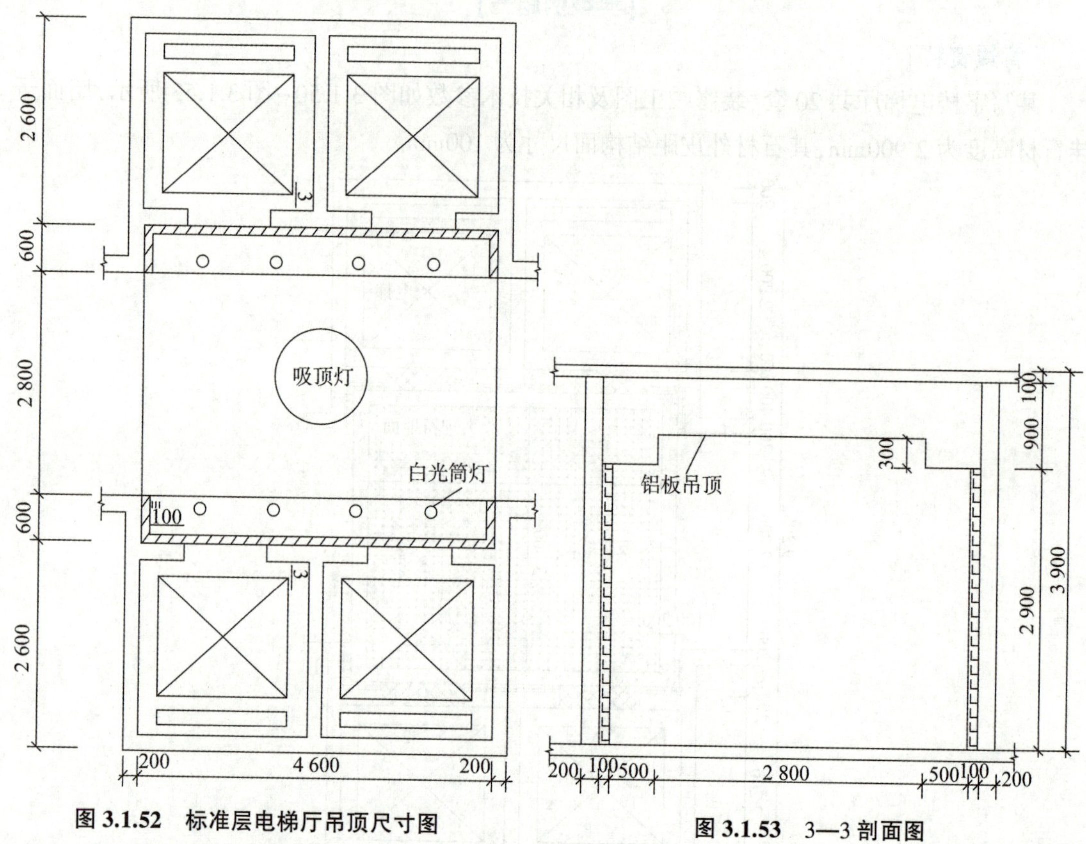

图 3.1.52 标准层电梯厅吊顶尺寸图

图 3.1.53 3—3 剖面图

[问题] 根据工程竣工图纸及技术参数，按《房屋建筑与装饰工程工程量计算规范》GB 50854—2013的计算规则，计算该20套电梯厅装饰分部分项工程的结算工程量，计算过程填入表3.1.28中。(计算结果保留2位小数)

表 3.1.28 工程量计算表

序号	项目名称	单位	计算过程	计算结果
1	石材楼地面	m^2		
2	石材波打线	m^2		
3	过门石	m^2		
4	石材墙面	m^2		
5	不锈钢电梯门套	m^2		
6	吊顶天棚	m^2		
7	吊顶脚手架	m^2		

[答案]

计算过程及结果见表3.1.29。

表 3.1.29　工程量计算过程及结果

序号	项目名称	计量单位	计算过程	计算结果
1	石材楼地面	m^2	4.00×3.40×20＝272.00	272.00
2	石材波打线	m^2	(4.20×2+3.60×2)×0.20×20＝62.40	62.40
3	过门石	m^2	0.30×1.10×4×20＝26.40	26.40
4	石材墙面	m^2	[2.90×(0.50×4+4.40×2+0.10×4)－1.10×2.40×4]×20＝438.40	438.40
5	不锈钢电梯门套	m^2	0.30×(1.10+2.40×2)×4×20＝141.60	141.60
6	吊顶天棚	m^2	(0.50×4.40×2+2.80×4.60)×20＝345.60	345.60
7	吊顶脚手架	m^2	(0.50×4.40×2+2.80×4.60)×20＝345.60	345.60

【典型例题二】

[背景资料]

某写字楼标准层电梯厅共 20 套，如图 3.1.54 所示。标准层电梯厅楼地面铺装尺寸和标准层电梯厅吊顶布置尺寸如图 3.1.55 所示。

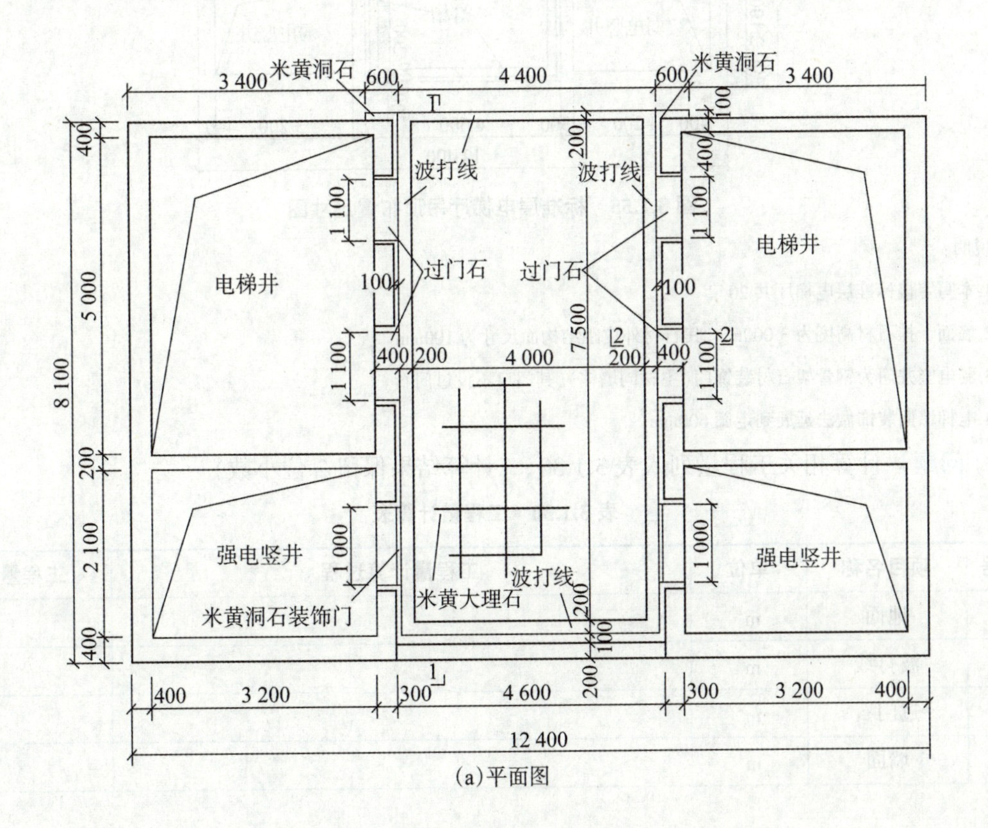

(a)平面图

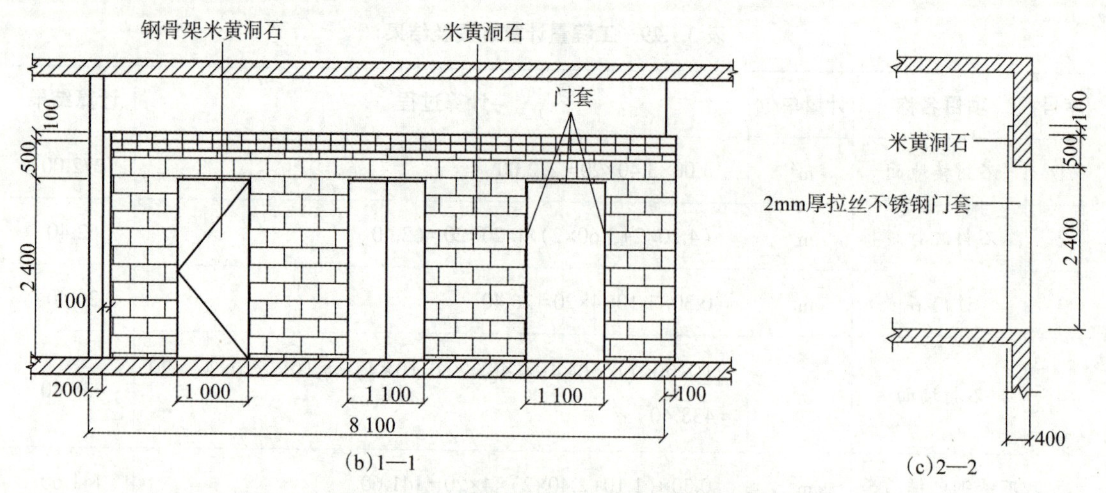

图 3.1.54 标准层电梯厅楼地面铺装尺寸图

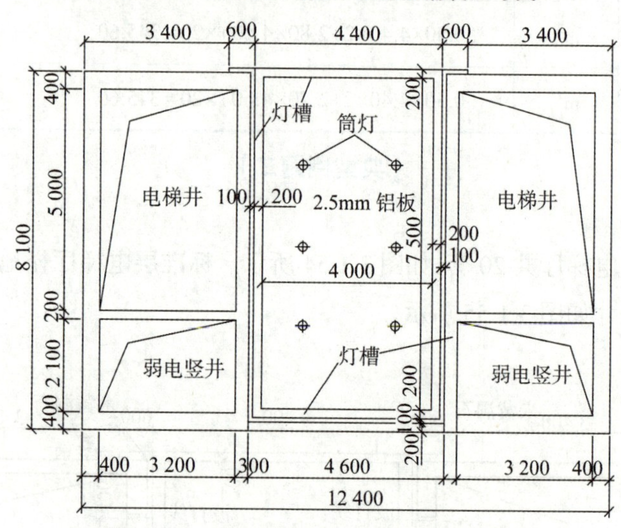

图 3.1.55 标准层电梯厅吊顶布置尺寸图

说明：

1.本写字楼标准层电梯厅共 20 套。

2.墙面干挂石材高度为 3 000mm，其石材外皮距结构面尺寸为 100mm。

3.弱电竖井门为钢骨架石材装饰门(主材同墙体)，其门口不设过门石。

4.电梯墙面装饰做法延展到走廊 600mm。

[问题] 计算相关工程量列入表 3.1.30。(计算结果保留 2 位小数)

表 3.1.30 工程量计算表

序号	项目名称	单位	工程量计算过程	工程量
1	地面	m^2		
2	波打线	m^2		
3	过门石	m^2		
4	墙面	m^2		

续表 3.1.30

序号	项目名称	单位	工程量计算过程	工程量
5	竖井装饰门	m^2		
6	电梯门套	m^2		
7	天棚	m^2		
8	吊顶灯槽	m^2		
9	吊顶脚手架	m^2		

[答案]

计算过程及结果见表 3.1.31。

表 3.1.31　计算过程及结果表

序号	项目名称	单位	工程量计算过程	工程量
1	地面	m^2	7.5×4×20＝600.00	600.00
2	波打线	m^2	(7.7+4.2)×2×0.2×20＝95.20	95.20
3	过门石	m^2	1.1×0.4×4×20＝35.20	35.20
4	墙面	m^2	[(7.9×2+4.4+0.6×2+0.1×2)×3−1.1×2.4×4−1×2.4×2]×20＝988.80	988.80
5	竖井装饰门	m^2	(1×2.4)×2×20＝96.00	96.00
6	电梯门套	m^2	(1.1+2.4×2)×0.4×4×20＝188.80	188.80
7	天棚	m^2	7.5×4×20＝600.00	600.00
8	吊顶灯槽	m^2	(7.7+4.2)×2×0.2×20＝95.20	95.20
9	吊顶脚手架	m^2	(7.5+0.2+0.2)×(4+0.2+0.2)×20＝695.20	695.20

【典型例题三】

[背景资料]

某钢筋混凝土框架结构建筑物共四层，首层层高 4.2m，首层平面图如图 3.1.56 所示。外墙为 240mm 厚蒸压加气混凝土砌块墙，M1 为 1 900mm×3 300mm 的铝合金平开门；C1 为 2 100mm×2 400mm 的铝合金推拉窗；C2 为 1 200mm×2 400mm 的铝合金推拉窗；C3 为 1 800mm×2 400mm 的铝合金推拉窗；窗台高 900mm。门洞及窗做拉丝不锈钢门窗套(门套 500mm 与门侧柱子等宽，窗套做四面)。

块料地面自下而上的做法依次为：素土夯实；300mm 厚 3∶7 灰土夯实；60mm 厚 C15 素混凝土垫层；素水泥浆一道；25mm 厚 1∶3 干硬性水泥砂浆结合层；800mm×800mm 全瓷地面砖水泥砂浆粘贴，白水泥砂浆擦缝。门洞处设黑色大理石过门石(过门石 500mm 与门侧柱子等宽)。木质踢脚线高 150mm，基层为 9mm 厚胶合板，面层为榉木装饰板，上口钉木线(门洞及独立柱不做踢脚线)。独立柱柱面的装饰做法为：木龙骨榉木饰面包方柱，木龙骨为 25mm×25mm，中距 300mm×300mm，基层为 9mm 厚胶合板，面层为 3mm 厚红榉木装饰板(饰面至吊顶下)。天棚吊顶为轻钢龙骨矿棉板平面天棚,U型轻钢龙骨中距为450mm×450mm,面层为矿棉吸声板,首层吊顶底距离地面3.4m。

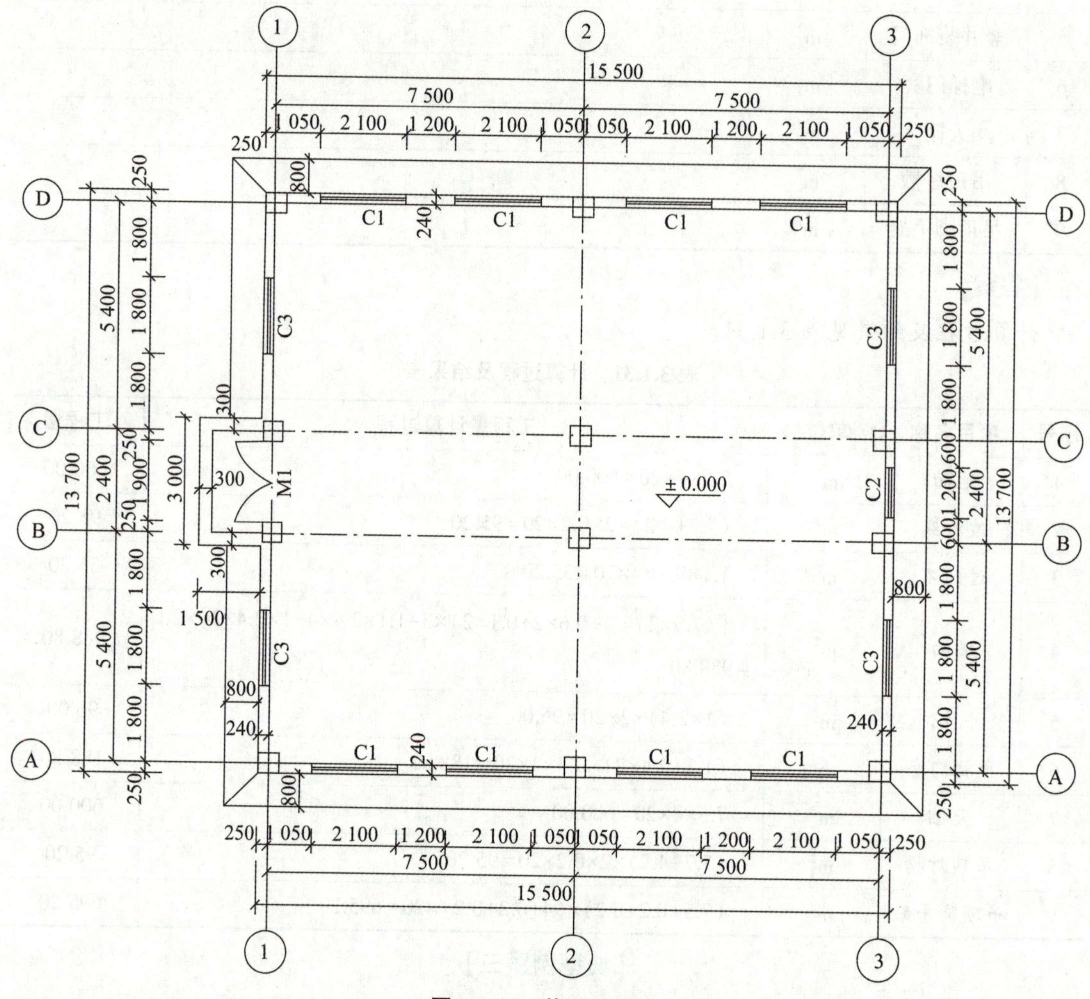

图3.1.56 首层平面图

[问题] 计算建筑物首层的相关工程量列入表3.1.32。(计算结果保留3位小数)

表3.1.32 工程量计算表

序号	项目名称	单位	数量	计算过程
1	块料地面	m^2		
2	过门石	m^2		
3	木质踢脚线	m		
4	独立柱柱面装饰	m^2		
5	门套	m^2		
6	窗套	m^2		
7	吊顶天棚	m^2		

[答案]

计算过程见表 3.1.33。

表 3.1.33　工程量计算过程表

序号	项目名称	单位	数量	计算过程
1	块料地面	m^2	196.520	净面积＝(15.5−0.24×2)×(13.7−0.24×2)＝198.564(m^2) 扣除柱面积:＝(0.5−0.24)×(0.5−0.24)×4+(0.5−0.24)×0.5×6+0.5×0.5×2＝1.550(m^2) 扣除门洞位置过门石占位＝(0.5−0.24)×1.9＝0.494(m^2) 合计:198.564−1.550−0.494＝196.520(m^2)
2	过门石	m^2	0.950	0.5×1.9＝0.950(m^2)
3	木质踢脚线	m	57.180	长度:L＝(15.5−0.24×2+13.7−0.24×2)×2−1.9+(0.5−0.24)×10＝57.180(m)
4	独立柱面装饰	m^2	15.613	独立柱饰面外围周长:(0.5+0.037×2)×4＝2.296(m) 柱饰面高度:H＝3.4(m) 柱饰面面积:S＝3.4×2.296×2＝15.613(m^2)
5	门套	m^2	4.250	0.5×(1.9+3.3+3.3)＝4.250(m^2)
6	窗套	m^2	27.072	(2.1+2.4)×2×0.24×8+(1.2+2.4)×2×0.24×1+(1.8+2.4)×2×0.24×4＝27.072(m^2)
7	吊顶天棚	m^2	198.564	(15.5−0.24×2)×(13.7−0.24×2)＝198.564(m^2)

[考点五] 厂房仓库★★★

【典型例题一】

[背景资料]

某工厂机修车间轻型钢屋架系统,轻型钢屋架结构系统布置图如图 3.1.57 所示,钢屋架构件图如图 3.1.58 所示。

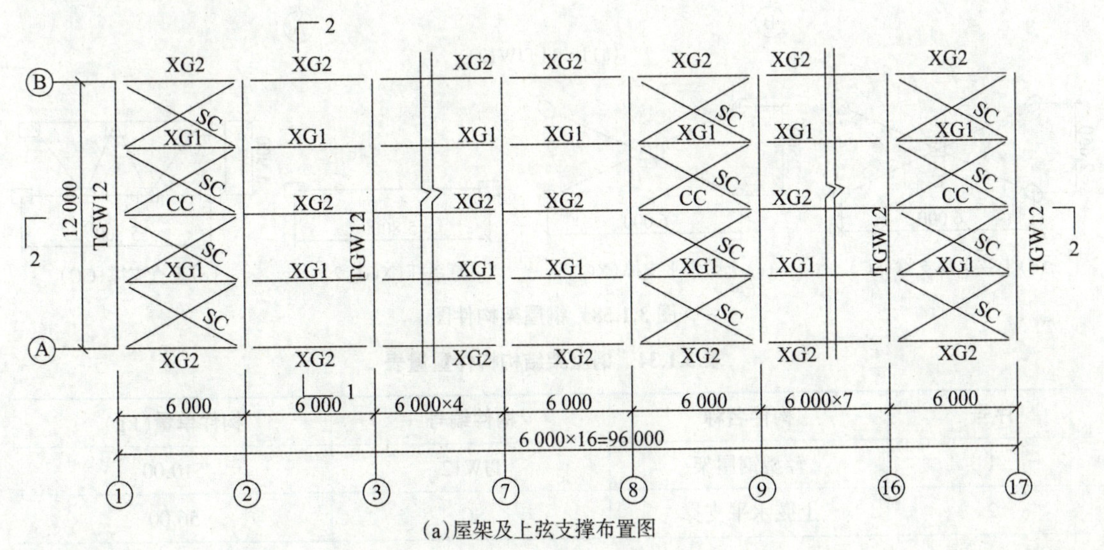

(a)屋架及上弦支撑布置图

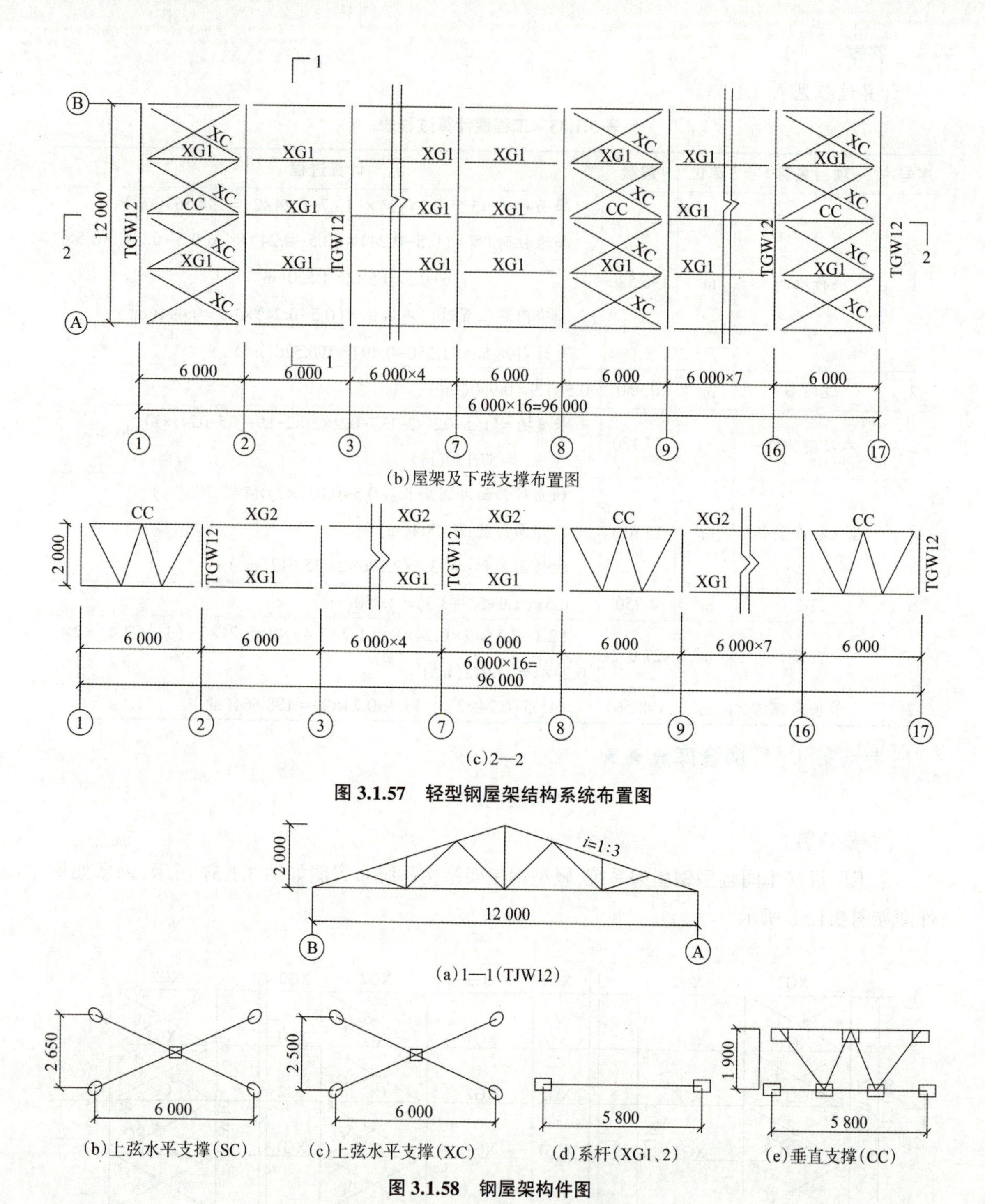

(b)屋架及下弦支撑布置图

(c)2—2

图 3.1.57 轻型钢屋架结构系统布置图

(a)1—1(TJW12)

(b)上弦水平支撑(SC)　(c)上弦水平支撑(XC)　(d)系杆(XG1、2)　(e)垂直支撑(CC)

图 3.1.58 钢屋架构件图

表 3.1.34 钢屋架结构构件重量表

序号	构件名称	构件编号	构件单量(kg)
1	轻型钢屋架	TJW12	510.00
2	上弦水平支撑	SC	56.00

续表 3.1.34

序号	构件名称	构件编号	构件单量(kg)
3	下弦水平支撑	XC	60.00
4	垂直支撑	CC	150.00
5	系杆 1	XG1	45.00
6	系杆 2	XG2	48.00

说明：

1.本屋面钢结构系统按 Q235 牌号镇静钢设计，钢屋架结构构件重量见表 3.1.34。

2.钢构件详细材料表及下料尺寸见国家建筑标准图集 06SG517-2。

3.屋架上、下弦水平支撑及垂直支撑仅在①~②、⑧~⑨、⑯~⑰柱间屋架上布置。

[问题] 根据该轻型钢屋架工程施工图纸及技术参数，列式计算该轻型钢屋架系统分部分项工程量列入表 3.1.35。(屋架上、下弦水平支撑及垂直支撑仅在①~②、⑧~⑨、⑯~⑰柱间屋架上布置)(计算结果保留 2 位小数)

表 3.1.35　工程量计算表

序号	项目名称	计量单位	工程量	计算式
1	轻型钢屋架	t		
2	上弦水平支撑	t		
3	下弦水平支撑	t		
4	垂直支撑	t		
5	系杆 XG1	t		
6	系杆 XG2	t		

[答案]

计算结果见表 3.1.36。

表 3.1.36　工程量计算过程表

序号	项目名称	计量单位	工程量	计算式
1	轻型钢屋架	t	8.67	17×510/1 000=8.67(t)
2	上弦水平支撑	t	0.67	4×3×56/1 000=0.67(t)
3	下弦水平支撑	t	0.72	4×3×60/1 000=0.72(t)
4	垂直支撑	t	0.45	1×3×150/1 000=0.45(t)
5	系杆 XG1	t	3.47	(16×5-3)×45/1 000=3.47(t)
6	系杆 XG2	t	2.16	(16×3-3)×48/1 000=2.16(t)

【典型例题二】

［背景资料］

某拟建项目机修车间，厂房设计方案采用预制钢筋混凝土排架结构。结构体系中现场预制标准构件和非标准构件的混凝土强度等级、设计控制参考钢筋含量等见表 3.1.37。其上部结构系统如图 3.1.59～图 3.1.64 所示。

表 3.1.37 钢筋含量表

序号	构件名称	型号	强度等级	钢筋含量(kg/m^3)
1	预制混凝土矩形柱	YZ-1	C30	152.00
2	预制混凝土矩形柱	YZ-2	C30	138.00
3	预制混凝土基础梁	JL-1	C25	95.00
4	预制混凝土基础梁	JL-2	C25	95.00
5	预制混凝土柱顶连系梁	LL-1	C25	84.00
6	预制混凝土柱顶连系梁	LL-2	C25	84.00
7	预制混凝土 T 型吊车梁	DL-1	C35	141.00
8	预制混凝土 T 型吊车梁	DL-2	C35	141.00
9	预制混凝土薄腹屋面梁	WL-1	C35	135.00
10	预制混凝土薄腹屋面梁	WL-2	C35	135.00

另经查阅国家标准图集，所选用的薄腹屋面梁混凝土用量为 $3.11m^3$/榀（厂房中间与两端山墙处屋面梁的混凝土用量相同，仅预埋铁件不同），所选用 T 型吊车梁混凝土用量，车间两端部为 $1.13m^3$/根，其余为 $1.08m^3$/根。

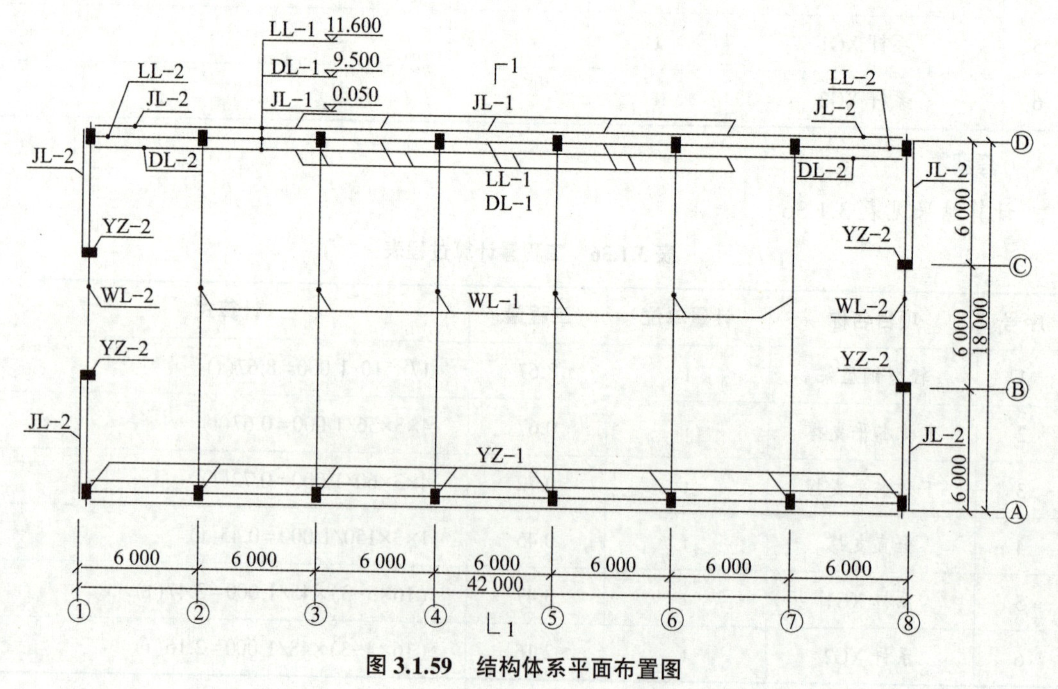

图 3.1.59 结构体系平面布置图

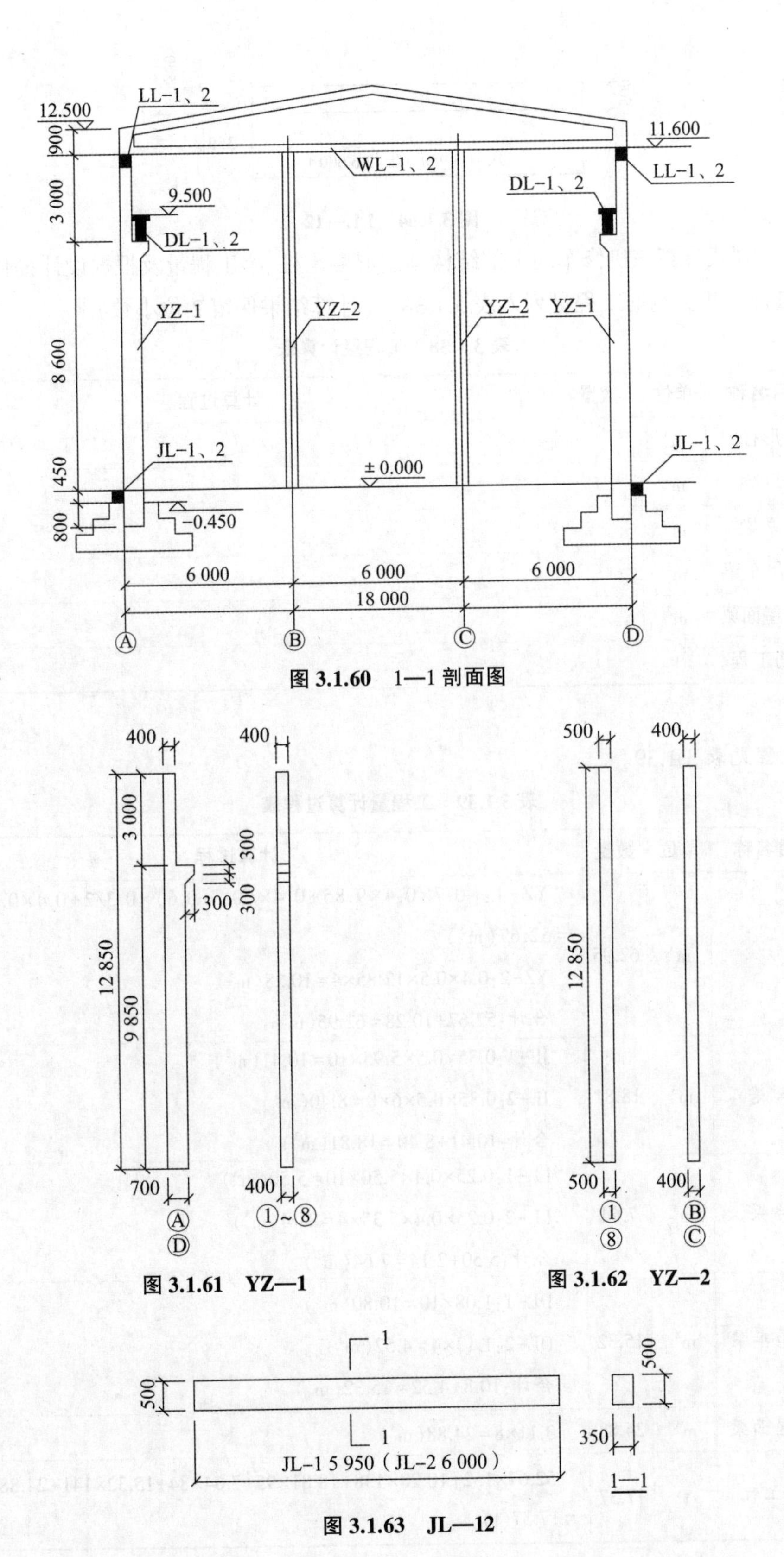

图 3.1.60　1—1 剖面图

图 3.1.61　YZ—1

图 3.1.62　YZ—2

图 3.1.63　JL—12

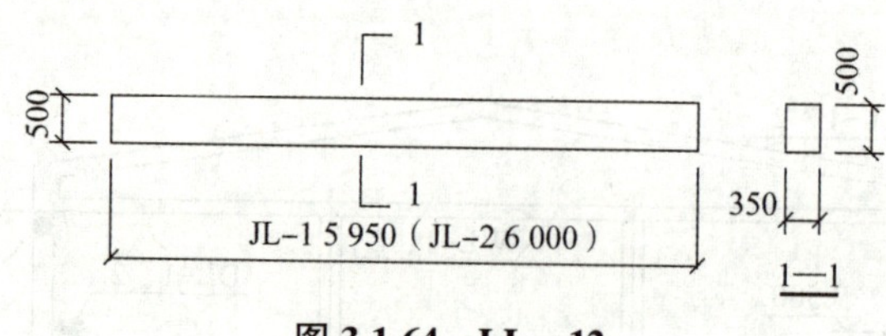

图 3.1.64 LL—12

［问题］列式计算该机修车间上部结构预制混凝土柱、梁工程量及根据设计提供的控制参考钢筋含量计算相关钢筋工程量列入表 3.1.38。（计算结果保留 2 位小数）

表 3.1.38 工程量计算表

序号	项目名称	单位	数量	计算过程
1	矩形柱	m^3		
2	基础梁	m^3		
3	连系梁	m^3		
4	T 型吊车梁	m^3		
5	薄腹屋面梁	m^3		
6	钢筋工程	t		

［答案］

计算过程见表 3.1.39。

表 3.1.39 工程量计算过程表

序号	项目名称	单位	数量	计算过程
1	矩形柱	m^3	62.95	YZ-1：[0.7×0.4×9.85+0.4×(0.3+0.6)×0.3/2+0.4×0.4×3]×16=52.67(m^3) YZ-2：0.4×0.5×12.85×4=10.28(m^3) 合计：52.67+10.28=62.95(m^3)
2	基础梁	m^3	18.81	JL-1：0.35×0.5×5.95×10=10.41(m^3) JL-2：0.35×0.5×6×8=8.40(m^3) 合计：10.41+8.40=18.81(m^3)
3	连系梁	m^3	7.64	LL-1：0.25×0.4×5.50×10=5.50(m^3) LL-2：0.25×0.4×5.35×4=2.14(m^3) 合计：5.50+2.14=7.64(m^3)
4	T 型吊车梁	m^3	15.32	DL-1：1.08×10=10.80(m^3) DL-2：1.13×4=4.52(m^3) 合计：10.8+4.52=15.32(m^3)
5	薄腹屋面梁	m^3	24.88	3.11×8=24.88(m^3)
6	钢筋工程	t	17.37	52.67×152+10.28×138+18.81×95+7.64×84+15.32×141+24.88×135=17.37(t)

第二节　工程计价

考点重要度分析

考　点	重要度星标
考点一:分部分项和单价措施项目计价表	★★★★
考点二:综合单价分析表	★★★★
考点三:综合单价调整	★★★
考点四:清单计价汇总表	★★★★

[考点一] 分部分项和单价措施项目计价表(表 3.2.1)★★★★

表 3.2.1　分部分项和单价措施项目计价表

序号	项目编码	项目名称	项目特征描述	计量单位	工程量	金额(元)	
						综合单价	合价
一、分部分项工程费							
1	010602001001	轻型钢屋架	材质 Q235 镇静钢	t			
2	010606001001	上弦水平撑	材质 Q235 镇静钢	t		9 620.00	
3	010606001002	下弦水平撑	材质 Q235 镇静钢	t		9 620.00	
4	010606001003	垂直支撑	材质 Q235 镇静钢	t		9 620.00	
5	010606001004	系杆 XG1	材质 Q235 镇静钢	t		8 850.00	
6	010606001005	系杆 XG2	材质 Q235 镇静钢	t		8 850.00	
分部分项工程费小计							
二、单价措施项目							
1		大型机械进出场及安拆		台次	1.00	25 000.00	
单价措施项目小计							
分部分项工程和单价措施项目合计							

[考点二] 综合单价分析表★★★★

(一)综合单价计算原理

综合单价($m^3/m^2/m/t$)= 人工费+材料费+机械费+管理费+利润

1.本质

计算单位清单工程量($1m^3$)需要的人材机管理费利润的金额。

(1)清单工程量:图纸净量。(不考虑损耗和施工作业增加)

(2)定额工程量:考虑现场可能增加的方案量。

清单综合单价=完成该清单项目的方案总费用/清单工程量

$$=\frac{\text{定额工程量}}{\text{清单工程量}\times\text{定额单位}}\times\text{定额基价}\times(1+\text{管理费利润率})$$

2.清单量与定额量对应关系

(1)清单量与定额量一致。如:混凝土、砖砌等。

(2)清单量与定额量不一致。如:挖方、灌注桩等。

(二)认识定额基价表(表3.2.2)

表3.2.2 定额基价表 单位:10m³

定额编号			1-20
项目			人工挖基坑
定额基价(元)			216.00
其中	人工费(元)		162.00
	材料费(元)		21.40
	机械费(元)		32.60
名称	单位	单价(元)	消耗量
综合工日	工日	74.31	2.180
柴油	kg	8.98	2.383
履带式挖土机	台班	914.00	0.010
推土机	台班	452.70	0.015
自卸汽车	台班	532.90	0.028
其他机具费	元	—	1.748

(三)综合单价分析表

随堂练习

满堂基础项目编码:010501002;管理费和利润为人工费的50%;满堂基础定额量与清单量一致。

[问题] 请结合定额基价表3.2.3填写满堂基础综合单价分析表3.2.4。(计算结果保留2位小数)

表3.2.3 定额基价表 单位:10m³

定额编号			5-8
项目			满堂基础
定额基价(元)			6 943.78
其中	人工费(元)		790.40
	材料费(元)		6 146.09
	机械费(元)		7.29
名称	单位	单价(元)	消耗量
综合工日	工日	130.00	6.080

续表 3.2.3

预拌抗渗混凝土 C35	m^3	580.00	10.100
塑料薄膜	m^2	1.85	24.360
阻燃毛毡	m^3	46.58	5.030
水	m^3	6.60	1.322
混凝土振捣器	台班	12.77	0.571

表 3.2.4　混凝土满堂基础综合单价分析表

项目编码		项目名称		计量单位		工程量					
清单综合单价组成明细											
定额编号	定额项目名称	定额单位	数量	单价(元)				合价(元)			
				人工费	材料费	施工机具使用费	管理费和利润	人工费	材料费	机械费	管理费和利润
人工单价		小计									
		未计价材料费(元)									
清单项目综合单价(元/t)											
材料费明细	主要材料名称、规格、型号		单位	数量	单价(元)	合价(元)	暂估单价(元)	暂估合价(元)			
	预拌抗渗混凝土 C35										
	其他材料费(元)										
	材料费小计(元)										

[答案]

计算结果见表 3.2.5。

表 3.2.5　满堂基础综合单价分析表

项目编码	010501002001	项目名称	混凝土满堂基础	计量单位	m^3	工程量					
清单综合单价组成明细											
定额编号	定额项目名称	定额单位	数量	单价(元)				合价(元)			
				人工费	材料费	施工机具使用费	管理费和利润	人工费	材料费	机械费	管理费和利润
5-8	满堂基础	$10m^3$	0.10	790.40	6 146.09	7.29	395.20	79.04	614.61	0.73	39.52

续表 3.2.5

人工单价	小计				79.04	614.61	0.73	39.52
130 元/工日	未计价材料费(元)							
清单项目综合单价(元/t)					733.90			
材料费明细	主要材料名称、规格、型号	单位	数量	单价(元)	合价(元)	暂估单价(元)	暂估合价(元)	
	预拌抗渗混凝土 C35	m^3	1.01	580.00	585.80			
	其他材料费(元)				28.81			
	材料费小计(元)				614.61			

【典型例题一】

[背景资料]

轻型钢屋架表面涂刷工程量按 $35m^2/t$ 计算,《房屋建筑与装饰工程工程量计算规范》GB 50854—2013钢屋架的项目编码为 010602001,企业管理费按人工费、材料费、机械费之和的10%计取,利润按人工费、材料费、机械费、企业管理费之和的 7%计取。

[问题] 按《建设工程工程量清单计价规范》GB 50500—2013 的要求,结合轻型钢屋架消耗量定额基价表 3.2.6。在"轻型钢屋架综合单价分析表"3.2.7 中编制轻型钢屋架综合单价分析表。(计算结果保留 2 位小数)

表 3.2.6 轻型钢屋架消耗量定额基价表

定额编号			6-10	6-35	6-36
项目			成品钢屋架安装	钢结构油漆	钢结构防火漆
			t	m^2	m^2
定额基价(元)			6 854.10	40.10	21.69
其中	人工费(元)		378.10	19.95	15.20
	材料费(元)		6 360.00	19.42	5.95
	机械费(元)		116.00	0.73	0.54
名称	单位	单价(元)	消耗量		
综合工日	工日	95.00	3.98	0.21	0.16
成品钢屋架	t	6 200.00	1.00		
油漆	kg	25.00		0.76	
防火漆	kg	17.00			0.30
其他材料费	元		160.00	0.42	0.85
机械费	元		116.00	0.73	0.54

表 3.2.7　轻型钢屋架综合单价分析表

项目编码				项目名称			计量单位			工程量	
清单综合单价组成明细											
定额编号	定额名称	定额单位	数量	单价(元)				合价(元)			
				人工费	材料费	施工机具使用费	管理费和利润	人工费	材料费	施工机具使用费	管理费和利润
人工单价	小计										
	未计价材料(元)										
清单项目综合单价(元/t)											

材料费明细	主要材料名称、规格、型号	单位	数量	单价(元)	合价(元)	暂估单价(元)	暂估合价(元)
	成品轻型钢屋架						
	油漆						
	防火漆						
	其他材料费(元)						
	材料费小计(元)						

[答案]

计算结果见表 3.2.8。

表 3.2.8　轻型钢屋架综合单价分析表

项目编码	010602001001			项目名称	轻型钢屋架		计量单位	t		工程量	8.67
清单综合单价组成明细											
定额编号	定额名称	定额单位	数量	单价(元)				合价(元)			
				人工费	材料费	施工机具使用费	管理费和利润	人工费	材料费	施工机具使用费	管理费和利润
6-10	成品钢屋架安装	t	1	378.10	6 360.00	116.00	1 213.18	378.10	6 360.00	116.00	1 213.18
6-35	钢结构油漆	m^2	35	19.95	19.42	0.73	7.10	698.25	679.70	25.55	248.50

续表 3.2.8

6-36	钢结构防火漆	m²	35	15.20	5.95	0.54	3.84	532.00	208.25	18.90	134.40
人工单价		小计						1 608.35	7 247.95	160.45	1 596.08
95.00 元/工日		未计价材料(元)									
清单项目综合单价(元/t)								10 612.83			

材料费明细	主要材料名称、规格、型号	单位	数量	单价(元)	合价(元)	暂估单价(元)	暂估合价(元)
	成品轻型钢屋架	t	1.00	6 200.00	6 200.00		
	油漆	kg	26.60	25.00	665.00		
	防火漆	kg	10.50	17.00	178.50		
	其他材料费(元)				204.45		
	材料费小计(元)				7 247.95		

【典型例题二】

［背景资料］

装配式混凝土楼梯项目编码为 010513001，管理费和利润率分别为定额人工费的 30% 和 20%，该省发布的《房屋建筑与装饰工程消耗量定额》中的装配式混凝土楼梯的计算规则与《房屋建筑与装饰工程工程量清单计算规范》中的计算规则相同，装配式混凝土楼梯的场外运输距离为 30km。

［问题］ 结合表 3.2.9 装配式混凝土楼梯消耗量定额及表 3.2.10 市场资源价格表，编制装配式混凝土楼梯的综合单价分析表 3.2.11。（计算结果保留 2 位小数）

表 3.2.9 装配式混凝土楼梯消耗量定额

单位：10m³

定额编号			5-61	5-82	5-83
项目		单位	预制楼梯安装	预制构件运输 1km 以内	预制构件运输 每增运 1km
人工	综合工日	工日	18.560	3.490	
材料	预制钢筋混凝土楼梯段(成品)	m³	10.100		
	垫木	m³	0.019		
	垫铁	kg	18.655		
	锯成材	m³		0.043	
	钢丝绳	kg		0.491	
	电焊条	kg	5.737		
	镀锌低碳钢丝			4.545	

续表 3.2.9

项目		单位	预制楼梯安装	预制构件运输 1km 以内	预制构件运输 每增运 1km
机械	交流弧焊机 32kV · A	台班	3.182		
	汽车式起重机 8t	台班		0.873	
	载重汽车 8t	台班		1.313	0.130
	轮胎式起重机 20t	台班	1.596		

表 3.2.10 市场资源价格表

序号	资源名称	单位	除税单价(元)
1	综合工日	工日	130.00
2	预制钢筋混凝土楼梯段(成品)	m^3	2 300.00
3	垫木	m^3	1 956.00
4	垫铁	kg	4.80
5	锯成材	m^3	1 870.96
6	钢丝绳	kg	10.19
7	电焊条	kg	7.70
8	镀锌低碳钢丝	kg	7.62
9	交流弧焊机 32kV · A	台班	114.05
10	汽车式起重机 8t	台班	814.05
11	载重汽车 8t	台班	586.93
12	轮胎式起重机 20t	台班	1 066.99

表 3.2.11 装配式混凝土楼梯综合单价分析表

项目编码			项目名称			计量单位				工程量	11.75
清单综合单价组成明细											
定额编号	定额项目	定额单位	数量	单价(元)				合价(元)			
				人工费	材料费	施工机具使用费	管理费和利润	人工费	材料费	施工机具使用费	管理费和利润
人工单价		小计									
		未计价材料(元)									
清单项目综合单价(元/m^3)											

续表 3.2.11

材料费明细	主要材料名称、规格、型号	单位	数量	单价(元)	合价(元)	暂估单价(元)	暂估合价(元)
	预制钢筋混凝土楼梯段(成品)						
	其他材料费(元)						
	材料费小计(元)						

［答案］

结果见表 3.2.12。

表 3.2.12　装配式混凝土楼梯综合单价分析表

项目编码	010513001001		项目名称	装配式混凝土楼梯		计量单位		m³	工程量		11.75
清单综合单价组成明细											
定额编号	定额项目	定额单位	数量	单价(元)				合价(元)			
				人工费	材料费	施工机具使用费	管理费和利润	人工费	材料费	施工机具使用费	管理费和利润
5-61	预制楼梯安装	10m³	0.10	2 412.80	23 400.88	2 065.82	1 206.40	241.28	2 340.09	206.58	120.64
5-82	预制构件运输 1km 以内	10m³	0.10	453.70	120.09	1481.30	226.85	45.37	12.01	148.13	22.69
5-83	预制构件运输每增运 1km	10m³	2.90	0	0	76.30	0	0	0	221.27	0
人工单价		小计						286.65	2 352.10	575.98	143.33
130 元/工日		未计价材料(元)									
清单项目综合单价(元/m³)								3 358.06			

材料费明细	主要材料名称、规格、型号	单位	数量	单价(元)	合价(元)	暂估单价(元)	暂估合价(元)
	预制钢筋混凝土楼梯段(成品)	m³	1.01	2 300.00	2 323.00		
	其他材料费(元)				29.10		
	材料费小计(元)				2 352.10		

[考点三] 综合单价调整★★★

(一)材料变化:加新减旧

随堂练习

1.某装修项目,中标的电梯门套材料为1mm镜面不锈钢板,综合单价为240元/m²;施工中应甲方要求进行了设计变更,改为2mm拉丝不锈钢板,发承包双方核定的材料含税单价为350元/m²。根据合同约定,此类变更仅可以调整不锈钢板材料的单价,其他内容不变,中标的1mm镜面不锈钢板的含税单价为180元/m²,每平方米消耗量为1.05m²。

[问题] 计算2mm拉丝不锈钢门套的综合单价。(材料增值税税率按13%计取)

[答案]

1mm镜面不锈钢材的不含税单价=180/(1+13%)=159.29(元/m²)

2mm拉丝不锈钢的不含税单价=350/(1+13%)=309.73(元/m²)

2mm拉丝不锈钢门套的综合单价=240+(309.73−159.29)×1.05=397.96(元/m²)

[计算思路] 调整后综合单价=原综合单价+(新−旧)×消耗量

2.原招标工程量清单中钢筋混凝土池顶板综合单价为719.69元/m³,混凝土标号为C30,施工过程中经各方确认设计变更为C35。若该清单项目混凝土消耗量为1.015;同期C30及C35商品混凝土到工地价分别为488.00元/m³和530.00元/m³(均为不含税价);原投标价中企业管理费按人工、材料、机械费之和的10%计取,利润按人工、材料、机械、企业管理费之和的7%计取。

[问题] 列式计算该钢筋混凝土池顶板混凝土标号由C30变更为C35后的综合单价。

[答案]

调整后的综合单价=719.69+(530−488)×1.015×(1+10%)×(1+7%)

=769.87(元/m³)

[计算思路] 调整后综合单价=原综合单价+(新−旧)×消耗量×(1+管%)×(1+利%)

[注意事项]

是否取管利,一定要看背景约定:

(1)若背景约定只调材料价差或管利的取费基数没有材料费(如以人工费或人机为计算基数),则不用取管利。

(2)若背景无特别约定,且管利的计算基数为人材机,则要取管利。

(二)合并模板的综合单价

随堂练习

某分项工程与单价措施项目清单计价表见表3.2.13,单价措施中的模板不单独列项,将模板的费用综合在相应的混凝土分项单价中。

[问题] 重新计算包含各自模板费用的基础垫层、满堂基础的综合单价。(计算结果保留2位小数)

表 3.2.13　分项工程与单价措施项目清单计价表

序号	项目编码	项目名称	项目特征	计量单位	工程量	金额(元)		
						综合单价	合价	其中：暂估价
一			分部分项工程					
1	010501001001	基础垫层	1.混凝土种类：预拌混凝土 2.混凝土强度等级：C15	m^3	37.36	359.64	13 436.15	
2	010501004001	满堂基础	1.混凝土种类：预拌混凝土 2.混凝土强度等级：C30	m^3	109.77	400.19	43 928.86	
			分部分项工程小计				—	
二			单价措施项目					
1	011702001001	垫层模板	复合模板	m^2	7.74	47.86	370.44	
2	011702001002	满堂基础模板	复合模板木支撑	m^2	22.98	63.22	1 452.80	

[答案]

基础垫层的综合单价调整＝359.64+370.44/37.36＝369.56(元/m^3)

满堂基础的综合单价调整＝400.19+1 452.80/109.77＝413.42(元/m^3)

[计算思路] 包含模板的综合单价＝原分项综合单价+模板总费用/分项工程清单量

(三)造价信息差额调整法

[解题思路] 三个步骤四条线

(1)先比较投标价和基准价，谁高谁低；

(2)考虑风险范围，超过风险范围的部分调整，不超过不调整；

(3)实际采购价上涨以高的为基准调价，下跌以低的为基准调价。

随堂练习

施工企业投标时采用型钢 4 200 元/t 的价格对钢骨架进行了组价，钢骨架的综合单价为 11 250 元/t，管理费和利润分别为人工费的 40% 和 20%。施工过程中型钢价格普遍上涨，施工合同约定，型钢单价风险幅度值为±5%，超过时，采用造价信息差额调整法调整综合单价。承包人投标单价中的材料单价低于基准单价(当地造价管理部门发布的信息价)时，施工期间材料单价涨幅以基准单价为基础超过合同约定的风险幅度值时，其超过部分按实结算。投标期间和施工当期造价管理部门发布的型钢材料信息价(除税)分别为 4 500 元/t、5 200 元/t，施工当期承包方采购的型钢材料除税单价为 5 000 元/t。已知每 t 钢骨架的型钢消耗量为 1.03t。

(计算结果保留 2 位小数)

[问题] 列式计算钢骨架结算时的综合单价。

[答案]

钢骨架=11 250+(5 000−4 500×1.05)×1.03=11 533.25(元/t)

(四)工程变更综合单价调整

已标价工程量清单中没有适用也没有类似于变更工程项目的,由承包人根据变更工程资料、计量规则和计价办法、工程造价管理机构发布的信息价格和承包人报价浮动率提出变更工程项目的单价,报发包人确认后调整。承包人报价浮动率可按下列公式计算:

招标工程:承包人报价浮动率 L=(1−中标价/最高投标限价)×100%。

随堂练习

某工程最高投标限价为 1 200 万元,中标人的投标报价为 1 140 万元,施工过程中,屋面防水采用 PE 高分子防水卷材,工程量清单中没有适用也无类似项目,根据造价信息管理机构发布的价格信息测算出卷材材料费为 18 元/m^2,除卷材外的其他材料费为 0.65 元/m^2,该项目所在地定额人工费为 3.78 元/m^2,管理费和利润为 1.13 元/m^2。(计算结果保留 2 位小数)

[问题] 投标人报价浮动率为多少?该项目综合单价为多少元/m^2?

[答案]

L=(1−1 140/1 200)×100% =5%

综合单价=(3.78+18+0.65+1.13)×(1−5%)=22.38(元/m^2)

[考点四] 清单计价汇总表★★★

随堂练习

1.假定该分部分项工程费为 185 000.00 元;单价措施项目费为 25 000.00 元;总价措施项目仅考虑安全文明施工费,安全文明施工费按分部分项工程的 4.5% 计取;其他项目费为零;人工费占分部分项工程及措施项目费的 8%,规费按人工费的 24% 计取;增值税税率按 11% 计取。

[问题] 按《建设工程工程量清单计价规范》GB 50500—2013 的要求,在答题卡中列式计算安全文明施工费、措施项目费、规费、增值税,并在答题卡表 3.2.14“单位工程最高投标限价汇总表”中编制该轻型钢屋架系统单位工程最高投标限价。(计算结果保留 2 位小数)

表 3.2.14 单位工程最高投标限价汇总表

序号	项目名称	金额(元)
1	分部分项工程费	
2	措施项目	
2.1	其中:安全文明施工费	

续表 3.2.14

序号	项目名称	金额(元)
3	其他项目	
4	规费	
5	税金	
最高投标限价		

[答案]

安全文明施工费=185 000×4.5%=8 325.00(元)

措施项目费=25 000+8 325=33 325.00(元)

规费=(185 000+33 325)×8%×24%=4 191.84(元)

增值税=(185 000+33 325+4 191.84)×11%=24 476.85(元)

单位工程最高投标限价汇总表见表 3.2.15。

表 3.2.15 单位工程最高投标限价汇总表

序号	项目名称	金额(元)
1	分部分项工程费	185 000.00
2	措施项目费	33 325.00
2.1	其中:安全文明施工费	8 325.00
3	其他项目	0.00
4	规费	4 191.84
5	税金	24 476.85
最高投标限价		246 993.69

2.某电梯厅装饰工程开始办理竣工结算,已知分部分项工程费为 832 000 元;单价措施项目费为 9 200 元;总价措施项目仅考虑安全文明施工费,安全文明施工费按分部分项工程费的 5%计取;人工费占分部分项工程及措施项目费的 25%;招标时其他项目费中暂列金为 90 000 元,施工过程中发生的现场签证费为 20 000 元;规费按分部分项工程和措施项目人工费的 20%计取;增值税税率按 9%计取。

[问题] 列式计算安全文明施工费、措施项目费、规费、增值税,并编制该单位工程的竣工结算汇总表 3.2.16。(计算结果保留 2 位小数)

[答案]

安全文明施工费=832 000×5%=41 600.00(元)

措施项目费=9 200+41 600=50 800.00(元)

规费=(832 000+50 800)×25%×20%=44 140.00(元)

增值税=(832 000+50 800+20 000+44 140)×9%=85 224.60(元)

表 3.2.16　单位工程竣工结算汇总表

序号	项目名称	金额(元)
1	分部分项工程费	832 000.00
2	措施项目费	50 800.00
2.1	其中:安全文明施工费	41 600.00
3	其他项目	20 000.00
4	规费	44 140.00
5	税金	85 224.60
竣工结算总价		1 032 164.60

第四章　工程招标投标

分值分布

节名称	分值分布	节重要度
第一节　工程招标方式	10 分	★★
第二节　工程招标的程序		★★★
第三节　工程投标策略与方法		★★★
第四节　工程评标		★★★★

第一节　工程招标方式

考点重要度分析

考　　点	重要度星标
考点一:必须招标范围	★
考点二:公开招标	★★
考点三:邀请招标	★★
考点四:不进行施工招标	★

[考点一]　必须招标范围★

(一)《中华人民共和国招标投标法》规定必须进行招标

(1)大型基础设施、公用事业等关系社会公共利益、公众安全的项目。

(2)全部或者部分使用国有资金投资或国家融资的项目。

(3)使用国际组织或者外国政府贷款、援助资金的项目。

(二)国家发改委《必须招标的工程项目规定》规定

(1)全部或者部分使用国有资金投资或者国家融资的项目包括:

1)使用预算资金 200 万元人民币以上,并且该资金占投资额 10% 以上的项目;

2)使用国有企业事业单位资金,并且该资金占控股或者主导地位的项目。

(2)使用国际组织或者外国政府贷款、援助资金的项目包括:

1)使用世界银行、亚洲开发银行等国际组织贷款、援助资金的项目;

2)使用外国政府及其机构贷款、援助资金的项目。

(三)《工程建设项目招标范围和规模标准规定》必须进行招标

(1)施工单项合同估算价在 400 万元人民币以上的。

(2)重要设备、材料等货物的采购,单项合同估算价在 200 万元人民币以上的。

(3)勘察、设计、监理等服务的采购,单项合同估算价在100万元人民币以上的。

同一项目中可以合并进行的勘察、设计、施工、监理以及与工程建设有关的重要设备、材料等的采购,合同估算价合计达到前款规定标准的,必须招标。

[考点二] 公开招标★★

采用公开招标方式的,招标人应当发布招标公告,邀请不特定的法人或者其他组织投标。依法必须进行施工招标项目的招标公告,应当在国家指定的报刊和信息网络上发布。

应当公开招标的工程范围

(1)国务院发展计划部门确定的国家重点建设项目。

(2)各省、自治区、直辖市人民政府确定的地方重点建设项目。

(3)部分使用国有资金投资或者国有资金投资占控股或者主导地位的工程建设项目。

[考点三] 邀请招标★★

采用邀请招标方式的,招标人应当向三家以上具备承担施工招标项目的能力、资信良好的特定的法人或者其他组织发出投标邀请书。

可以采取邀请招标的工程范围(需批准)

(1)项目技术复杂或有特殊要求,或者受自然地域环境限制,只有少量潜在投标人可供选择。

(2)涉及国家安全、国家秘密或者抢险救灾,适宜招标但不宜公开招标的。

(3)采用公开招标的费用占项目合同金额的比例过大。

国家重点建设项目的邀请招标,应当经国务院发展计划部门批准;地方重点建设项目的邀请招标,应当经各省、自治区、直辖市人民政府批准。

[考点四] 不进行施工招标★

不进行施工招标的工程范围(需批准)

(1)涉及国家安全、国家秘密或者抢险救灾而不适宜招标的。

(2)属于利用扶贫资金实行以工代赈需要使用农民工的。

(3)施工主要技术采用特定的(不可替代)专利或者专有技术的。

(4)施工企业自建自用的工程,且该施工企业资质等级符合工程要求的。

(5)在建工程追加的附属小型工程或者主体加层工程,原中标人仍具备承包能力的。

第二节　工程招标的程序

考点重要度分析

考　点	重要度星标
考点一:知识框架	★
考点二:招标准备	★

（接上）

考　　点	重要度星标
考点三：编制招标文件	★★★
考点四：发售资格预审文件	★★★
考点五：资格审查	★★★
考点六：发售招标文件	★★★
考点七：现场勘察和投标预备会	★★★
考点八：接受投标文件、投标保证金	★★★
考点九：开标	★★★
考点十：评标	★★★
考点十一：确定中标人、发出中标通知书	★★★
考点十二：签合同、履约保证金	★★★
考点十三：终止招标	★
考点十四：两阶段招标	★
考点十五：EPC总承包	★

[考点一] 知识框架★

知识框架如图4.2.1所示。

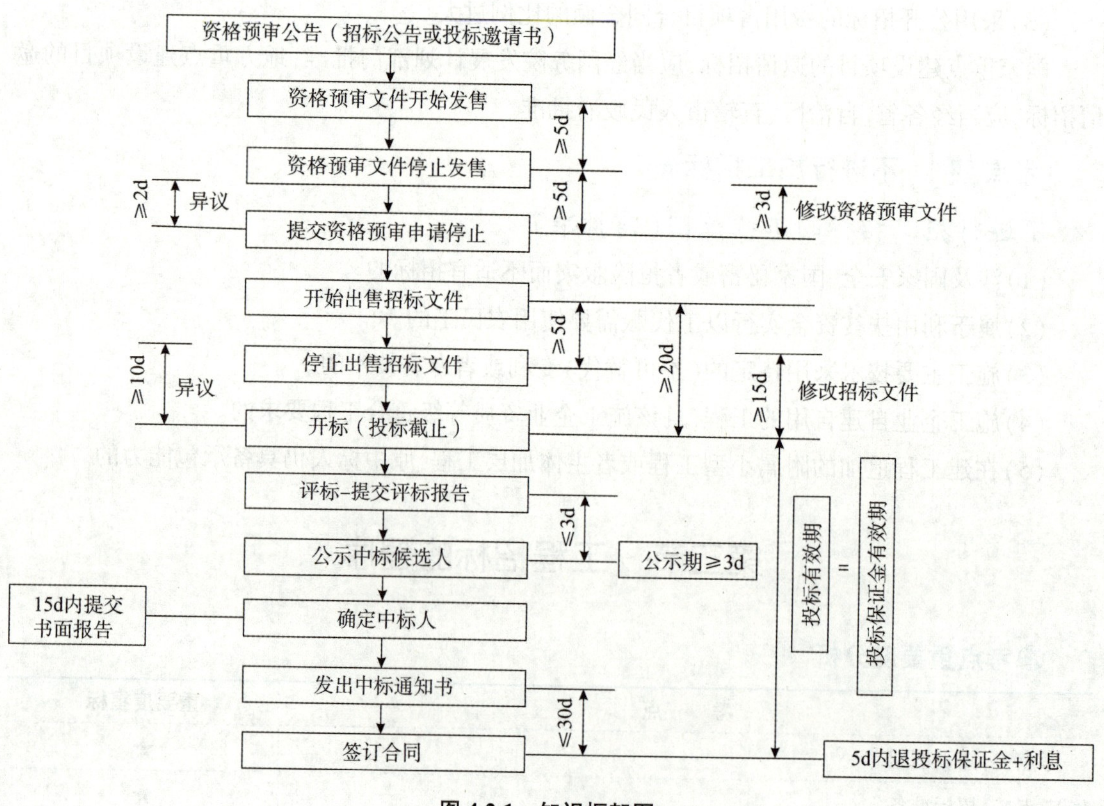

图4.2.1　知识框架图

[考点二] 招标准备★

(一)招标必须具备的基本条件

(1)招标人已经依法成立。

(2)初步设计及概算应当履行审批手续的,已经批准。

(3)招标范围、招标方式和招标组织形式等应当履行核准手续的,已经核准。

(4)有相应资金或资金来源已经落实。

(5)有招标所需的设计图纸及技术资料。

(二)招标组织形式

(1)招标人自行组织招标:招标人要具有编制招标文件和组织评标的能力(招标人具有与招标项目规模和复杂程度相适应的技术、经济等方面的专业人员),可以自行办理招标事宜。依法必须进行招标的项目,招标人自行办理招标事宜的,应当向有关行政监督部门备案。

(2)招标人不具备自行办理招标能力的,可以委托招标代理机构办理招标事宜。

[考点三] 编制招标文件★★★

(一)招标公告或投标邀请书

招标公告或者投标邀请书应当至少载明下列内容:

(1)招标人的名称和地址;

(2)招标项目的内容、规模、资金来源;

(3)招标项目的实施地点和工期;

(4)获取招标文件或者资格预审文件的地点和时间;

(5)对招标文件或者资格预审文件收取的费用;

(6)对投标人的资质等级的要求。

[**对投标人的资质等级的要求**]

不得以不合理的条件限制、排斥潜在投标人或投标人。

(1)就同一招标项目向潜在投标人或者投标人提供有差别的项目信息。

(2)设定的资格、技术、商务条件与招标项目的具体特点和实际需要不相适应或者与合同履行无关。

(3)依法必须进行招标的项目以特定行政区域或者特定行业的业绩和奖项作为加分条件或者中标条件。

(4)对潜在投标人或者投标人采取不同的资格审查或者评标标准。

(5)限定或者指定特定的专利、商标、品牌、原产地或者供应商。

(6)依法必须进行招标的项目非法限定潜在投标人或者投标人的所有制形式或者组织形式。

(7)以其他不合理条件限制、排斥潜在投标人或者投标人。

(二)招标文件

招标人应当在招标文件中规定实质性要求和条件,并用醒目的方式标明。

招标人可以要求投标人在提交符合招标文件规定要求的投标文件外,提交备选投标方案,但应当在招标文件中作出说明,并提出相应的评审和比较办法。

招标文件应当明确规定评标时除价格以外的所有评标因素,以及如何将这些因素量化或者据以进行评估。

在评标过程中,不得改变招标文件中规定的评标标准、方法和中标条件。

招标文件应当规定一个适当的投标有效期,以保证招标人有足够的时间完成评标和与中标人签订合同。**投标有效期从投标人提交投标文件截止之日起计算。**

在原投标有效期结束前,出现特殊情况的,招标人可以书面形式要求所有投标人延长投标有效期。投标人同意延长的,不得要求或被允许修改其投标文件的实质性内容,但应当相应延长其投标保证金的有效期;投标人拒绝延长的,其投标失效,但投标人有权收回其投标保证金。因延长投标有效期造成投标人损失的,招标人应当给予补偿,但因不可抗力需要延长投标有效期的除外。

(三)标底

(1)招标人可以自行决定是否编制标底,一个招标项目只能有一个标底,标底必须保密。

(2)标底只能作为评标参考,不得以投标报价是否接近标底作为中标条件,也不得以投标报价超过标底上下浮动范围作为否决投标的条件。

(3)招标项目设有标底的,招标人应当在开标时公布。

(四)最高投标限价(招标控制价)

(1)国有资金投资的工程建设项目应实行工程量清单招标,招标人应编制最高投标限价,并应拒绝高于最高投标限价的投标报价。

(2)工程造价咨询人不得同时接受招标人和投标人对同一工程的最高投标限价和投标报价的编制。

(3)最高投标限价应在招标文件中公布,不得随意上调或下浮。且除公布最高投标限价的总价外,还应公布各单位工程的分部分项工程费、措施项目费、其他项目费、规费和税金。招标人不得规定最低投标限价。

[注意] **最高投标限价只是限制总价,不限制分项工程费、措施项目费、其他项目费。**

(4)最高投标限价应依据反映社会平均水平的计价定额编制:国家或省级、行业建设主管部门颁发的计价定额和计价办法。

[考点四] 发售资格预审文件★★★

(1)出售:资格预审文件的发售期不得少于5日。招标人发售资格预审文件费用应当限于补偿印刷、邮寄的成本支出,不得以盈利为目的。

(2)备期:5 日;提交资格预审申请文件的时间,自资格预审文件停止发售之日起不得少于 5 日。

(3)修期:3 日;对已发出的资格预审文件进行必要的澄清或修改,在提交资格预审申请文件截止时间至少 3 日前,书面通知所有获得资格预审文件的潜在投标人。不足 3 日顺延。

(4)异议期:2 日;潜在投标人或者其他利害关系人对资格预审文件有异议的,应当在提交资格预审申请文件截止时间 2 日前提出。招标人应当自收到异议之日起 3 日内作出答复,作出答复前应当暂停招标投标活动。

[考点五] 资格审查★★★

资格审查分为资格预审和资格后审。

(一)资格审查应主要审查潜在投标人或者投标人是否符合下列条件

(1)投标人签订合同的权利:营业执照和资质证书。

(2)投标人履行合同的能力:人员情况、财务状况、技术装备情况、业绩等。

(3)投标人目前的状况:投标资格是否被取消、账户是否被冻结等。

(4)近三年情况:是否发生过重大安全事故和质量事故。

招标人不得改变载明的资格条件或者以没有载明的资格条件对潜在投标人或者投标人进行资格审查。

(二)资格预审

国有资金占控股或者主导地位的依法必须进行招标的项目,招标人应当组建资格审查委员会审查资格预审申请文件。经资格预审后,招标人应当向资格预审合格的潜在投标人发出资格预审合格通知书,告知获取招标文件的时间、地点和方法,并同时向资格预审不合格的潜在投标人告知资格预审结果。资格预审不合格的潜在投标人不得参加投标。通过资格预审的申请人少于 3 个的应当重新招标。

(三)资格后审

招标人采用资格后审办法对投标人进行资格审查的,应当在开标后由评标委员会按照招标文件规定的标准和方法对投标人的资格进行审查。

经资格后审不合格的投标人的投标应作废标处理。

[考点六] 发售招标文件★★★

(1)出售:招标文件的发售期不得少于 5 日。招标人发售招标文件费用应当限于补偿印刷、邮寄的成本支出,不得以盈利为目的。

(2)备期:20 日;编投标文件的时间,自招标文件发出之日起至投标人提交投标文件截止之日止,不得少于 20 日。

(3)修期:15 日;对已发出的招标文件进行必要的澄清或修改,在投标截止时间至少 15 日前,书面通知所有获得招标文件的潜在投标人。不足 15 日顺延。

(4)异议期:10 日;潜在投标人或者其他利害关系人对招标文件有异议的,应当在投标截止时间 10 日前提出。招标人应当自收到异议之日起 3 日内作出答复;作出答复前,应当暂停招标投标活动。

[考点七] 现场勘察和投标预备会★★★

(一)组织现场勘察

(1)招标人根据招标项目的具体情况,可以组织潜在投标人踏勘项目现场,向其介绍工程场地和相关环境的有关情况。

(2)招标人不得(分别)组织单个或者部分潜在投标人踏勘项目现场。

(3)投标人踏勘现场发生的费用自理。

(4)招标人在踏勘现场中介绍的工程场地和相关的周边环境情况,供投标人在编制投标文件时参考,招标人不对投标人据此做出的判断和决策负责。(口说无凭)

(二)投标预备会

对于潜在投标人在阅读招标文件和现场踏勘中提出的疑问,招标人可以书面形式或召开投标预备会的方式解答,但需同时将解答以书面方式通知所有购买招标文件的潜在投标人。该解答的内容为招标文件的组成部分。

[**注意**] 不能透露提问者的信息。

[考点八] 接受投标文件、投标保证金★★★

(一)接受投标文件

(1)时限:投标截止前的合理时间。

(2)拒收。

1)未通过资格预审的申请人提交的投标文件;

2)逾期送达;

3)不按照招标文件要求密封的投标文件。

(二)投标保证金

(1)投标保证金除现金外,可以是银行出具的银行保函、保兑支票、银行汇票或现金支票。

(2)依法必须进行招标的项目的境内投标单位,以现金或者支票形式提交的投标保证金应当从其基本账户转出。

(3)投标保证金不得超过项目估算价的 2%。投标截止日前提交。

(4)投标保证金的有效期与投标有效期保持一致。

投标有效期:投标有效期从投标截止时间起开始计算,一般项目投标有效期为 60~90 天。

(5)投标保证金退还。

1)招标人终止招标,及时退还投标人的投标保证金及银行同期存款利息;

2)投标截止日前撤回投标文件的,自收到投标人书面撤回通知之日起 5 日内退还投标保证金;

3)中标合同签订后:签订合同后5日内向中标人和未中标人退还投标保证金及银行同期存款利息。

(6)投标保证金没收。

1)投标人在规定的投标有效期内撤销投标文件;

2)中标人在收到中标通知书后,无正当理由拒签合同或未按招标文件规定提交履约担保。

[**注意**] 开标之前为撤回投标文件,开标之后为撤销投标文件。

[考点九] 开标★★★

(1)前提条件:投标人少于3个,不得开标,重新招标。

(2)时间:提交投标文件截止时间的同一时间。

(3)地点:招标文件中预先确定的地点。

(4)主持人:招标人或招标代理人。

(5)检查密封情况:由投标人或者其推选的代表检查投标文件的密封情况,也可以由招标人委托的公证机构检查并公证。

(6)拆封、宣读:投标截止时间前收到的所有投标文件,开标时均应当当众予以拆封、宣读。

(7)异议:对开标结果有异议应当在开标现场提出,招标人当场答复。

[考点十] 评标(详见第四节工程评标)★★★

[考点十一] 确定中标人、发出中标通知书★★★

(一)确定中标人

(1)国有资金占控股或者主导地位的依法必须进行招标的项目,招标人应当确定排名第一的中标候选人为中标人。排名第一的中标候选人放弃中标、因不可抗力不能履行合同、不按照招标文件要求提交履约保证金,或者被查实存在影响中标结果的违法行为等情形,不符合中标条件的,招标人可以按照评标委员会提出的中标候选人名单排序依次确定其他中标候选人为中标人,也可以重新招标。

(2)依法必须进行招标的项目,招标人应当自收到评标报告之日起3日内公示中标候选人,公示期不得少于3日。

(3)中标候选人的经营、财务状况发生较大变化或者存在违法行为,招标人认为可能影响其履约能力的,应当在发出中标通知书前由原评标委员会按照招标文件规定的标准和方法审查确认。

(二)发出中标通知书

(1)中标人确定后,招标人应当向中标人发出中标通知书,并同时将中标结果通知所有未中标的投标人。中标通知书对招标人和中标人具有法律效力。中标通知书发出后,招标人改变中标结果,或者中标人放弃中标项目的,应当依法承担法律责任。

(2)招标人应当自确定中标人之日起15日内,向有关行政监督部门提交招标投标情况的书面报告。

[考点十二] 签合同、履约保证金★★★

(一)签合同

(1)招标人和中标人应当自中标通知书发出之日起30日内签订书面合同,合同的标的、价款、质量、履行期限等主要条款应当与招标文件和中标人的投标文件的内容一致。招标人和中标人不得再行订立背离合同实质性内容的其他协议。

(2)招标人最迟应当在书面合同签订后5日内向中标人和未中标的投标人退还投标保证金及银行同期存款利息。

(二)履约保证金

招标文件要求中标人提交履约保证金的,中标人应当按照招标文件的要求提交。履约保证金不得超过中标合同金额的10%。

[考点十三] 终止招标★

招标人终止招标的,应当及时发布公告,或者以书面形式通知被邀请的或者已经获取资格预审文件、招标文件的潜在投标人。已经发售资格预审文件、招标文件或者已经收取投标保证金的,招标人应当及时退还所收取的资格预审文件、招标文件的费用,以及所收取的投标保证金及银行同期存款利息。

[考点十四] 两阶段招标★

对技术复杂或者无法精确拟定技术规格的项目,招标人可以分两阶段进行招标。

第一阶段,投标人按照招标公告或者投标邀请书的要求提交不带报价的技术建议,招标人根据投标人提交的技术建议确定技术标准和要求,编制招标文件。

第二阶段,招标人向在第一阶段提交技术建议的投标人提供招标文件,投标人按照招标文件的要求提交包括最终技术方案和投标报价的投标文件。

招标人要求投标人提交投标保证金的,应当在第二阶段提出。

[考点十五] EPC总承包(2023年版教材新增)★

(1)工程总承包项目范围内的设计、采购或者施工中,有任一项属于依法必须进行招标的项目范围且达到国家规定规模标准的,应当采用招标的方式选择工程总承包单位。

(2)企业投资项目的工程总承包宜采用总价合同,政府投资项目的工程总承包应当合理确定合同价格形式。采用总价合同的,除合同约定可以调整的情形外,合同总价一般不予调整。

(3)工程总承包单位应当同时具有与工程规模相适应的工程设计资质和施工资质,或者由具有相应资质的设计单位和施工单位组成联合体。工程总承包单位应当具有相应的项目管理体系和项目管理能力、财务和风险承担能力,以及与发包工程相类似的设计、施工或者工程总承包业绩。

第三节 工程投标策略与方法

考点重要度分析

考 点	重要度星标
考点一:投标资格	★★
考点二:投标报价	★★★
考点三:投标策略	★★

[考点一] 投标资格★★

(一)投标资格

(1)投标人参加依法必须进行招标的项目的投标,不受地区或者部门的限制,任何单位和个人不得非法干涉。

(2)招标人存在利害关系可能影响招标公正性的法人、其他组织或者个人,不得参加投标。

(3)单位负责人为同一人或者存在控股、管理关系的不同单位,不得参加同一标段投标或者未划分标段的同一招标项目投标。

(4)投标人发生合并、分立、破产等重大变化的,应当及时书面告知招标人。投标人不再具备资格预审文件、招标文件规定的资格条件或者其投标影响招标公正性的,其投标无效。

(二)联合体投标

两个以上法人或者其他组织可以组成一个联合体,以一个投标人的身份共同投标。

(1)招标人应当在资格预审公告、招标公告或者投标邀请书中载明是否接受联合体投标。

(2)招标人不得强制投标人组成联合体共同投标,不得限制投标人之间的竞争。

(3)招标人接受联合体投标并进行资格预审的,联合体应当在提交资格预审申请文件前组成。资格预审后联合体增减、更换成员的,其投标无效。

(4)联合体各方均应当具备规定的相应资格条件。由同一专业的单位组成的联合体,按照资质等级较低的单位确定资质等级。

(5)联合体各方在同一招标项目中以自己名义单独投标或者参加其他联合体投标的,相关投标均无效。

(6)联合体投标的,应当以联合体各方或者联合体中牵头人的名义提交投标保证金。以联合体中牵头人名义提交的投标保证金,对联合体各成员具有约束力。

(7)联合体各方应当签订共同投标协议,明确约定各方拟承担的工作和责任,并将共同投标协议连同投标文件一并提交招标人。联合体中标的,联合体各方应当共同与招标人签订合同,就中标项目向招标人承担连带责任。

[考点二] 投标报价★★★

(一)投标文件内容

(1)投标函及投标函附录。

(2)法定代表人身份证明或附有法定代表人身份证明的授权委托书。

(3)资格审查资料。

(4)项目管理机构。

(5)施工组织设计。

(6)已标价工程量清单。

(7)拟分包项目情况表。

投标人根据招标文件载明的项目实际情况,拟在中标后将中标项目的部分非主体、非关键性工作进行分包的,应当在投标文件中载明。

(8)联合体协议书。

若招标文件规定不接受联合体投标或投标人没有组联合体的,投标文件不包括联合体协议书。

(9)投标保证金。

(10)规定的其他材料。

(二)投标报价一般规定

(1)投标报价由投标人自主确定,但必须执行《建设工程工程量清单计价规范》的强制性规定。投标报价应由投标人或受其委托具有相应资质的工程造价咨询人编制。

(2)投标人的投标报价不得低于工程成本,不得高于最高投标限价。

(3)投标人必须按招标工程量清单填报价格,填写的项目编码、项目名称、项目特征、计量单位、工程量必须与招标工程量清单一致。

分部分项工程与单价措施项目清单与计价表见表4.3.1。

表4.3.1 分部分项工程与单价措施项目清单与计价表

序号	项目编码	项目名称	项目特征描述	计量单位	工程量	金额(元)		
						综合单价	合价	其中:暂估价
一	分部分项工程							
1	010101003001	挖沟槽土方	挖带形基础二类土 槽宽0.6m;深0.8m; 弃土运距150m	m^3	2 634			
2	010515001001	现浇构件钢筋	螺纹钢Q235 直径14mm	t	200			

续表 4.3.1

序号	项目编码	项目名称	项目特征描述	计量单位	工程量	金额(元)		
						综合单价	合价	其中：暂估价
3	……	……	……	……	……			
	分部分项工程小计							
二	单价措施项目							
1	011701001001	综合脚手架	1.建筑结构形式：框架结构； 2.檐口高度：22m	m^2	10 940			
2	……	……	……	……	……			
	单价措施项目小计							
	分部分项工程和单价措施项目合计							

(三)分部分项和单价措施项目

1.工程量清单项目特征描述

确定分部分项工程和措施项目中的单价项目综合单价的最重要依据之一是该清单项目的特征描述，投标人投标报价时应依据招标工程量清单项目的特征描述确定清单项目的综合单价。

(1)在招投标过程中，若出现工程量清单特征描述与设计图纸不符，投标人应以招标工程量清单的项目特征描述为准，确定投标报价的综合单价；

(2)在施工中，若出现施工图纸或设计变更与招标工程量清单项目特征描述不一致，发承包双方应按实际施工的项目特征依据合同约定重新确定综合单价。

2.综合单价中材料费的确定方法

综合单价=人工费+材料费+机械费+管理费+利润

综合单价中的材料费=材料消耗量×材料单价

材料消耗量=材料净用量+材料损耗量=材料净用量×(1+损耗率)

材料单价=材料原价(出厂价格)+材料运杂费+运输损耗费+采购及保管费

(四)总价措施项目

措施项目应根据拟建工程的实际情况列项。若出现工程量计算规范中未列的项目，可根据实际情况补充。

措施项目中的安全文明施工费应按照国家或省级、行业建设主管部门的规定计价，不得作为竞争性费用。

总价措施项目清单见表4.3.2。

表4.3.2 总价措施项目清单

序号	项目编码	项目名称	计算基础	费率(%)	金额(元)	调整费率(%)	调整后金额	备注
1	011707001001	安全文明施工费						
2	011707002001	夜间施工						
…								
合计								

(五)其他项目

(1)暂列金额应按照招标工程量清单中列出的金额填写,不得变动。

(2)暂估价不得变动和更改。

暂估价中的材料、工程设备必须按照暂估单价计入综合单价;

专业工程暂估价必须按照招标工程量清单中列出的金额填写。

(3)计日工应按照招标工程量清单列出的项目和暂定数量,自主确定各项综合单价并计算费用。结算时,按发承包双方确认的实际数量计算合价。

(4)总承包服务费应根据招标工程量清单列出的专业工程暂估价内容和供应材料、设备情况,按照招标人提出协调、配合与服务要求和施工现场管理需要自主确定。

其他项目清单见表4.3.3。

表4.3.3 其他项目清单

序号	项目名称	计量单位	金额(元)	结算金额(元)	备注
1	暂列金额	元	350 000.00		
2	暂估价	元	200 000.00		
2.1	材料(设备)暂估价	元	—		
2.2	专业工程暂估价	元	200 000.00		
4	计日工	元			
5	总承包服务费	元			
	合计				

注:材料(设备)暂估价计入分项工程综合单价,不在其他项目中汇总。

(六)规费和税金

规费和税金必须按国家或省级、行业建设主管部门规定的标准计算,不得作为竞争性费用。

(七)投标总价

投标人的投标总价应当与招标工程量清单的分部分项工程费、措施项目费、其他项目费和规费、税金的合计金额一致。投标人不能进行投标总价优惠(或降价、让利),投标人对投标报价的任何优惠(或降价、让利)均应反映在相应清单项目的综合单价中。

清单计价汇总表见表4.3.4。

表4.3.4 清单计价汇总表

序号	汇总内容	金额(元)	其中:暂估价(元)
1	分部分项工程费		
2	措施项目费		
2.1	其中:安全文明施工费		
3	其他项目		
4	规费		
5	税金		
最高投标限价/投标报价			

(八)禁止投标人相互串通投标

(1)有下列情形之一的,属于投标人相互串通投标:

1)投标人之间协商投标报价等投标文件的实质性内容;

2)投标人之间约定中标人;

3)投标人之间约定部分投标人放弃投标或者中标;

4)属于同一集团、协会、商会等组织成员的投标人按照该组织要求协同投标;

5)投标人之间为谋取中标或者排斥特定投标人而采取的其他联合行动。

(2)有下列情形之一的,视为投标人相互串通投标:

1)不同投标人的投标文件由同一单位或者个人编制;

2)不同投标人委托同一单位或者个人办理投标事宜;

3)不同投标人的投标文件载明的项目管理成员为同一人;

4)不同投标人的投标文件异常一致或者投标报价呈规律性差异;

5)不同投标人的投标文件相互混装;

6)不同投标人的投标保证金从同一单位或者个人的账户转出。

(九)禁止招标人与投标人串通投标

(1)招标人在开标前开启投标文件并将有关信息泄露给其他投标人,或者授意投标人撤换、修改投标文件。

(2)招标人向投标人泄露标底、评标委员会成员等信息。

(3)招标人明示或者暗示投标人压低或抬高投标报价。

(4)招标人明示或者暗示投标人为特定投标人中标提供方便。

(5)招标人与投标人为谋求特定中标人中标而采取的其他串通行为。

[考点三] 投标策略★★

(一)不平衡报价法

在总报价不变的前提下,调整分项工程的单价;通常对前期工程、工程量可能增加的工程等调高单价,反之则调低。一般来说,单价调整幅度不宜超过±10%,应用时需和资金时间价值分析相结合。

【典型例题】

[背景资料]

某承包商参与某高层商用办公楼土建工程的投标(安装工程由业主另行招标)。为了既不影响中标,又能在中标后取得较好的收益,决定采用不平衡报价法对原估价作适当调整,具体数字如表 4.3.5 所示。

表 4.3.5　报价调整前后对比表

单位:万元

阶段	桩基围护工程	主体结构工程	装饰工程	总价
调整前(投标估价)	1 480	6 600	7 200	15 280
调整后(正式报价)	1 600	7 200	6 480	15 280

现假设桩基围护工程、主体结构工程、装饰工程的工期分别为 4 个月、12 个月、8 个月,贷款月利率为 1%,并假设各分部工程每月完成的工作量相同且能按月度及时收到工程款(不考虑工程款结算所需要的时间)。现值系数表如表 4.3.6 所示。

表 4.3.6　现值系数表

n	4	8	12	16
$(P/A,1\%,n)$	3.902 0	7.651 7	11.255 1	14.717 9
$(P/F,1\%,n)$	0.961 0	0.923 5	0.887 4	0.852 8

[问题]

1.该承包商所运用的不平衡报价法是否恰当?为什么?

2.采用不平衡报价法后,该承包商所得工程款的现值比原估价增加多少?(以开工日期为折现点)

[答案]

问题 1:

恰当。因为该承包商是将属于前期工程的桩基围护工程和主体结构工程的单价调高,而将属于后期工程的装饰工程的单价调低,可以在施工的早期阶段收到较多的工程款,从而可以提高承包商所得工程款的现值;而且这三类工程单价的调整幅度均在±10%以内,属于合理范围。

问题 2:

单价调整前的工程款现值:

桩基围护工程每月工程款 A1＝1 480/4＝370(万元)

主体结构工程每月工程款 A2＝6 600/12＝550(万元)

装饰工程每月工程款 A3＝7 200/8＝900(万元)

$$PV=A1(P/A,1\%,4)+A2(P/A,1\%,12)(P/F,1\%,4)+A3(P/A,1\%,8)(P/F,1\%,16)$$
$$=370\times3.902\,0+550\times11.255\,1\times0.961\,0+900\times7.651\,7\times0.852\,8$$
$$=1\,443.74+5\,948.88+5\,872.83$$
$$=13\,265.45(\text{万元})$$

单价调整后的工程款现值：

桩基围护工程每月工程款 A1′＝1 600/4＝400(万元)

主体结构工程每月工程款 A2′＝7 200/12＝600(万元)

装饰工程每月工程款 A3′＝6 480/8＝810(万元)

则，单价调整后的工程款现值：

$$PV'=A1'(P/A,1\%,4)+A2'(P/A,1\%,12)(P/F,1\%,4)+A3'(P/A,1\%,8)(P/F,1\%,16)$$
$$=400\times3.902\,0+600\times11.255\,1\times0.961\,0+810\times7.651\,7\times0.852\,8$$
$$=1\,560.80+6\,489.69+5\,285.55$$
$$=13\,336.04(\text{万元})$$

两者的差额：

$$PV'-PV=13\,336.04-13\,265.45=70.59(\text{万元})$$

因此，采用不平衡报价法后，该承包商所得工程款的现值比原估价增加 70.59 万元。

(二)多方案报价法

对招标文件中工程范围不明，某些条款不清或很不公正，或技术规范要求过于苛刻时，可在充分考虑风险，满足原招标文件规定下，按多方案报价法处理：即先按原招标文件报价，然后提出“若某些条款作某些变动，报价可降低多少……”报一个较低的价，这样可以降低总价，吸引业主，以利于中标。

(三)增加建议方案法

招标文件允许投标人提出建议时，可以对原设计方案提出新的建议，投标人可以提出技术上先进、操作上可行、经济上合理的建议。提出建议后要与原报价进行对比且有所降低。但要注意对原方案一定也要报价。建议方案不要写得太具体，要保留方案的技术关键，防止招标人将此方案交给其他投标人。同时要强调的是，建议方案一定要比较成熟，有很好的可操作性。

(四)突然降价法

报价是一件保密性很强的工作，但是对手往往通过各种渠道、手段来刺探情况，因此在报价时可采取迷惑对方的方法，先按照一般情况报价或表现出自己对该工程兴趣不大，而在投标截止时间之前再突然降价，提出一个较原报价降低的新报价。该方法是针对竞争对手的，其运用的关键在于突然性，且需保证降价幅度在自己承受能力范围内。

（五）无利润报价法

投标人在可能中标的情况下拟将部分工程转包给报价低的分包商，或对于分期投标的工程采取前段中标后段得利，或为了开拓建筑市场、扭转企业长期无标的困境时采取的策略。

第四节　工程评标

考点重要度分析

考　点	重要度星标
考点一：组建评标委员会	★★★
考点二：评标准备与初步评审	★★★★
考点三：详细评审	★★
考点四：推荐中标候选人	★★★

[考点一]　组建评标委员会★★★

(1)评标委员会由招标人负责组建。评标委员会成员名单一般应于开标前确定。评标委员会成员名单在中标结果确定前应当保密。

(2)评标委员会由招标人或其委托的招标代理机构熟悉相关业务的代表，以及有关技术、经济等方面的专家组成，成员人数为五人以上单数（含五人），其中技术、经济等方面的专家不得少于成员总数的2/3。即5人评标组，最多1人为业主代表，7人评标组最多2人。

(3)确定评标专家，采取随机抽取和直接确定两种方式。

1)一般项目，可以采取随机抽取的方式；

2)技术特别复杂、专业性要求特别高或者国家有特殊要求的招标项目，采取随机抽取方式确定的专家难以胜任的，可以由招标人直接确定。

(4)有下列情形之一的，不得担任评标委员会成员：

1)投标人或者投标人主要负责人的近亲属；

2)项目主管部门或者行政监督部门的人员；

3)与投标人有经济利益关系，可能影响对投标公正评审的；

4)曾因在招标、评标以及其他与招标投标有关活动中从事违法行为而受过行政处罚或刑事处罚的。

评标委员会成员不得与任何投标人或者与招标结果有利害关系的人进行私下接触，不得收受投标人、中介人、其他利害关系人的财物或者其他好处。

(5)评标过程中，评标委员会成员有回避事由、擅离职守或者因健康等原因不能继续评标的，应当及时更换。被更换的评标委员会成员作出的评审结论无效，由更换后的评标委员会成员重新进行评审。

[考点二] 评标准备与初步评审★★★★

(1)招标人应向评标委员会提供评标所必需的信息,但不得明示或者暗示其倾向或者排斥特定投标人。

(2)招标人应根据项目规模和技术复杂程度等因素合理确定评标时间。超过 1/3 的评标委员会成员认为评标时间不够的,招标人应适当延长。

(3)评标委员会应根据招标文件规定的评标标准和方法,对投标文件进行系统地评审和比较。招标文件中没有规定的标准和方法不得作为评标的依据。

(4)评标委员会可以书面方式要求投标人对投标文件中含义不明确、对同类问题表述不一致或者有明显文字和计算错误的内容作必要的澄清、说明或补正。澄清、说明或者补正应以书面方式进行并不得超出投标文件的范围或者改变投标文件的实质性内容。

拒不按照要求对投标文件进行澄清、说明或者补正的,评标委员会可以否决其投标。

评标委员会不得暗示或者诱导投标人作出澄清、说明,不得接受投标人主动提出的澄清、说明。

投标文件中的大写金额和小写金额不一致的,以大写金额为准;总价金额与单价金额不一致的,以单价金额为准,但单价金额小数点有明显错误的除外。

对不同文字文本投标文件的解释发生异议的,以中文文本为准。修正后的价格经投标人书面确认后具有约束力。若投标人不接受修正价格,其投标无效。

(5)在评标过程中,评标委员会发现投标人的报价明显低于其他投标报价或者在设有标底时明显低于标底,使得其投标报价可能低于其个别成本的,应当要求该投标人作出书面说明并提供相关证明材料。投标人不能合理说明或者不能提供相关证明材料的,由评标委员会认定该投标人以低于成本报价竞标,应当否决其投标。

(6)评标委员会应当根据招标文件审查并逐项列出投标文件的全部投标偏差。

投标偏差分为重大偏差和细微偏差。

[**重大偏差**] **否决投标**

1)没有按照招标文件要求提供投标担保或者所提供的投标担保有瑕疵;

2)投标文件没有投标人授权代表签字和加盖公章;

3)投标文件载明的招标项目完成期限超过招标文件规定的期限;

4)明显不符合技术规格、技术标准的要求;

5)投标文件载明的货物包装方式、检验标准和方法等不符合招标文件的要求;

6)投标文件附有招标人不能接受的条件;

7)不符合招标文件中规定的其他实质性要求。

[**细微偏差**] **不否决投标**

1)细微偏差是指投标文件在实质上响应招标文件要求,但在个别地方存在漏项或者提供了不完整的技术信息和数据等情况,并且补正这些遗漏或者不完整不会对其他投标人造成不公平的结果。细微偏差不影响投标文件的有效性。

2)评标委员会应当书面要求存在细微偏差的投标人在评标结束前予以补正。拒不补正的,在详细评审时可以对细微偏差作不利于该投标人的量化,量化标准应当在招标文件中规定。

3)招标工程量清单与计价表中列明的所有需要填写的单价和合价的项目,投标人均应填写且只允许有一个报价。未填写单价和合价的项目,视为此项费用已包含在已标价工程量清单中其他项目的单价和合价之中。竣工结算时,此项目不得重新组价予以调整。

(7)评标委员会否决不合格投标或者界定为废标后,因有效投标不足3个使得投标明显缺乏竞争的,评标委员会可以否决全部投标。

投标人少于3个或者所有投标被否决的,招标人应当依法重新招标。

[考点三] 详细评审★★

经初步评审合格的投标文件,评标委员会应当根据招标文件确定的评标标准和方法,对其技术部分和商务部分作进一步评审和比较。

评标方法包括经评审的最低投标价法、综合评估法或者法律、行政法规允许的其他评标方法。

(一)经评审的最低投标价法

评标委员会对满足招标文件实质性要求的投标文件,根据详细评审标准规定的量化因素及标准进行价格折算,按照经评审的投标价由低到高的顺序推荐中标候选人,或根据招标人授权直接确定中标人,但投标报价低于其成本的除外。

经评审的投标价只是选择中标人的依据,既不是投标价,也不是合同价。

(二)综合评估法

评标委员会对满足招标文件实质性要求的投标文件,按照招标文件规定的评分标准进行打分,并按得分由高到低的顺序推荐中标候选人,或根据招标人授权直接确定中标人,但投标报价低于成本的除外。综合评分相等时,评标委员会按照招标文件评标办法规定的优先次序推荐中标候选人或确定中标人。

【典型例题一】

[背景资料]

某工业厂房项目的招标人经过多方了解,邀请了A、B、C三家技术实力和资信俱佳的投标人参加该项目的投标。

在招标文件中规定:评标时采用最低综合报价(相当于经评审的最低投标价)中标的原则,但最低投标价低于次低投标价10%报价将不予考虑。工期不得长于18个月,若投标人自报工期少于18个月,在评标时将考虑其给招标人带来的收益,折算成综合报价后进行评标。

A、B、C三家投标人投标书中与报价和工期有关的数据汇总于表4.4.1、表4.4.2。

表 4.4.1　投标参数汇总表

投标人	基础工程		上部结构工程		安装工程		安装工程与上部结构工程搭接时间(月)
	报价(万元)	工期(月)	报价(万元)	工期(月)	报价(万元)	工期(月)	
A	400	4	1 000	10	1 020	6	2
B	420	3	1 080	9	960	6	2
C	420	3	1 100	10	1 000	5	3

表 4.4.2　现值系数表

n	2	3	4	5	6	7	8	9	10	12	13	14	15	16
$(P/A,1\%,n)$	1.970	2.941	3.902	4.853	5.795	6.728	7.625	8.566	9.471	—	—	—	—	—
$(P/F,1\%,n)$	0.980	0.971	0.961	0.951	0.942	0.933	0.923	0.914	0.905	0.887	0.879	0.870	0.861	0.853

假定:贷款月利率为 1%,各分部工程每月完成的工作量相同,在评标时考虑工期提前给招标人带来的收益为每月 40 万元。

[问题]

1.《中华人民共和国招标投标法》(以下简称“《招标投标法》”)对中标人的投标应当符合的条件是如何规定的?

2.若不考虑资金的时间价值,应选择哪家投标人作为中标人?如果该中标人与招标人签订合同,则合同价为多少?

3.若考虑资金的时间价值,计算各投标人的综合报价现值,应选择哪家投标人作为中标人?

[答案]

问题 1:

《招标投标法》第四十一条规定,中标人的投标应当符合下列条件之一:

(1)能够最大限度地满足招标文件中规定的各项综合评价标准;

(2)能够满足招标文件的实质性要求,并且经评审的投标价格最低;但是投标价格低于成本的除外。

问题 2:

计算各投标人的综合报价(即经评审的投标价):

(1)投标人 A 的总报价=400+1 000+1 020=2 420(万元)

总工期=4+10+6−2=18(月),相应的综合报价 P_A=2 420(万元)

(2)投标人 B 的总报价=420+1 080+960=2 460(万元)

总工期=3+9+6−2=16(月),相应的综合报价 P_B=2 460−40×(18−16)=2 380(万元)

(3)投标人 C 的总报价=420+1 100+1 000=2 520(万元)

总工期=3+10+5−3=15(月),相应的综合报价 P_C=2 520−40×(18−15)=2 400(万元)

因此，若不考虑资金的时间价值，投标人B的综合报价最低，应选择其作为中标人。

合同价为投标人B的投标价2 460万元。

问题3：

计算投标人A综合报价现值：

$$PV_A=100(P/A,1\%,4)+100(P/A,1\%,10)(P/F,1\%,4)+170(P/A,1\%,6)(P/F,1\%,12)$$
$$=100\times3.902+100\times9.471\times0.961+170\times5.795\times0.887$$
$$=2\ 174.19(\text{万元})$$

计算投标人B综合报价现值：

$$PV_B=140(P/A,1\%,3)+120(P/A,1\%,9)(P/F,1\%,3)+160(P/A,1\%,6)(P/F,1\%,10)-40(P/A,1\%,2)(P/F,1\%,16)$$
$$=140\times2.941+120\times8.566\times0.971+160\times5.795\times0.905-40\times1.970\times0.853$$
$$=2\ 181.75(\text{万元})$$

计算投标人C综合报价现值：

$$PV_C=140(P/A,1\%,3)+110(P/A,1\%,10)(P/F,1\%,3)+200(P/A,1\%,5)(P/F,1\%,10)-40(P/A,1\%,3)(P/F,1\%,15)$$
$$=140\times2.941+110\times9.471\times0.971+200\times4.853\times0.905-40\times2.941\times0.861$$
$$=2\ 200.44(\text{万元})$$

因此，若考虑资金的时间价值，投标人A的综合报价最低，应选择其为中标人。

【典型例题二】

[背景资料]

某市重点工程项目计划投资4 000万元，采用工程量清单方式公开招标。经资格预审后，确定A、B、C共3家合格投标人。该3家投标人分别于10月13～14日领取了招标文件，同时按要求递交投标保证金50万元、购买招标文件费500元。

招标文件规定：投标截止时间为10月31日，投标有效期截止时间为12月30日，投标保证金有效期截止时间为次年1月30日。招标人对开标前的主要工作安排为：10月16～17日，由招标人分别安排各投标人踏勘现场；10月20日，举行投标预备会，会上主要对招标文件和招标人能提供的施工条件等内容进行答疑，考虑各投标人所拟定的施工方案和技术措施不同，将不对施工图做任何解释。各投标人按时递交了投标文件，所有投标文件均有效。

评标办法规定，商务标权重60分（包括总报价20分、分部分项工程综合单价10分、其他内容30分），技术标权重40分。

(1)总报价的评标方法是，评标基准价等于各有效投标总报价的算术平均值下浮2个百分点。当投标人的投标总价等于评标基准价时得满分，投标总价每高于评标基准价1个百分点时扣2分，每低于评标基准价1个百分点时扣1分。

(2)分部分项工程综合单价的评标方法是，在清单报价中按合价大小抽取5项（每项权重

2 分),分别计算投标人综合单价报价平均值,投标人所报综合单价在平均值的 95% ~ 102% 范围内得满分,超出该范围的,每超出 1 个百分点扣 0.2 分。

各投标人总报价和抽取的异形梁 C30 混凝土综合单价见表 4.4.3。

除总报价之外的其他商务标和技术标指标评标得分见表 4.4.4。

表 4.4.3　投标数据表

投标人	A	B	C
总报价(万元)	3 179.00	2 998.00	3 213.00
异型梁 C30 混凝土综合单价(元/m^3)	456.20	451.50	485.80

表 4.4.4　投标人部分指标得分表

投标人	A	B	C
商务标(除总报价之外)得分	32	29	28
技术标得分	30	35	37

[问题]

1.在该工程开标之前所进行的招标工作有哪些不妥之处?说明理由。

2.列式计算总报价和异型梁 C30 混凝土综合单价的报价平均值,并计算各投标人得分(计算结果保留 2 位小数)。

3.列式计算各投标人的总得分,根据总得分的高低确定第一中标候选人。

4.评标工作于 11 月 1 日结束并于当天确定中标人。11 月 2 日招标人向当地主管部门提交了评标报告;11 月 10 日招标人向中标人发出中标通知书;12 月 1 日双方签订了施工合同;12 月 3 日招标人将未中标结果通知给另两家投标人,并于 12 月 9 日将投标保证金退还给未中标人。请指出评标结束后招标人的工作有哪些不妥之处并说明理由。

[答案]

问题 1:

(1)要求投标人领取招标文件时递交投标保证金不妥,应在投标截止前递交。

(2)投标保证金有效期截止时间不妥,应与投标有效期截止时间为同一时间。

(3)投标截止时间不妥,从招标文件发出到投标截止时间不能少于 20 日。

(4)踏勘现场安排不妥,招标人不得单独或者分别组织任何一个投标人进行现场踏勘。

(5)投标预备会上对施工图纸不做任何解释不妥,因为招标人应就图纸进行交底和解释。

问题 2:

(1)总报价平均值 =(3 179+2 998+3 213)/3=3 130.00(万元)

评分基准价=3 130×(1−2%)= 3 067.40(万元)

(2)异型梁 C30 混凝土综合单价报价平均值=(456.20+451.50+485.80)/3=464.50(元/m^3)

总报价和 C30 混凝土综合单价评分见表 4.4.5。

表 4.4.5 部分商务标指标评分表

评标项目		A	B	C
总报价评分	总报价(万元)	3 179.00	2 998.00	3 213.00
	总报价评分基准价百分比(%)	103.64	97.74	104.75
	扣分	7.28	2.26	9.50
	得分	12.72	17.74	10.50
C30 混凝土综合单价评分	综合单价(元/m^3)	456.20	451.50	485.80
	综合单价占平均值(%)	98.21	97.20	104.59
	扣分	0	0	0.52
	得分	2.00	2.00	1.48

问题 3:

投标人 A 的总得分:30+12.72+32=74.72(分)

投标人 B 的总得分:35+17.74+29=81.74(分)

投标人 C 的总得分:37+10.50+28=75.50(分)

所以,第一中标候选人为 B 投标人。

问题 4:

(1)评标工作于 11 月 1 日结束并于当天确定中标人不妥,招标人公示中标候选人不得少于 3 天。

(2)招标人向主管部门提交的书面报告内容不妥,应提交招投标活动的书面报告,而不仅是评标报告。

(3)招标人通知未中标人时间不妥,应在向中标人发出中标通知书的同时通知未中标人。

(4)退还未中标人的投标保证金时间不妥,招标人最迟应当在书面合同签订后的 5 日内向中标人和未中标的投标人退还投标保证金及银行同期存款利息。

[考点四] 推荐中标候选人★★★

(1)评标委员会完成评标后,应当向招标人提交书面评标报告;评标委员会推荐的中标候选人应当不超过 3 人,并标明排列顺序。

[评定分离] 2023 年版教材新增。

评标委员会对投标文件的技术、质量、安全、工期的控制能力等因素提供技术咨询建议,向招标人推荐合格的中标候选人。由招标人按照科学、民主决策原则,建立健全内部控制程序和决策约束机制,根据报价情况和技术咨询建议,择优确定中标人。

定标的方法包括:排名定标法、抽签定标法、价格竞争定标法、票决定标法、票决抽签定标法和集体议事法。

[评定分离] 评标委员会推荐中标候选人,招标人确定中标人。

(2)评标报告由评标委员会全体成员签字。对评标结论持有异议的评标委员会成员可以书面方式阐述其不同意见和理由。评标委员会成员拒绝在评标报告上签字且不陈述其不同意见和理由的，视为同意评标结论。

【典型例题一】

［背景资料］

某开发区国有资金投资的办公楼建设项目，业主委托具有相应招标代理和造价咨询资质的某机构编制了招标文件和招标控制价，并采用公开招标方式进行项目施工招标。该项目招标公告和招标文件中的部分规定如下：

(1)招标人不接受联合体投标；

(2)投标人必须是国有企业或进入开发区合格承包商信息库的企业；

(3)投标人报价高于最高投标限价和低于最低投标限价的，均按废标处理；

(4)投标人报价时必须采用当地建设行政管理部门造价管理机构发布的计价定额中分部分项工程人工、材料、机械台班消耗量标准。

(5)招标人将聘请第三方造价咨询机构在开标后评标前开展清标活动。

在项目投标及评标过程中发生了以下事件：

事件1：投标人A在对设计图纸和工程量清单复核时发现工程量清单中某分项工程的特征描述与设计图纸不符。

事件2：投标人B采用不平衡报价的策略，对前期工程和工程量可能减少的工程适度提高了报价，对暂估价材料采用了与最高投标限价中相同材料的单价计入了综合单价。

事件3：投标人C结合自身情况，并根据过去类似工程投标经验数据，认为该工程投高标的中标概率为0.3，投低标的中标概率为0.6，投高标中标后，经营效果可分为好、中、差3种可能，其概率分别为0.3、0.6、0.1，对应的净损益值分别为500万元、400万元、250万元，投低标中标后，经营效果同样可分为好、中、差3种可能，其概率分别为0.2、0.6、0.2，对应的净损益值分别为300万元、200万元、100万元。编制投标文件以及参加投标的相关费用为3万元。经过评估，投标人C最终选择了投低标。

事件4：清标时发现，投标人D和投标人E的总价和所有分部分项工程综合单价相差相同的比例。

事件5：评标中评标委员会成员普遍认为招标人规定的评标时间不够。

［问题］

1.根据招标投标法及实施条例，逐一分析项目招标公告和招标文件中(1)～(5)项规定是否妥当，并分别说明理由。

2.事件1中，投标人A应当如何处理？

3.事件2中，投标人B的做法是否妥当？并说明理由。

4.事件3中，投标人C选择投低标是否合理？绘制决策树并通过计算说明理由。

5.针对事件4，评标委员会应该如何处理？并说明理由。

6.针对事件5，招标人应当如何处理？并说明理由。

[答案]

问题1：

(1)妥当，招标人可自行决定是否接受联合体投标。

(2)不妥，招标人不得以任何理由限制或排斥潜在投标人。

(3)“投标人高于最高投标价按废标处理”妥当；“投标人投标报价低于最低投标限价按废标处理”不妥，招标人不得设定最低投标限价。

(4)不妥，投标报价由投标人自主确定，招标人不能要求投标人采用指定的人材机消耗量标准。

(5)妥当；清标工作组应该由招标人选派或邀请熟悉招标工程项目情况和招投标程序、专业水平和职业素质较高的专业人员组成，招标人也可以委托工程招标代理、工程造价咨询等单位组织具备相应条件的人员组成清标工作组。清标工作应在开标后评标前开展。

问题2：

(1)投标人A可在规定时间内向招标人书面提出问题；

(2)若招标人修改，则以修改后的清单编制清单报价；若招标人不修改，投标人应以招标工程量清单的项目特征为准报价，结算时按实际调整。

问题3：

(1)对前期工程提高报价妥当。

理由：有利于投标人在工程建设早期阶段收到较多的工程价款(或有利于提高资金的时间价值)。

(2)对工程量可能减少的提高报价不妥。

理由：提高工程量可能减少的工程报价会导致量减少时承包商有更大损失，应当报低价。

(3)对暂估价材料采用了与最高投标限价中相同的单价计入综合单价不妥，应当按招标文件中规定的单价计入综合单价。

问题4：

C投标人绘制的决策树如图4.4.1所示。

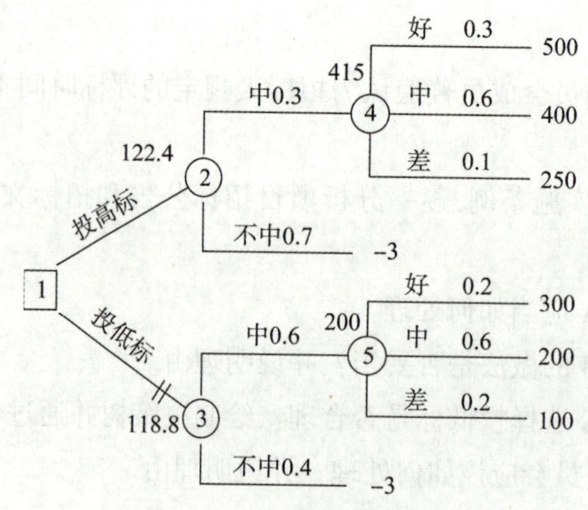

图4.4.1 C投标人决策树

不合理。理由如下：

机会点④期望值：0.3×500+0.6×400+0.1×250＝415（万元）

机会点②期望值：415×0.3－3×0.7＝122.40（万元）

机会点⑤期望值：0.2×300+0.6×200+0.2×100＝200（万元）

机会点③期望值：200×0.6－3×0.4＝118.80（万元）

投高标期望值较大，应选择投高标，故选择投低标不合理。

问题5：

评标委员会应该把投标人D和E的投标文件作废标处理。

理由：不同投标人的投标文件异常一致或投标报价呈规律性差异，视为投标人相互串通投标。

问题6：

招标人应当延长评标时间，根据相关法规超过1/3评标委员会人员认为评标时间不够，招标人应当延长评标时间。

【典型例题二】

［背景资料］

国有资金投资依法必须公开招标的某建设项目，采用工程量清单计价方式进行施工招标，最高投标限价为3 568万元，其中暂列金额280万元。招标文件中规定：

（1）投标有效期为90天，投标保证金有效期与其一致。

（2）投标报价不得低于企业平均成本。

（3）近三年施工完成或在建的合同价超过3 000万元的类似工程项目不少于3个。

（4）合同履行期间，综合单价在任何市场波动和政策变化下均不得调整。

（5）缺陷责任期为3年，期满后退还预留的质量保证金。

（6）招标工程量清单中给出的"计日工表（局部）"，见表4.4.6。

表4.4.6　计日工表

工程名称：×××　　标段×××　　第×页　　共×页

编号	项目名称	单位	暂定数量	实际数量	综合单价（元）	合价（元）	
						暂定	实际
一	人工						
1	建筑与装饰工程普工	工日	1		120		
2	混凝土、抹灰土、砌筑工	工日	1		160		
3	木工、模板工	工日	1		180		
4	钢筋工、架子工	工日	1		170		
人工小计							
二	材料						
……	……	……					

投标过程中，投标人F在开标前1小时口头告知招标人，撤回了已提交的投标文件，要求招标人3日内退还其投标保证金。

投标人A发现分部分项工程量清单中某分项工程特征描述和图纸不符。

除F外还有A、B、C、D、E五个投标人参加了投标，其总报价分别为：3 489万元、3 470万元、3 358万元、3 209万元、3 542万元。

评标过程中，评标委员会发现投标人B的暂列金额按260万元计取，且对招标清单中的材料暂估单价均下调5%计入报价；发现投标人E报价中混凝土梁的综合单价为700元/m^3，招标清单工程量为520m^3，其投标清单合价为36 400元。其他投标人的投标文件均符合要求。

招标文件中规定的评分标准如下：商务标中的总报价评分60分，有效报价的算术平均数为评标基准价，报价等于评标基准价者得满分（60分）。在此基础上，报价比评标基准价每下降1%，扣1分；每上升1%，扣2分。

[问题]

1.请逐一分析招标文件中规定的(1)～(6)项内容是否妥当，并对不妥之处分别说明理由。

2.请指出投标人F行为的不妥之处，并说明理由。

3.针对某分项工程特征描述和图纸不符，投标人A应如何处理？

4.针对投标人B、投标人E的报价，评标委员会应分别如何处理？并说明理由。

5.计算各有效报价投标人的总报价得分。

（计算结果保留2位小数）

[答案]

问题1：

(1)妥当。

(2)不妥。投标报价不得低于企业个别成本，不是企业平均成本。

(3)妥当。

(4)不妥。国家法律、法规、政策等变动影响合同价款的风险，应在合同中约定，当由发包人承担时，应当约定综合单价调整因素及幅度，还有调整办法。

(5)不妥。缺陷责任期最长不超过24个月。

(6)不妥。“计日工表”中的各种人工暂定数量均为1，不妥。暂定数量应根据工程项目的实际需求预测填写，以利于投标人报价和计入投标总价评标。

“计日工表”中已填写人工综合单价是不妥的。综合单价应由投标人进行自主报价。

问题2：

口头告知招标人撤回了已提交的投标文件不妥，要求招标人3日内退还其投标保证金不妥。撤回已提交的投标文件应采用书面形式，招标人应当自收到投标人书面撤回通知之日起5日内退还其投标保证金。

问题3：

投标人A可在规定时间内向招标人书面提出问题；若招标人修改，则以修改后的清单编制清单报价;若招标人不修改,投标人应以招标工程量清单的项目特征为准报价,结算时按实际调整。

问题 4:

将 B 投标人按照废标处理,属于未实质性响应招标文件内容,暂列金额应按 280 万元计取,材料暂估价应当按照招标清单中的材料暂估单价计入综合单价。

将 E 投标人按照废标处理,E 报价中混凝土梁的综合单价为 700 元/m^3合理,其投标清单合价为 36 400 元计算错误,应当以单价为准修改总价。

混凝土梁的总价为 700×520=364 000(元),364 000−36 400=327 600=32.76(万元),修正后 E 投标人报价为 3 542+32.76=3 574.76(万元),超过了最高投标限价 3 568 万元,按照废标处理。

问题 5:

评标基准价=(3 489+3 358+3 209)÷3=3 352(万元)

A 投标人:3 489÷3 352=104.09%,得分 60−(104.09−100)×2=51.82

C 投标人:3 358÷3 352=100.18%,得分 60−(100.18−100)×2=59.64

D 投标人:3 209÷3 352=95.73%,得分 60−(100−95.73)×1=55.73

【典型例题三】

[背景资料]

某政府投资项目主要分为建筑工程、安装工程和装修工程三部分,项目总投资额为 5 000 万元,其中,只有暂估价为 80 万元的设备属于招标人提供。

招标文件中,招标人对投标有关时限的规定如下:

(1)投标截止时间为自招标文件停止出售之日起第 16 日上午 9 时整;

(2)接受投标文件的最早时间为投标截止时间前 72 小时;

(3)若投标人要修改、撤回已提交的投标文件,须在投标截止时间 24 小时前提出;

(4)投标有效期从发售投标文件之日开始计算,共 90 天。

并规定,建筑工程应由具有一级及以上资质的企业承包,安装工程和装修工程应由具有二级及以上资质的企业承包,招标人鼓励投标人组成联合体投标。

在参加投标的企业中,A、B、C、D、E、F 为建筑公司,G、H、J、K 为安装公司,L、N、P 为装修公司,除了 K 公司为二级企业外,其余均为一级企业,上述企业分别组成联合体投标,各联合体具体组成见表 4.4.7。

表 4.4.7　各联合体的组成表

联合体编号	Ⅰ	Ⅱ	Ⅲ	Ⅳ	Ⅴ	Ⅵ	Ⅶ
联合体组成	A,L	B,C	D,DK	E,H	G,N	F,J,P	E,L

在上述联合体中,某联合体协议中约定:若中标,由牵头人与招标人签订合同,然后将该联合体协议送交招标人;联合体所有与业主的联系工作以及内部协调工作均由牵头人负责;各成员单位按投入比例分享利润并向招标人承担责任,且需向牵头人支付各自所承担合同额部分 1%的管理费。

[问题]

1.该项目估价为 80 万元的设备采购是否可以不招标?说明理由。

2.分别指出招标人对投标有关时限的规定是否正确,说明理由。

3.根据《招标投标法》的规定,按联合体的编号,判别各联合体的投标是否有效?若无效,说明原因。

4.指出上述联合体协议内容中的错误之处,说明理由或写出正确做法。

[答案]

问题1:

该设备采购不需要招标,因为该项目虽为政府投资项目,但单项采购金额不属于必须招标的范围。

问题2:

(1)投标截止时间的规定正确,因为自招标文件开始出售至停止出售的时间最短不得少于5日,5+16=21>20,故满足自招标文件开始出售至投标截止不得少于20日的规定。

(2)接受投标文件最早时间的规定正确,因为有关法规对此没有限制性规定。

(3)修改、撤回投标文件时限的规定不正确,因为在投标截止时间前均可修改、撤回投标文件。

(4)投标有效期从发售招标文件之日开始计算的规定不正确,投标有效期应从投标截止时间开始计算。

问题3:

(1)联合体Ⅰ的投标无效,因为投标人不得参与同一项目下不同的联合体投标(L公司既参加联合体Ⅰ投标,又参加联合体Ⅶ投标)。

(2)联合体Ⅱ的投标有效。

(3)联合体Ⅲ的投标有效。

(4)联合体Ⅳ的投标无效,因为投标人不得参与同一项目下不同的联合体投标(E公司既参加联合体Ⅳ投标,又参加联合体Ⅶ投标)。

(5)联合体Ⅴ的投标无效,因为缺少建筑公司(或G、N公司分别为安装公司和装修公司),若其中标,主体结构工程必然要分包,而主体结构工程分包是违法的。

(6)联合体Ⅵ的投标有效。

(7)联合体Ⅶ的投标无效,因为投标人不得参与同一项目下不同的联合体投标(E公司和L公司均参加了两个联合体投标)。

问题4:

(1)牵头人与招标人签订合同不妥,应联合体各方与招标人共同签订合同。

(2)与招标人签订合同后才将联合体协议送交招标人错误,联合体协议应当与投标文件一同提交给招标人。

(3)各成员单位按投入比例向招标人承担责任错误,联合体各方应就中标项目向招标人承担连带责任。

第五章　工程合同价款管理

分值分布

节名称	分值分布	节重要度
第一节　索赔成立的条件	10~20 分	★★★★
第二节　定性判断		★★★
第三节　费用索赔		★★★★
第四节　工期索赔、工期奖罚		★★★★
第五节　流水施工		★★
第六节　典型题目		★★

第一节　索赔成立的条件

考点重要度分析

考　点	重要度星标
考点一：索赔成立四要件	★★★★
考点二：一般事件索赔	★★★
考点三：不可抗力索赔	★★★
考点四：共同延误索赔	★★
考点五：隐蔽工程剥露重验索赔	★★

[考点一]　索赔成立四要件（图 5.1.1）★★★★

1.索赔的概念

索赔是指有合同的双方，在履行合同的过程中有损失发生，无过错、无责任、不应承担风险的一方要求另一方补偿的一种经济行为。

2.索赔成立的条件

（1）与合同比较，已造成了实际的额外费用和（或）工期损失。

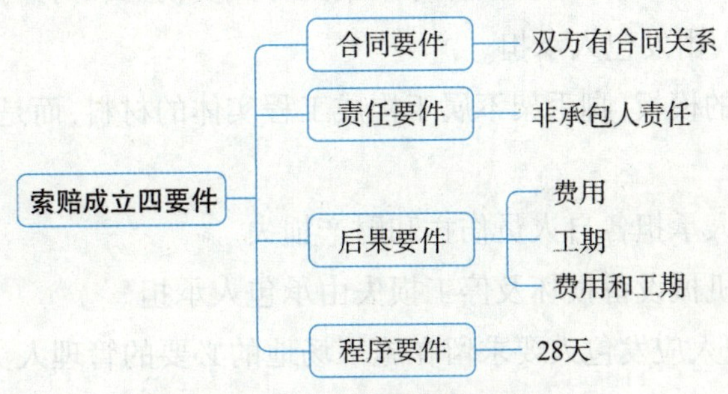

图 5.1.1　索赔成立四要件

(2)造成费用增加和(或)工期损失不是由于承包商的过失引起的。

(3)造成费用增加或工期损失不是应由承包商承担的风险。

(4)承包商在事件发生后的规定时间内提出了索赔的书面意向通知和索赔报告。

[考点二] 一般事件索赔★★★

(一)索赔成立的事件(属于业主应承担的责任)

(1)业主采购的材料、提供的设备不及时或质量不合格;

(2)地质条件变化(不利的物质条件、文物);

(3)图纸晚到、错误;

(4)工程量清单错误、漏项;

(5)设计变更;

(6)停水停电;

(7)发包方、监理要求的赶工。

(二)索赔不成立的事件(属于承包人应承担的责任)

(1)施工方采购的材料不及时或质量不合格;

(2)工程质量不合格;

(3)施工人员、施工机械未及时到场或发生故障;

(4)季节性天气(如梅雨季节);

(5)为保证工程质量而增加的技术措施;

(6)承包方为获得工期奖励或者避免工期罚款而自发的赶工。

[考点三] 不可抗力索赔★★★

(一)定义

不可抗力是指不能预见、不能避免并不能克服的客观情况。

(1)自然灾害,如台风、洪水、地震、海啸、泥石流;

(2)政府行为,如征收、征用;

(3)社会异常事件,如罢工、动乱、疫情等。

(二)责任划分(图5.1.2)

(1)合同工程本身的损坏、因工程损坏导致第三方人员伤亡和财产损失以及运至施工现场的待用材料设备的损坏,由发包人承担。

[**注意**] 施工现场的模板、脚手架不属于构成工程实体的材料,而是承包人的财产损失,由承包人承担。

(2)发包人和承包人承担各自人员伤亡和财产损失。

(3)承包人的施工机械设备损坏及停工损失由承包人承担。

(4)停工期间,承包人应发包人要求留在施工场地的必要的管理人员及保卫人员的费用由发包人承担。

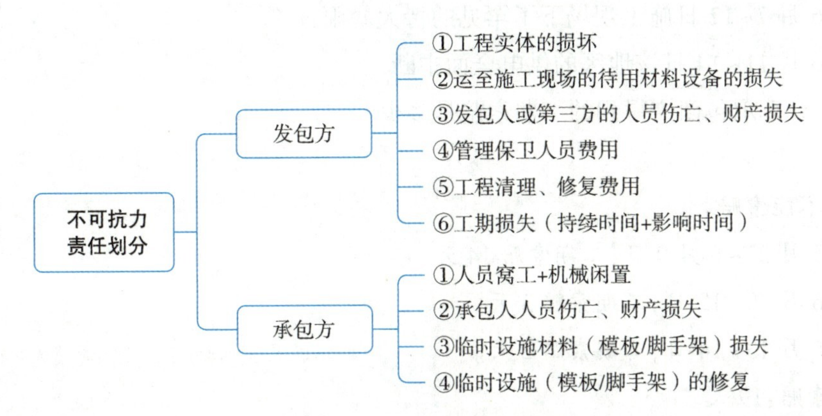

图 5.1.2　不可抗力责任划分

(5)工程所需清理、修复费用，由发包人承担。

[**注意**] 修理损坏的脚手架、模板的费用应由承包人承担。

(6)因不可抗力事件导致工期延误的，应当顺延工期。发包人要求赶工的，承包人应采取赶工措施，赶工费用由发包人承担。

[考点四]　共同延误索赔★★

在实际施工过程中，工期拖期很少是只由一方造成的，往往是两三种原因同时发生(或相互作用)而形成的，故称为“共同延误”。在这种情况下，首先判断造成拖期的哪一种原因是最先发生的，即确定“初始延误”者，它应对工程拖期负责。在初始延误发生作用期间，其他并发的延误者不承担拖期责任。

[处理原则]由责任事件发生在先者承担。

随堂练习

1.8 月 7~10 日主体结构施工时，承包方租赁的大模板未能及时进场，随后的 8 月 9~12 日，工程所在地区供电中断，造成 40 名工人持续窝工 6 天，所用机械持续闲置 6 个台班。

[问题] 假定主体结构施工为关键线路，应如何索赔？

[答案]

能索赔工期 2 天，人员窝工 80 工日，机械闲置 2 个台班。

2.8 月 7~10 日主体结构施工时，工程所在地区供电中断，随后的 8 月 9~12 日，承包方租赁的大模板未能及时进场，造成 40 名工人持续窝工 6 天，所用机械持续闲置 6 个台班。

[问题] 假定主体结构施工为关键线路，应如何索赔？

[答案]

能索赔工期 4 天，人员窝工 160 工日，机械闲置 4 个台班。

3.某工程项目在一个关键工作面上发生了 4 项临时停工事件：

事件 1：5 月 20~26 日承包商的施工设备出现了从未出现过的故障；

事件 2：应于 5 月 24 日交给承包商的后续图纸直到 6 月 10 日早才交给承包商；

事件3:6月7~12日施工现场下了罕见的特大暴雨;

事件4:6月11~14日该地区的供电全面中断。

[问题] 计算承包商应得到的工期索赔是多少?

[答案]

事件1:不能索赔。

事件2:5月27~6月9日,工期索赔14天。

事件3:6月10~12日,工期索赔3天。

事件4:6月13~14日,工期索赔2天。

工期可索赔:19天。

[考点五] 隐蔽工程剥露重验索赔★★

(一)定义

隐蔽工程是指建筑物以及构筑物在施工期间将建筑材料或构配件埋于物体之中后被覆盖外表看不见的实物。如房屋基础、钢筋、水电构配件、设备基础等分部分项工程。

(二)剥露重验责任划分

任何情况下,业主要求剥露检查都是合理的,承包方都应该配合。

承包方报验—监理验收合格—剥露检查
- 检查合格—可以索赔
- 检查不合格—不可以索赔

承包方报验—监理未验收—剥露检查
- 检查合格—可以索赔
- 检查不合格—不可以索赔

承包方未报验—剥露检查—不可索赔

[结论]承包方无错误—可以索赔;承包方有错误—不可索赔。

本节回顾

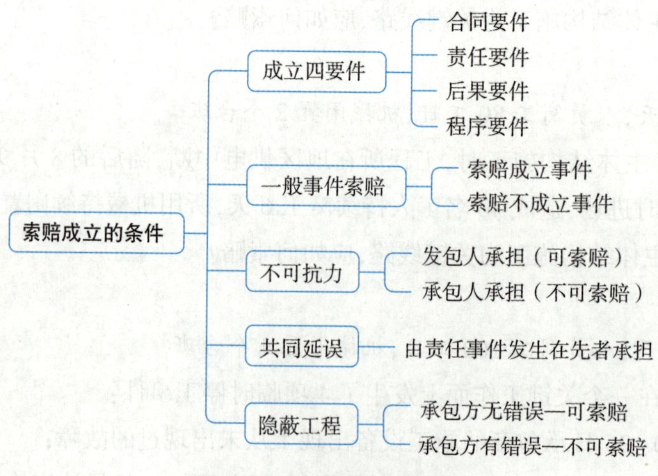

图5.1.3 本节重点回顾图

第二节 定性判断

考点重要度分析

考点	重要度星标
考点:定性判断	★★★

[考点] 定性判断★★★

判断索赔是否成立,有以下四种情况,如图 5.2.1 所示:

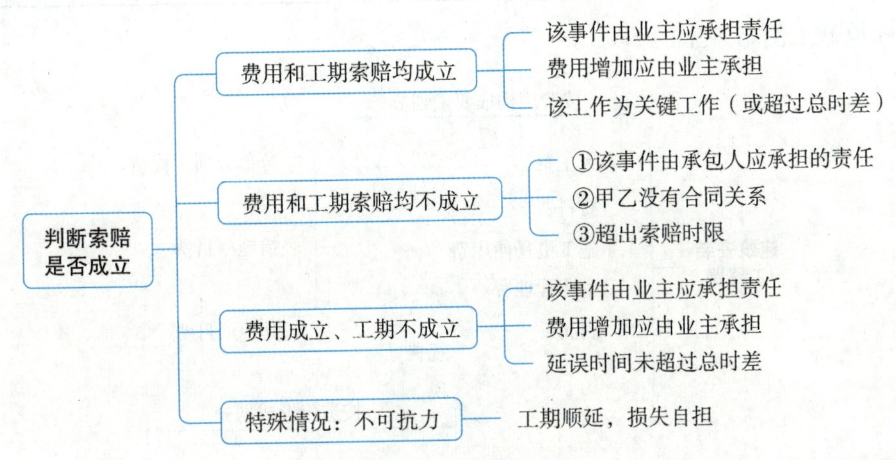

图 5.2.1 索赔成立条件

随堂练习

某关键工作 A 持续时间为 80 天。由于建设单位办理变压器增容原因,使施工单位 A 工作实际开工时间比已签发的开工令确定的开工时间推迟了 5 天,并造成施工单位人员窝工 135 工日,通用机械闲置 5 个台班。施工进行 70 天后,建设单位对 A 工作提出设计变更,该变更比原 A 工作增加了人工费 5 060 元、材料费 27 148 元、施工机具使用费 1 792 元;并造成通用机械闲置 10 个台班,工作时间增加 10 天。A 工作完成后,施工单位提出如下索赔:①推迟开工造成人员窝工、通用机械闲置和拖延工期 5 天的补偿。②设计变更造成增加费用、通用机械闲置和拖延工期 10 天的补偿。

[问题] 分别指出施工单位提出的两项索赔是否成立,说明理由。

[答案]

推迟开工造成人员窝工、通用机械闲置和拖延工期 5 天的补偿索赔均不成立。

理由:施工单位在 A 施工结束后提出索赔,超出索赔期限 28 日,视为放弃索赔。

设计变更造成增加费用、通用机械闲置和拖延工期 10 天的补偿索赔成立。

理由:设计变更是建设单位的责任,给施工单位造成的增加用工和窝工费用由建设单位承担,且 A 工作是关键工作。

第三节 费用索赔

考点重要度分析

考 点	重要度星标
考点一:增加作业的费用索赔	★★★★
考点二:停工的费用索赔	★★★★
考点三:不可抗力的费用索赔	★★★★

(一)原理(图 5.3.1)

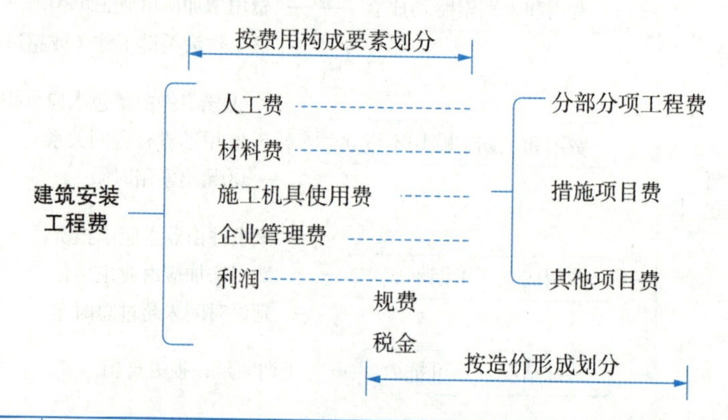

建筑安装工程费	分部分项工程费	措施项目费	其他项目费	
人工费(总)	人工费 1	人工费 2	人工费 3	规费税金
材料费(总)	材料费 1	材料费 2	材料费 3	
机械费(总)	机械费 1	机械费 2	机械费 3	
管理费(总)	管理费 1	管理费 2	管理费 3	
利润(总)	利润 1	利润 2	利润 3	

图 5.3.1 费用索赔原理

(二)基本概念:工日、台班

(1)工日:1 工日=1 个工人工作 8 小时

注意区分:工人 VS 工日

业主原因停工 3 天,造成 20 名工人窝工=3×20=60(工日)

业主原因停工 3 天,造成人员窝工 20 工日:20 工日

(2)台班:1 台班=1 台机械工作 8 小时

业主原因造成 2 台机械增加作业 3 天:2×3=6(台班)

业主原因停工 3 天,机械闲置 4 个台班:4 台班

(三)解题思路(见图 5.3.2)

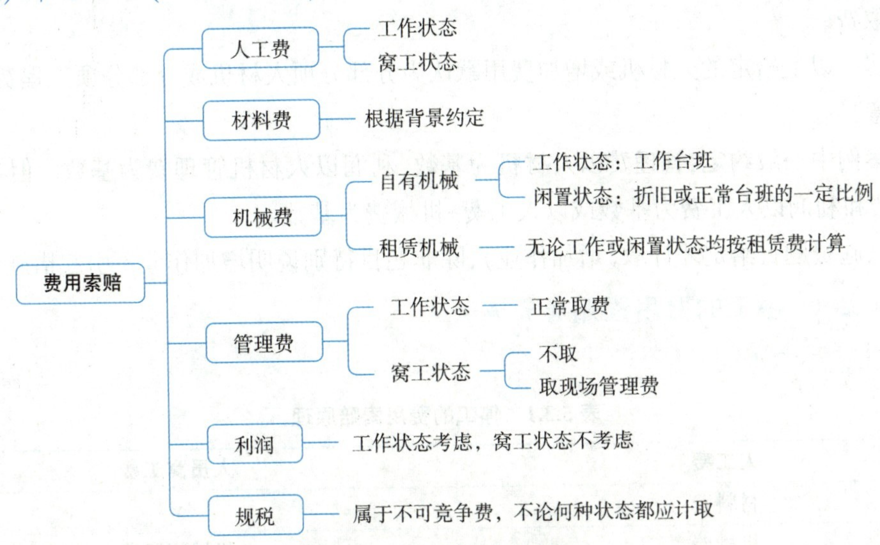

图 5.3.2 费用索赔解题思路

(1)纲领:先定责,再以事件为单位,每一个受影响的工作独立计算索赔费用后再汇总,即为全部的索赔费用。

(2)每一个受影响的工作可索赔费用,按以下三步曲进行:

1)列明项:人员用工费/窝工费;材料增加费/损失费;机具使用费;

2)找隐项:机械闲置费;

3)取税费:管理费、利润、规费、税金。

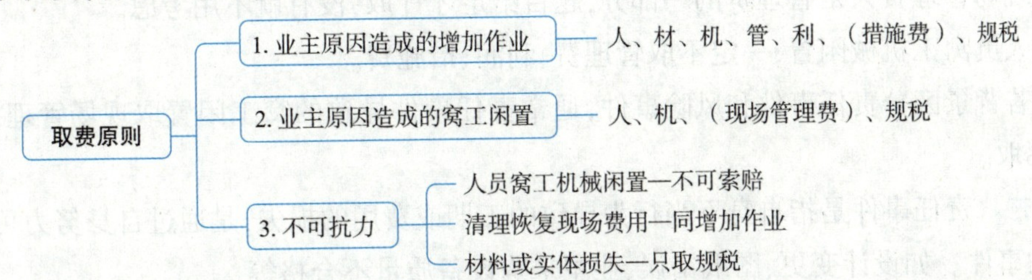

[考点一] 增加作业的费用索赔(见图 5.3.3)★★★★

[解题步骤]

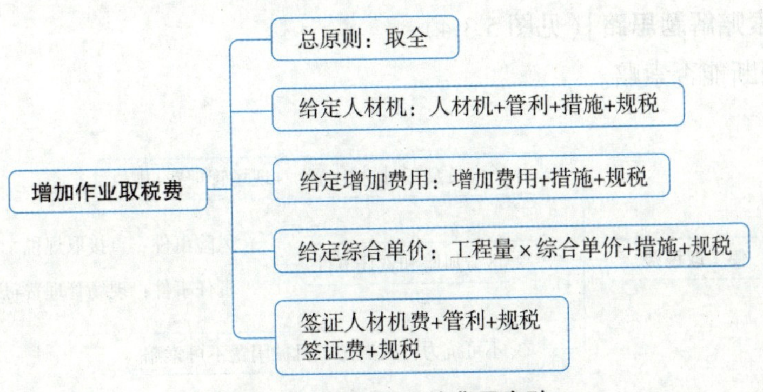

图 5.3.3 增加作业的费用索赔

(1)定责:判断是否能索赔。

(2)取费。

[说明] 以上给定的人材机或增加费用默认为分部分项人材机或分部分项工程费。

[注意]

(1)案例中一般约定,管理费以人材机为基数,利润以人材机管理费为基数。但也可以约定,管理费和利润以人工费为基数或以人工费+机械费为基数。

(2)措施费题目给定才计取(增加作业),除非题目特别说明增加作业不引起措施费变化。

[考点二] 停工的费用索赔★★★★

原理(表5.3.1)

表 5.3.1 停工的费用索赔原理

人工费	人员窝工费
材料费	×
机械费	机械闲置费
管理费	×
现场管理费	现场管理费
利润	×
规费	规费
税金	税金

[注意]

(1)现场管理费只是管理费的一部分,题目给定才计取,没有就不用考虑。

(2)人员窝工机械闲置,一定不取管理费、利润、措施费。

(3)若背景区分责任事件和风险事件,通常责任事件导致的窝工闲置取现场管理费,风险事件则不取。

[补充] 责任事件是指自身不当行为导致的工期或费用的损失,是通过自身努力可以避免其发生的事件。如设计变更、图纸错误、业主采购设备质量不合格等。

风险事件是指非自身不当行为导致的工期或费用损失,是非自身能够避免的事件。如洪水突发、地区停电停水等。

[停工费用索赔解题思路](见图5.3.4)

(1)定责:判断能否索赔。

(2)取费。

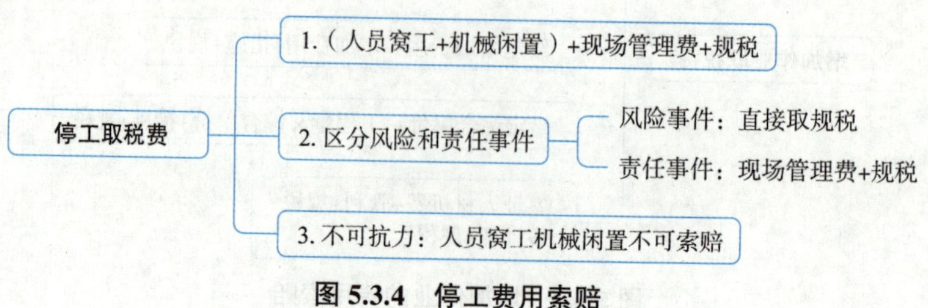

图 5.3.4 停工费用索赔

🌐随堂练习

1.合同约定情况一:若管理费和利润为人材机费用之和的18%,措施费为分部分项工程费的7%,规费和税金为人材机管利的15%。自有施工机械台班单价为1 500元/台班,租赁机械台班租赁费为2 000元/台班,机械闲置补偿按施工机械台班单价的60%计取,人员窝工补偿为50元/工日。

施工过程中:

事件1:供电中断,造成40名工人持续窝工6天,自有机械闲置6个台班。

事件2:甲方图纸未及时提供,造成人员窝工20工日,一台租赁机械闲置3天。

[问题] 分别计算事件1和事件2可索赔费用为多少元?(计算结果保留2位小数)

[答案]

事件1:(40×6×50+6×1 500×60%)×(1+15%)=20 010.00(元)

事件2:(20×50+3×2 000)×(1+15%)=5 750.00(元)

2.合同约定情况二:若管理费和利润为人材机费用之和的18%(其中现场管理费为5%),措施费为分部分项工程费7%,规费和税金为人材机管利的15%。自有施工机械台班单价为1 500元/台班,租赁机械台班租赁费为2 000元/台班,机械闲置补偿按施工机械台班单价的60%计取;人员窝工补偿为50元/工日。

施工过程中:

事件1:供电中断,造成40名工人持续窝工6天,自有机械闲置6个台班。

事件2:甲方图纸未及时提供,造成人员窝工20工日,一台租赁机械闲置3天。

[问题] 分别计算事件1和事件2可索赔费用为多少元?(计算结果保留2位小数)

[答案]

事件1:(40×6×50+6×1 500×60%)×(1+5%)×(1+15%)=21 010.50(元)

事件2:(20×50+3×2 000)×(1+5%)×(1+15%)=8 452.50(元)

3.合同约定情况三:因发生甲方的风险事件导致的工人窝工和机械闲置费用,只计取规费、税金。因甲方的责任事件导致的工人窝工和机械闲置,除计取规费、税金外,还应补偿现场管理费。若管理费和利润为人材机费用之和的18%(其中现场管理费为5%),措施费为分部分项工程费7%,规费和税金为人材机管利的15%。自有施工机械台班单价为1 500元/台班,租赁机械台班租赁费为2 000元/台班,机械闲置补偿按施工机械台班单价的60%计取,人员窝工补偿为50元/工日。

施工过程中:

事件1:供电中断,造成40名工人持续窝工6天,自有机械闲置6个台班。

事件2:甲方图纸未及时提供,造成人员窝工20工日,一台租赁机械闲置3天。

[问题] 分别计算事件1和事件2可索赔费用为多少元?(计算结果保留2位小数)

[答案]

事件1:(40×6×50+6×1 500×60%)×(1+15%)=20 010.00(元)

事件 2:(20×50+3×2 000)×(1+5%)×(1+15%)= 8 452.50(元)

[考点三] 不可抗力的费用索赔★★★★

不可抗力的费用索赔

(1)不可抗力导致人员窝工机械闲置—不可索赔。

(2)不可抗力导致修复及清理的费用—同增加作业。

(3)不可抗力导致待用材料或实体损失的费用—只能索赔材料或实体损失+规费税金。

随堂练习

设管理费和利润为人材机的 10%,规费和税金为人材机管利的 15%,措施费为分部分项工程费的 5%。由于不可抗力造成人员窝工 60 工日,机械闲置 30 个台班,施工待用材料损失 15 万元,已开挖边坡永久性支撑结构损失为 20 万元,修复实体工程发生人材机费用共 36 万元。

[问题] 承包商可以索赔的费用为多少万元?(计算结果保留 3 位小数)

[答案]

(15+20)×(1+15%)+36×(1+10%)×(1+5%)×(1+15%)= 88.067(万元)

第四节 工期索赔、工期奖罚

考点重要度分析

考点	重要度星标
考点一:工期索赔的原理	★★★★
考点二:双代号时标网络计算总时差	★★★
考点三:双代号网络计算总时差	★★★★
考点四:工期奖罚	★★★

[考点一] 工期索赔的原理★★★★

(一)工期补偿时间的判定

工期补偿时间=该工作延误的时间-工作总时差

[总时差]不影响总工期的前提下,本工作可以利用的机动时间。

工期能否索赔关键是看总工期是否延长。

[工期索赔]两步走,先定责,再算总时差。

索赔工期=工作的延误时间-工作总时差

计算可索赔工期需注意:

(1)不考虑承包商责任事件的影响,只考虑业主责任事件;

(2)计算当下最新总时差,需要建立在前面已经发生事件(业主责任事件)的基础上。

(二)工期索赔与费用索赔的关系

工期索赔与费用索赔无必然联系。工期能否索赔关键是总工期是否延长,而费用索赔的关键是是否有费用的增加。如果某工作的工作时间延长或停工未超过其总时差,但造成了人材机费用增加或者人员机械的窝工闲置,则可以索赔费用,不能索赔工期。

[考点二]　双代号时标网络计算总时差★★★

双代号时标网络图如图 5.4.1 所示。

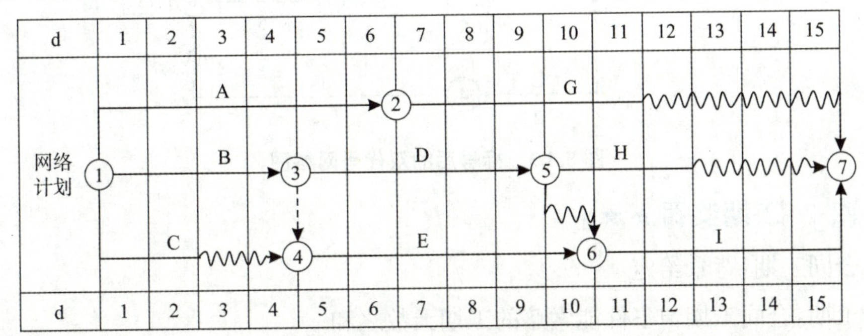

图 5.4.1　双代号时标网络图

(1)各工作按照最早开始时间开工;

(2)箭线长度代表工作时间;

(3)波形线代表该工作自由时差;

(4)关键线路上的自由时差总时差为零;

(5)总时差=本工作波形线+Min 后续线路波形线之和。

总时差:

A=0+4=4　　G=4+0=4　　D=0+1=1　　H=3+0=3　　C=2+0=2

[考点三]　双代号网络计算总时差★★★

标号法又称早时标法,是一种快速寻求网络计划计算工期和关键线路的方法。标号法的计算过程如下:

取大定点(最早开始)　　减小定波(波形线,即自由时差)

终点定房(总工期)　　逆向定线(关键线路)

随堂练习

请用标号法对图 5.4.2 双代号网络图进行标号。

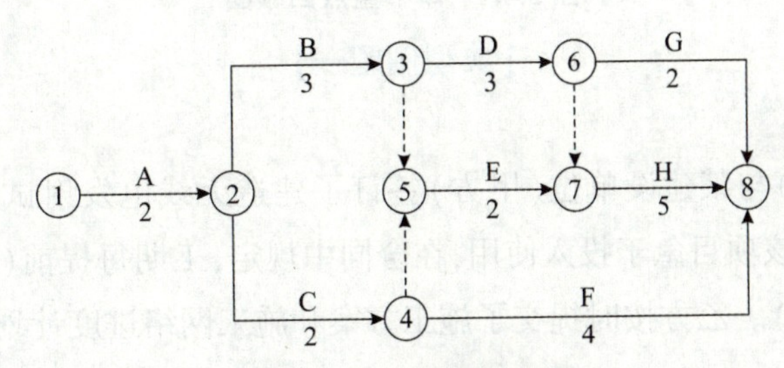

图 5.4.2　双代号网络图

[问题] 利用标号法找出该网络图的关键线路,并计算总工期。

[答案]

标号后的网络图如图 5.4.3 所示。关键线路:①→②→③→⑥→⑦→⑧,总工期 13 天。

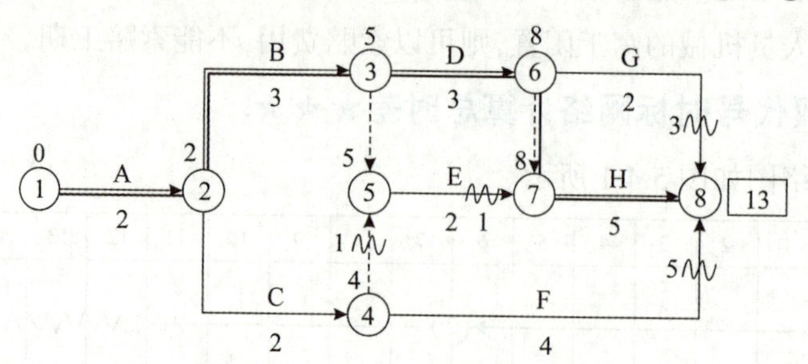

图 5.4.3 标号后的双代号网络图

[考点四] 工期奖罚★★★

(1)原合同工期:背景给定。

(2)新工期:合同工期与事件能索赔的工期天数之和。

新工期为代入所有非承包商责任事件,标号法计算。

(3)实际工期:把全部事件(承包商责任+业主责任)延误代入网络图,标号法计算。

(4)工期奖罚=实际工期-新工期。

本节回顾

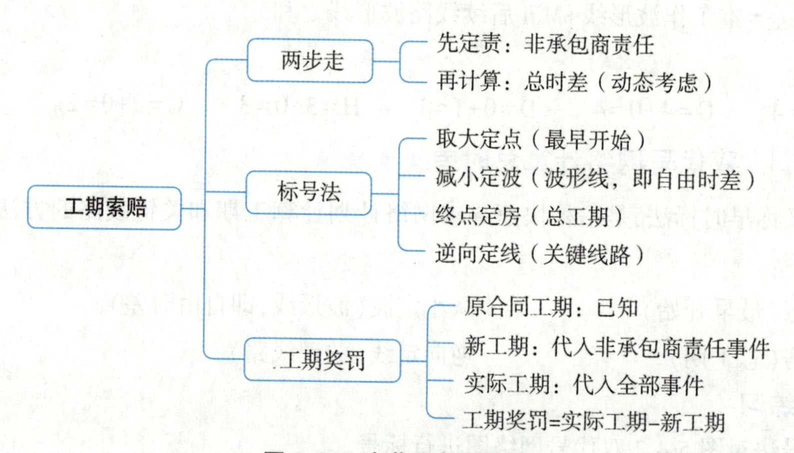

图 5.4.4 本节重点回顾图

【典型例题一】

[背景资料]

某施工单位(乙方)与某建设单位(甲方)签订了建造无线电发射试验基地施工合同。合同工期为 38 天。由于该项目急于投入使用,在合同中规定,工期每提前(或拖后)1 天奖励(或罚款)5 000 元(含税费)。乙方按时提交了施工方案和施工网络进度计划(图 5.4.5),并得到甲方代表的批准。

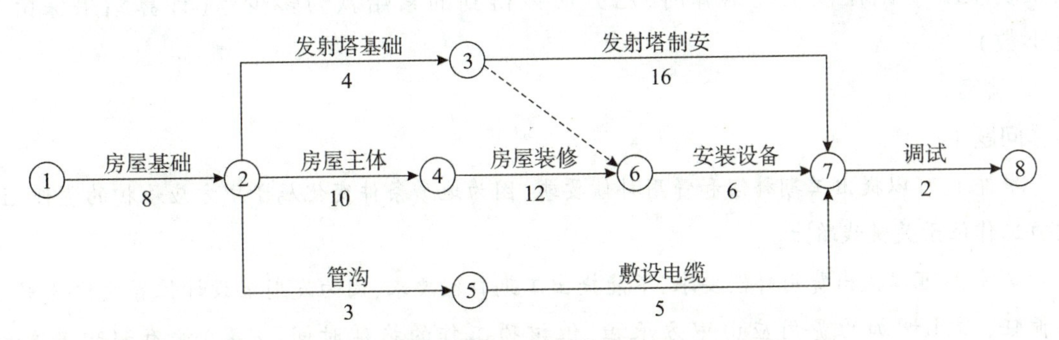

图 5.4.5　发射塔试验基地工程施工网络进度计划(单位:天)

实际施工过程中发生了如下几项事件:

事件1:在房屋基坑开挖后,发现局部有软弱下卧层,按甲方代表指示乙方配合地质复查,配合用工为10个工日。地质复查后,根据经甲方代表批准的地基处理方案,增加人材机费用4万元,因地基复查和处理使房屋基础作业时间延长3天,人工窝工15个工日。

事件2:在发射塔基础施工时,因发射塔原设计尺寸不当,甲方代表要求拆除已施工的基础,重新定位施工。由此造成增加用工30个工日,材料费1.2万元,机械台班费3 000元,发射塔基础作业时间拖延2天。

事件3:在房屋主体施工中,因施工机械故障,造成工人窝工8个工日,该项工作作业时间延长2天。

事件4:在房屋装修施工基本结束时,甲方代表对某项电气暗管的敷设位置是否准确有疑义,要求乙方进行剥离检查。检查结果为某部位的偏差超出了规范允许范围,乙方根据甲方代表的要求进行返工处理,合格后甲方代表予以签字验收。该项返工及覆盖用工20个工日,材料费为1 000元。因该项电气暗管的重新检验和返工处理使安装设备的开始作业时间推迟了1天。

事件5:在敷设电缆时,因乙方购买的电缆线材质量不合格,甲方代表令乙方重新购买合格线材。由此造成该项工作多用人工8个工日,作业时间延长4天,材料损失费8 000元。

事件6:鉴于该工程工期较紧,经甲方代表同意,乙方在安装设备作业过程中采取了加快施工的技术组织措施,使该项工作作业时间缩短2天,该项技术组织措施人材机费用为6 000元。

其余各项工作实际作业时间和费用均与原计划相符。

[问题]

1.在上述事件中,乙方可以就哪些事件向甲方提出工期补偿和费用补偿要求?为什么?

2.该工程的实际施工天数为多少天?可得到的工期补偿为多少天?工期奖励(或罚款)金额为多少?

3.假设工程所在地人工费标准为98元/工日,应由甲方给予补偿的窝工人工费补偿标准为58元/工日,该工程综合取费率为人材机费用的26%,人员窝工综合取费为窝工

人工费15%。则在该工程结算时,乙方应该得到的索赔款为多少?(计算结果保留2位小数)

[答案]

问题1:

事件1:可以提出工期补偿和费用补偿要求,因为地质条件变化属于甲方应承担的责任,且该项工作位于关键线路上。

事件2:可以提出费用补偿要求,不能提出工期补偿要求,因为发射塔设计位置变化是甲方的责任,由此增加的费用应由甲方承担,但该项工作的拖延时间(2天)没有超出其总时差(8天)。

事件3:不能提出工期和费用补偿要求,因为施工机械故障属于乙方应承担的责任。

事件4:不能提出工期和费用补偿要求,因为工程复检质量不合格是乙方应承担的责任。

事件5:不能提出工期和费用补偿要求,因为乙方购买的材料质量不合格是乙方应承担的责任。

事件6:不能提出补偿要求,因为乙方采取施工技术组织措施使工期提前是为了获得工期提前奖或避免拖期罚款,可按合同规定的工期奖罚办法处,赶工费用由乙方承担。

问题2:

(1)将所有事件全部代入,计算实际工期,如图5.4.6所示。

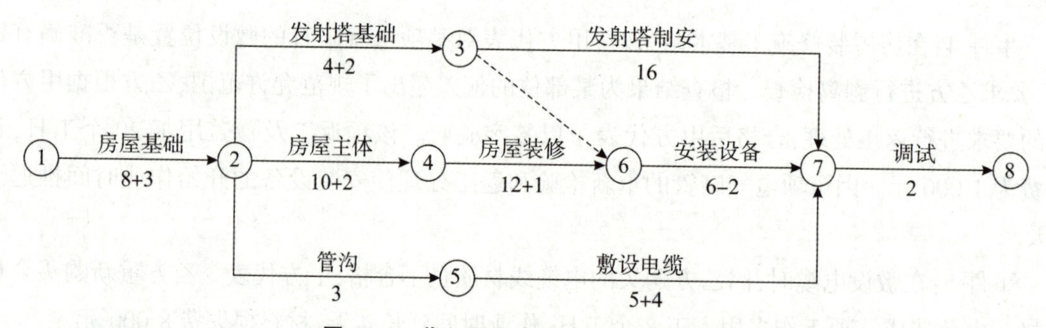

图5.4.6 代入所有事件后的网络计划图

关键线路:①—②—④—⑥—⑦—⑧,实际工期42天。

(2)只考虑非承包商责任事件,将所有甲方责任事件代入,计算新工期,如图5.4.7所示。

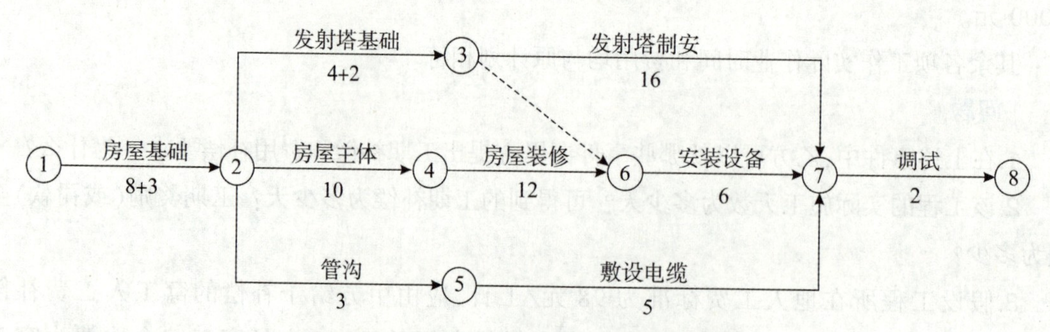

图5.4.7 代入甲方责任事件后的网络计划图

关键线路:①—②—④—⑥—⑦—⑧,新工期 41 天。

工期补偿=新工期-原工期=41-38=3(天)

实际工期 42 天,拖期 1 天,罚款(42-41)×5 000=5 000.00(元)

问题 3:

费用索赔:

(1)事件 1:(10×98+40 000)×(1+26%)+15×58×(1+15%)=52 635.30(元)

(2)事件 2:(30×98+12 000+3 000)×(1+26%)=22 604.40(元)

所以,乙方应该得到的索赔款为:52 635.30+22 604.40=75 239.70(元)

【典型例题二】

[背景资料]

某施工单位(乙方)与建设单位(甲方)签订了某工程施工总承包合同,合同约定:工期 600 天,工期每提前(或拖后)1 天奖励(或罚款)1 万元(含税费)。经甲方同意乙方将设备安装工程分包给具有相应资质的专业承包单位(丙方)。分包合同约定:分包工程施工进度必须服从施工总承包进度计划的安排,施工进度奖罚约定与总承包合同的工期奖罚相同;因发生甲方的风险事件导致的工人窝工和机械闲置费用只计取规费、税金。因甲方的责任事件导致的工人窝工和机械闲置,除计取规费、税金外,还应补偿现场管理费,补偿标准约定为 500 元/天。乙方按时提交的施工网络计划如图 5.4.8 所示(时间单位:天),并得到了批准。

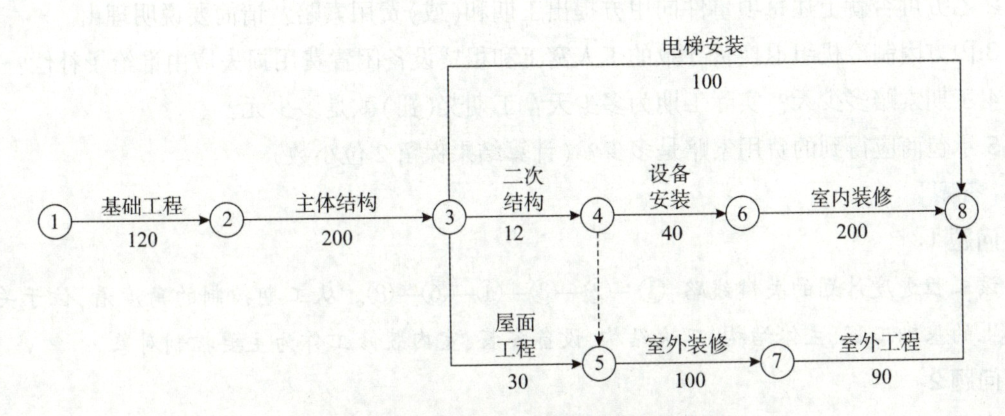

图 5.4.8　某工程施工总承包网络进度计划

已知工程所在地人工费标准为 80 元/工日,窝工人工费补偿标准为 50 元/工日;机械闲置补偿标准为正常台班费的 60%;该工程管理费按人工、材料、机械费之和的 6% 计取,利润按人工、材料、机械费和管理费之和的 4.5% 计取,规费按人工、材料、机械费和管理费、利润之和的 6% 计取,增值税税率为 9%。

施工过程中发生了以下事件:

事件 1:7 月 25~26 日基础工程施工时,由于特大暴雨引起洪水突发,导致现场无法施工,基础工程专业队 30 名工人窝工,天气转好后,27 日该专业队全员进行现场清理,所用机械持续闲置3个台班(台班费:800元/台班),28日乙方安排基础作业队修复被洪水冲坏的部分基础12m³(综合单价:480元/m³)。

事件2:8月7~10日主体结构施工时,乙方租赁的大模板未能及时进场,随后的8月9~12日,工程所在地区供电中断,造成40名工人持续窝工6天,所用机械持续闲置6个台班(台班费:900元/台班)。

事件3:屋面工程施工时,乙方的劳务分包队伍人员未能及时进场,造成施工时间延长8天。

事件4:设备安装过程中,甲方采购的制冷机组因质量问题退换货,造成丙方12名工人窝工3天,租赁的施工机械闲置3天(租赁费600元/天),设备安装工程完工时间拖延3天。

事件5:因甲方对室外装修设计的效果不满意,要求设计单位修改设计,致使图纸交付拖延,使室外装修作业推迟开工10天,窝工50个工日,租赁的施工机械闲置10天(租赁费700元/天)。

事件6:乙方为了提前完工,经甲方同意,乙方在室内装修施工中采取了加快施工的技术组织措施,使室内装修施工时间缩短了10天,技术组织措施人材机费用8万元。

其余各项工作未出现导致作业时间和费用增加的情况。

[问题]

1.从工期控制的角度看,该工程中的哪些工作是主要控制对象?

2.乙方可否就上述每项事件向甲方提出工期和(或)费用索赔?请简要说明理由。

3.丙方因制冷机组退换货导致的工人窝工和租赁设备闲置费用损失应由谁给予补偿?

4.工期索赔多少天?实际工期为多少天?工期奖(罚)款是多少元?

5.承包商应得到的费用索赔是多少?(计算结果保留2位小数)

[答案]

问题1:

该工程进度计划的关键线路:①—②—③—④—⑥—⑧。从工期控制的角度看,位于关键线路上的基础工程、主体结构、二次结构、设备安装、室内装修工作为主要控制对象。

问题2:

事件1:可以提出工期和费用索赔。

理由:洪水突发属于不可抗力,是甲乙双方的共同风险,由此引起的场地清理、修复被洪水冲坏的部分基础的费用应由甲方承担,且基础工程为关键工作,延误的工期顺延。

事件2:可以提出工期和费用索赔。

理由:供电中断是甲方的风险,由此导致的工人窝工和机械闲置费用应由甲方承担,且主体结构工程为关键工作,延误的工期顺延。

事件3:不可以提出工期和费用索赔。

理由:劳务分包队伍人员未能及时进场属于乙方的责任,其费用和时间损失应由乙方承担。

事件4:可以提出工期和费用索赔。

理由:该设备由甲方购买,其质量问题导致的费用损失应由甲方承担,且设备安装为关键工作,延误的工期顺延。

事件5:可以提出费用索赔,但不可以提出工期索赔。

理由:设计变更属于甲方责任,但该工作为非关键工作,延误的时间没有超过该工作的总时差。

事件6:不可以提出工期和费用索赔。

理由:提前完工是乙方提出,属于乙方应承担的责任。

问题3:

丙方的费用损失应由乙方给予补偿。

问题4:

(1)工期索赔:事件1索赔4天;事件2索赔2天;事件4索赔3天。

4+2+3=9(天)

(2)实际工期:关键线路上工作持续时间变化的有:基础工程增加4天;主体结构增加6天;设备安装增加3天;室内装修减少10天。

600+4+6+3-10=603(天)

(3)工期提前奖励:[(600+9)-603]×1=6.00(万元)

问题5:

费用索赔:

事件1:[30×80×(1+6%)×(1+4.5%)+12×480]×(1+6%)×(1+9%)=9 726.71(元)

事件2:(40×2×50+2×900×60%)×(1+6%)×(1+9%)=5 869.43(元)

事件4:(12×3×50+3×600+3×500)×(1+6%)×(1+9%)=5 892.54(元)

事件5:(50×50+10×700+10×500)×(1+6%)×(1+9%)=16 753.30(元)

费用索赔合计:9 726.71+5 869.43+5 892.54+16 753.30=38 241.98(元)

第五节　流水施工

考点重要度分析

考　点	重要度星标
考点一:流水施工基本原理	★★
考点二:双代号结合流水题目	★★

[考点一]　流水施工基本原理★★

流水施工是将拟建工程项目中的每一个施工对象分解为若干个施工过程,并按照施工过程成立相应的专业工作队，各专业队按照施工顺序依次完成各个施工对象的施工过程，同时保证施工在时间和空间上的连续、均衡和有节奏地进行，使相邻两专业队能最大限度的搭接作业。某工程的流水施工如图 5.5.1 所示。

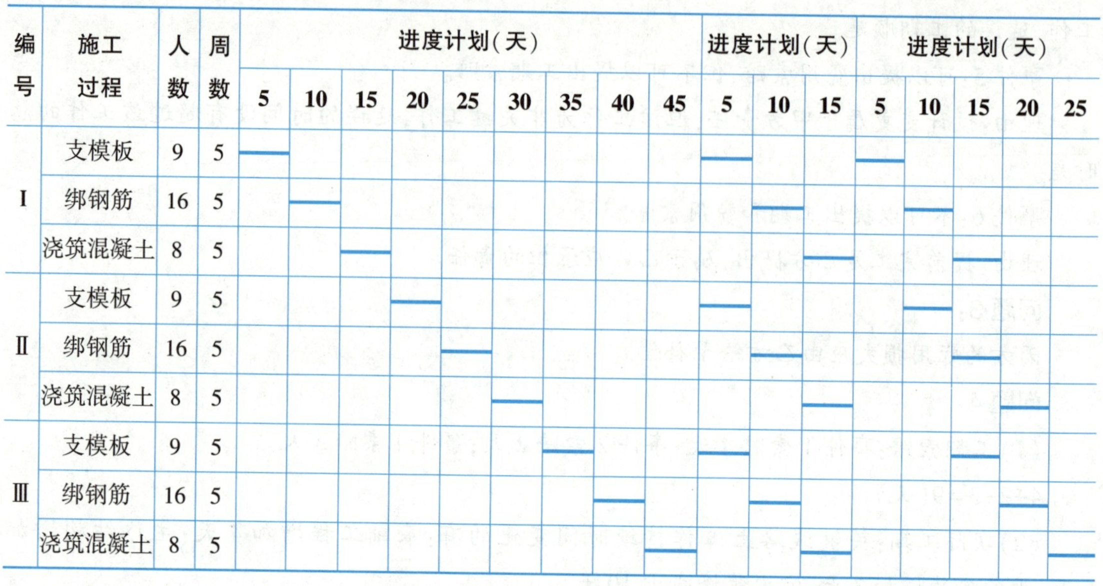

编号	施工过程	人数	周数	进度计划(天)									进度计划(天)			进度计划(天)				
				5	10	15	20	25	30	35	40	45	5	10	15	5	10	15	20	25
Ⅰ	支模板	9	5																	
	绑钢筋	16	5																	
	浇筑混凝土	8	5																	
Ⅱ	支模板	9	5																	
	绑钢筋	16	5																	
	浇筑混凝土	8	5																	
Ⅲ	支模板	9	5																	
	绑钢筋	16	5																	
	浇筑混凝土	8	5																	

图 5.5.1 某工程的流水施工横道图

(一)流水施工特点

(1)专业：专业的人干专业的活；

(2)连续：来了就干，干完才走；

(3)搭接：相邻两个专业队最大限度的搭接。

(二)流水施工的表现形式——横道图

某工程流水施工的横道图表示法如图 5.5.2 所示。

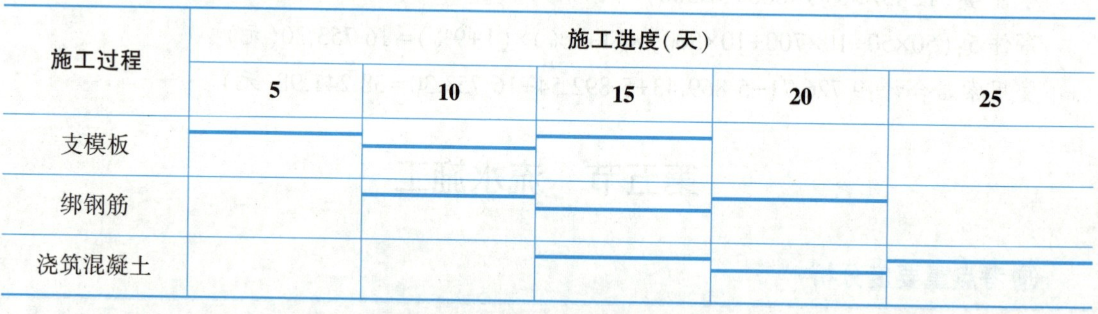

施工过程	施工进度(天)				
	5	10	15	20	25
支模板					
绑钢筋					
浇筑混凝土					

图 5.5.2 流水施工横道图表示法

(1)工艺参数：施工过程 n、流水强度；

(2)空间参数：工作面、施工段 m；

(3)时间参数：

流水节拍 t：某一施工过程在某一施工段上的持续时间。

流水步距 K：相邻工作相继开始的最小时间间隔。

流水工期 T：从第一个专业队开始干活到最后一个专业队干完离场。

（三）大差法计算流水步距

计算步骤：累加数列，错位相减，取大差（关键是确定队伍的进场时间）。

随堂练习

某工程由 3 个施工过程组成，分为 4 个施工段进行流水施工，其流水节拍（天）见表 5.5.1。

表 5.5.1　流水节拍（天）

施工过程	施工段			
	①	②	③	④
Ⅰ	2	3	2	1
Ⅱ	3	2	4	2
Ⅲ	3	4	2	2

［问题］　利用大差法计算流水步距，在表 5.5.2 中绘制实施流水后的横道图并计算流水工期。

［答案］

利用大差法计算流水步距：

$$\begin{array}{ccccc} 2 & 5 & 7 & 8 & \\ & 3 & 5 & 9 & 11 \\ \hline 2 & 2 & 2 & -1 & -11 \end{array} \qquad \begin{array}{ccccc} 3 & 5 & 9 & 11 & \\ & 3 & 7 & 9 & 11 \\ \hline 3 & 2 & 2 & 2 & -11 \end{array}$$

$$K_{\text{ⅠⅡ}}=2 \qquad K_{\text{ⅡⅢ}}=3$$

表 5.5.2　网络进度计划

施工过程	施工进度（天）															
	1	2	3	4	5	6	7	8	9	10	11	12	13	14	15	16
Ⅰ																
Ⅱ																
Ⅲ																

绘制实施流水后的横道图如图 5.5.3 所示。

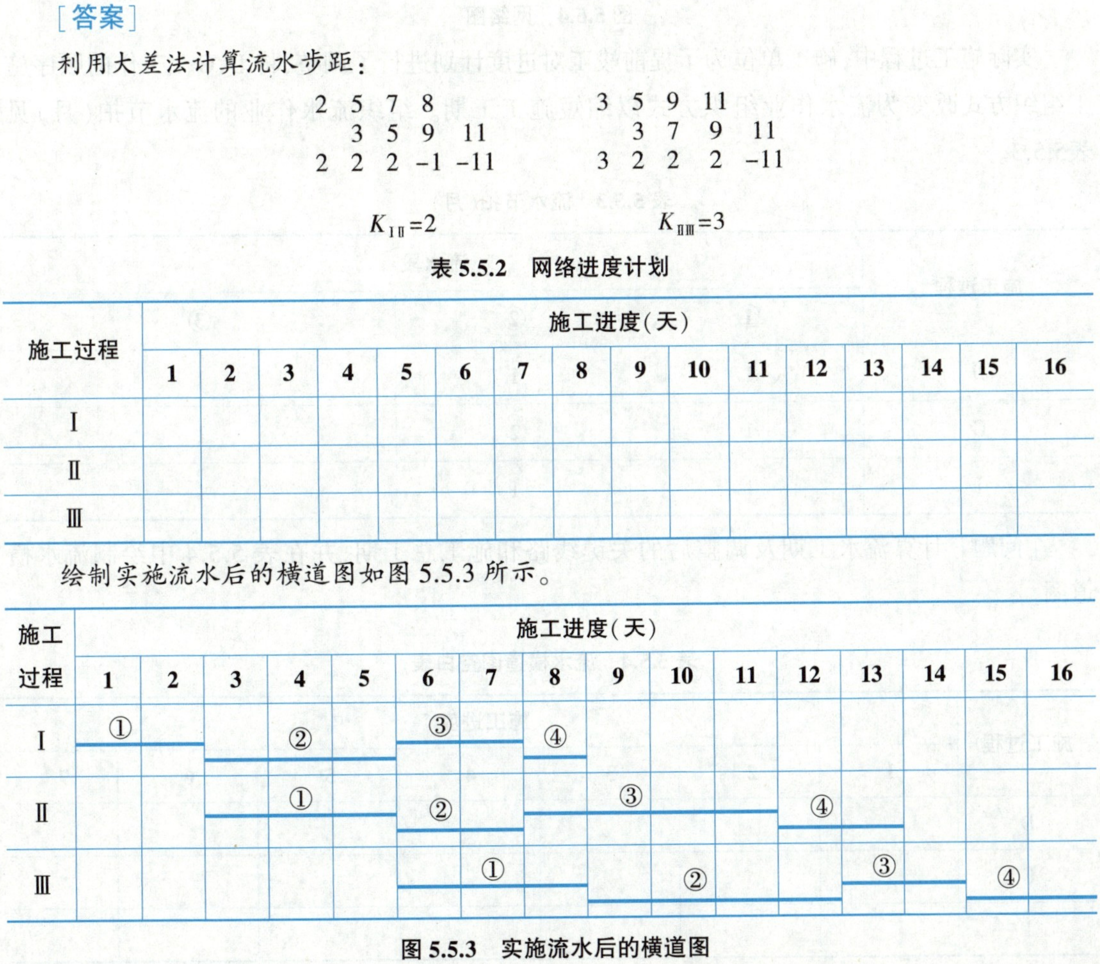

施工过程	施工进度（天）															
	1	2	3	4	5	6	7	8	9	10	11	12	13	14	15	16
Ⅰ	①			②		③		④								
Ⅱ				①		②			③			④				
Ⅲ							①			②			③		④	

图 5.5.3　实施流水后的横道图

流水工期 $T=\sum K+\sum t_n+\sum G+\sum Z-\sum C$

由于没有工艺间歇、组织间歇和提前插入，流水工期 $T=\sum K+\sum t_n=(2+3)+11=16$（天）

［考点二］ 双代号结合流水题目★★

随堂练习

某建筑工程项目，业主和施工单位按工程量清单计价方式和《建设工程施工合同（示范文本）》GF—2017—0201 签订了施工合同，合同工期为 17 个月，如网络图 5.5.4 所示。

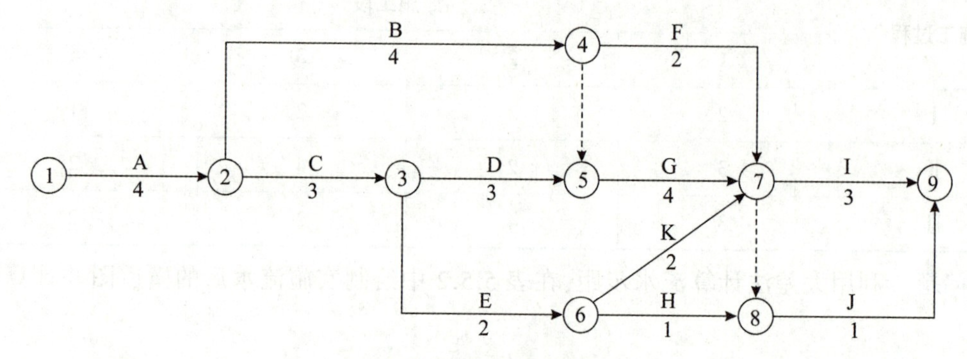

图 5.5.4 网络图

实际施工过程中，施工单位为了提前竣工对进度计划进行了调整，将 D、G、I 工作的顺序施工组织方式改变为流水作业组织方式以缩短施工工期。组织流水作业的流水节拍（月）见表5.5.3。

表 5.5.3 流水节拍（月）

施工过程	流水段		
	①	②	③
D	1	1	1
G	1	2	1
I	1	1	1

［问题］ 计算流水工期及调整后的关键线路和施工总工期，并在表 5.5.4 中绘制流水横道图。

表 5.5.4 流水横道图空白表

施工过程	施工进度						
	1	2	3	4	5	6	7
D							
G							
I							

[答案]

绘制后的横道图如图 5.5.5 所示。

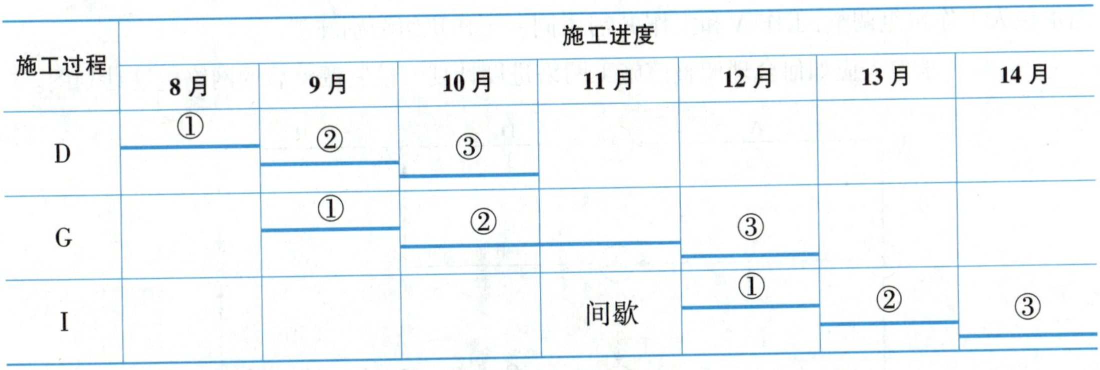

施工过程	施工进度						
	8 月	9 月	10 月	11 月	12 月	13 月	14 月
D	①	②	③				
G		①	②	②	③		
I				间歇	①	②	③

图 5.5.5　流水施工横道图

大差法计算步距：$K_{D-G}=1$(月)，$K_{G-I}=2$(月)。

因 K 工作是 I 工作的紧前工作，受 K 工作的影响，G 与 I 工作之间的流水步距应增加 1 个月(11 月末 K 工作完成后，I 工作才能开始)。

流水工期 = 1+2+3+1 = 7(月)。

关键线路为 A→C→E→K→I，实际工期为 14 个月。

[解题思路]

(1)大差法计算流水步距。

(2)结合双代号网络图，考虑各紧前工作的最早完成时间，确定工作的最早开始时间(重点关注工作第一段的开始时间)，判断是否有间歇时间，绘制流水横道图，计算流水工期。

(3)标号法，确定总工期及关键线路。

第六节　典型题目

考点重要度分析

考　点	重要度星标
考点一：共用设备	★★★
考点二：双代号改时标网络计划	★★
考点三：工期费用优化	★

[考点一]　共用设备★★★

(一)调整网络图

共用设备(或同一班组工人)通常需要通过补充虚工作进行网络图的调整，避免造成多余的逻辑关系。

随堂练习

承包人报送并已获得监理工程师审核批准的施工网络进度计划如图 5.6.1 所示。开工前,因承包人工作班组调整,工作 A 和工作 E 需由同一工作班组分别施工。

[问题] 承包人应如何合理调整该施工网络进度计划?绘制调整后的网络进度计划图。

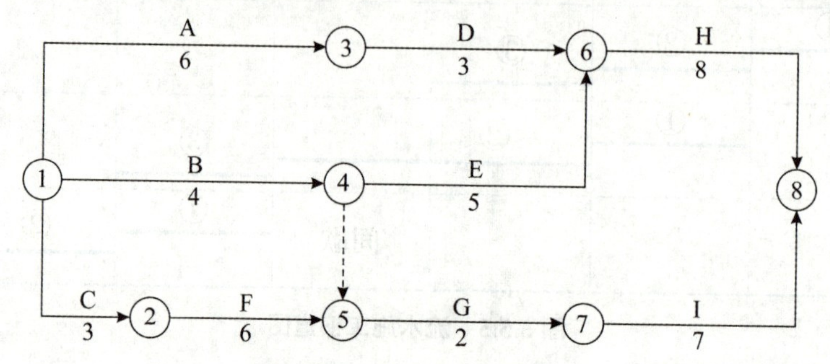

图 5.6.1 施工网络进度计划

[答案]

调整的网络进度计划如图 5.6.2 所示。

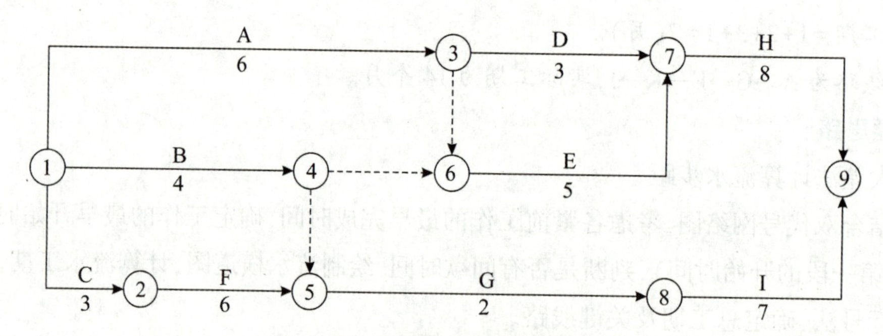

图 5.6.2 调整后的网络进度计划

(二)设备闲置时间的计算

[解题思路]

(1)闲置时间=退场时间-进场时间-工作时间。

(2)最早进场安排:进场时间、退场时间——标号法确定。

(3)最迟进场安排:进场时间=第一个工作最早开始+第一个工作总时差;退场时间——标号法确定。

求设备的最短闲置时间(迟到早退):令第一项工作最迟开始关键是求第一个工作的总时差。

(三)设备索赔找隐项

[解题思路]

分析每个事件费用索赔时,注意盯防对专用设备的影响。

(1)如果使用专用设备工作的工作时间增加,应该计算专用设备的增加作业费。

(2)如果使用专用设备工作的工作时间未增加,其余工作导致设备在场闲置时间延长,应索赔机械闲置费。

【典型例题】

[背景资料]

某工程项目业主通过工程量清单招标确定某承包商为该项目中标人,并签订了工程合同,工期为16天。该承包商编制的初始网络进度计划,如图5.6.3所示,图中箭线上方字母为工作名称,箭线下方括号外数字为持续时间,括号内数字为总用工日数(人工工资标准均为80元/工日,窝工补偿标准均为45元/工日)。

由于施工工艺和组织的要求,工作A、D、H需使用同一台施工机械(该种施工机械运转台班费800元/台班,闲置台班费550元/台班),工作B、E、I需使用同一台施工机械(该种施工机械运转台班费600元/台班,闲置台班费400元/台班),工作C、E需由同一班组工人完成作业,为此该计划需做出相应的调整。

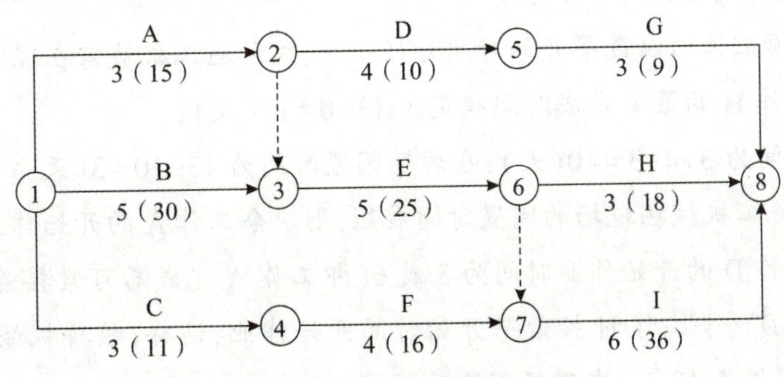

图5.6.3 初始网络进度计划

[问题]

1.请对图5.6.3中所示的进度计划做出相应的调整,绘制出调整后的施工网络进度计划,并指出关键线路。

2.试分析工作A、D、H的最早开始时间和最早完成时间。如果该三项工作均以最早开始时间安排作业,该种施工机械需在现场多长时间?闲置多长时间?若尽量使该种施工机械在现场的闲置时间最短,该三项工作的开始作业时间如何安排?

3.承包商使机械在现场闲置时间最短的合理安排得到监理人的批准。在施工过程中,由于设计变更,致使工作E增加工程量,作业时间延长2天,增加用工10个工日,材料费用2 500元,增加相应的措施人材机费用900元;因工作E作业时间的延长,致使工作H、I的开始作业时间均相应推迟2天;由于施工机械故障,致使工作G作业时间延长1天,增加用工3个工日,材料费用800元。因业主原因某项工作延误致使其紧后工作开始时间推迟,需给予人工窝工补偿。如果该工程管理费按人工、材料、机械费之和的7%(其中现场管理费为4%)计取,利润按人工、材料、机械费和管理费之和的4.5%计取,规费按人工、材料、机械费和管理费、利润之和的6%计取,增值税税率为9%。承包商应得到的工期和费用索赔是多少?

[答案]

问题1:

调整后的网络进度计划如图5.6.4所示。关键线路为:①—④—⑥—⑦—⑨。

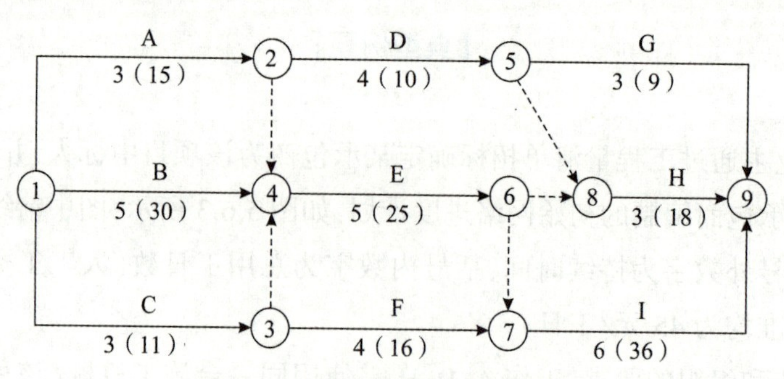

图 5.6.4 调整后的网络进度计划

问题 2：

（1）根据图 5.6.4 所示的施工网络计划，工作 A、D、H 的最早开始时间分别为 0、3、10，工作 A、D、H 的最早完成时间分别为 3、7、13。

（2）如果该三项工作均以最早开始时间开始作业，该种施工机械需在现场时间由工作 A 的最早开始时间和工作 H 的最早完成时间确定为 13−0=13（天）；

在现场工作时间为 3+4+3=10（天）；在现场闲置时间为 13−10=3（天）。

（3）若使该种施工机械在现场的闲置时间最短，则应令工作 A 的开始作业时间为 2（即第 3 天开始作业），令工作 D 的开始作业时间为 5 或 6（即工作 A 完成后可紧接着开始工作 D 或间隔 1 天后开始工作 D），令工作 H 按最早开始时间开始作业，这样，该种机械在现场时间为 11 天，在现场工作时间仍为 10 天，在现场闲置时间为 11−10=1（天）。

问题 3：

（1）工期索赔 2 天。

（2）费用索赔：

工作 E 费用索赔=（10×80+2 500+2×600+900）×（1+7%）×（1+4.5%）×（1+6%）×（1+9%）
=6 976.32（元）

工作 H 费用索赔=（18/3×2×45+2×550）×（1+4%）×（1+6%）×（1+9%）=1 970.65（元）

工作 I 费用索赔=（36/6×2×45）×（1+4%）×（1+6%）×（1+9%）=648.87（元）

费用索赔合计：6 976.32+1 970.65+648.87=9 595.84（元）

注：I 工作没有机械闲置，因为与 E 共用一台机械。

[考点二] 双代号改时标网络计划★★

[解题思路]

（1）利用标号法对双代号网络图进行标号。

（2）在时标网络计划图上确定节点位置。

（3）在时标网络计划图上连线。

【典型例题】

[背景资料]

某环保工程项目，发承包双方签订了工程施工合同。合同约定，工期 270 天，管理费和利润按人材机费用之和的20%计取，规费和增值税税金按人材机费、管理费和利润之和的13%计取，人工单价按150元/工日计，人工窝工补偿按其单价的60%计，施工机械台班单价按1 200元/台班计取，施工机械闲置补偿按其台班单价的70%计取，人工窝工和施工机械闲置补偿均不计取管理费和利润，各分部分项工程的措施费按其相应工程费的25%计取。(无特别说明的，费用计算时均按不含税价格考虑)

承包人编制的施工进度计划获得了监理工程师批准，如图5.6.5所示。

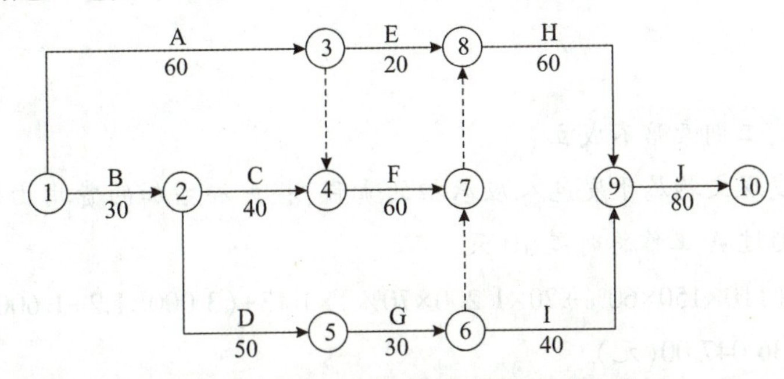

图5.6.5　承包人施工进度计划(单位:天)

该工程项目施工过程中发生了如下事件：

事件1：分项工程A施工至第15天时，发现地下埋藏文物，由相关部门进行了处置，造成承包人停工10天，人员窝工110个工日，施工机械闲置20个台班；配合文物处置，承包人发生人工费3 000元、保护措施费1 600元。承包人及时向发包人提出工期延期和费用索赔。

事件2：文物处置工作完成后，①发包人提出了地基夯实设计变更，致使分项工程A延长5天工作时间，承包人增加用工50个工日，增加施工机械5个台班，增加材料费35 000元；②为了确保工程质量，承包人将地基夯实处理设计变更的范围扩大了20%，由此增加了5天工作时间，增加人工费2 000元，材料费3 500元，施工机械使用费2 000元。承包人针对①、②两项内容及时提出工期延期和费用索赔。

事件3：分项工程C、G、H共用一台专用施工机械顺序施工，承包人计划第30天末租赁该专用施工机械进场，第190天末退场。

事件4：分项工程H施工中，使用的某种暂估价材料的价格上涨了30%，该材料的暂估单价为392.4元/m^2(含可抵扣进项税9%)，监理工程师确认该材料使用数量为800m^2。

［问题］

1.事件1中承包人提出工期和费用索赔是否成立？说明理由。如果成立，承包人应获得的工期延期为多少天？费用索赔额多少元？

2.事件2中分别指出承包人针对①、②两项内容所提出的工期延期和费用索赔是否成立？说明理由。承包人应获得工期延期多少天？说明理由。费用索赔额多少元？

3.根据承包人施工进度计划图5.6.5，在答题卡给出的时标图表5.6.1上绘制继事件1、2发生后，承包人的时标网络施工进度计划，实际工期为多少天？事件3中专业施工机械最迟在第几天末进场？在此情况下，该机械在施工现场的闲置时间最短为多少天？

表 5.6.1 时标进度网络计划表

20	40	60	80	100	120	140	160	180	200	220	240	260	280

4.事件 4 中分项工程 H 的工程价款增加的金额为多少元？（计算结果保留 2 位小数）

［答案］

问题 1：

费用索赔成立，工期索赔不成立。

理由：因地下发现文物属于发包人应承担的责任，损失和增加的费用由发包人承担，但延误的工期 10 天未超过 A 工作总时差 10 天。

费用索赔额＝(110×150×60%＋20×1 200×70%)×1.13＋(3 000×1.2＋1 600)×1.13

＝36 047.00(元)

问题 2：

针对①，工期和费用索赔成立。

理由：设计变更属于发包人应承担的责任，造成的费用增加由发包人承担，且 A 为关键工作，延长的 5 天应顺延。

针对①费用索赔额＝(50×150＋5×1 200＋35 000)×(1＋20%)×(1＋25%)×(1＋13%)

＝82 207.50(元)

针对②，工期和费用索赔均不成立。

理由：为确保工程质量而采取的技术组织措施是承包人的责任，增加的工期及费用应由承包人承担。

问题 3：

绘制后的时标网络进度计划如图 5.6.6 所示。

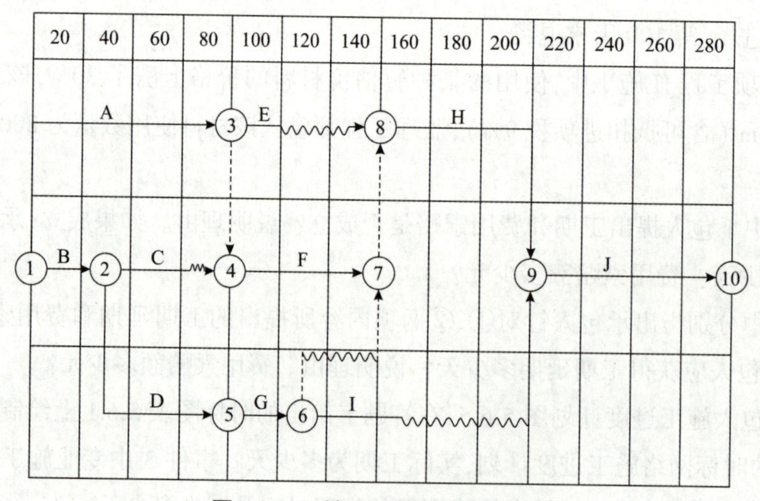

图 5.6.6 时标网络施工进度计划

事件1、事件2发生后，实际工期280天。按照工作C、G、H的施工顺序，该机械应在第40天末组织进场，在第200天末退场，工作时间130天，故闲置时间=160-130=30(天)。

问题4：

材料不含税暂估单价=392.4/1.09=360(元/m^2)

H增加费用=360×30%×800×(1+20%)×(1+13%)=117 158.40(元)

H增加价款=117 158.40×(1+25%)=146 448.00(元)

[考点三]　工期费用优化★

(一)工期优化(总工期缩短)

工期优化是指网络计划的计算工期不满足要求工期时，通过压缩关键工作的持续时间以满足要求工期的过程。

(1)在关键线路上赶工，选择增加费用最少的关键工作压缩。

(2)不能把关键工作压缩成非关键工作，被压缩的关键工作在压缩完成后仍应为关键工作。(不能超过平行线路上的波形线)

(3)在压缩过程中允许非关键线路成为关键线路，若出现多条关键线路时，应同时压缩平行线路上的关键工作。

(二)费用优化(总费用最低)

费用优化又称工期成本优化，目的是寻求总费用最低时的工期。

(1)工程总费用=直接费+间接费。

直接费主要由人材机组成，随工期的缩短而增加；间接费属于管理费范畴，随工期的缩短而减少。

(2)直接费率：工作的持续时间每缩短单位时间而增加的直接费。

(3)费用优化的基本思路：不断在网络计划中找出直接费率(或组合直接费率)最小的关键工作作为压缩对象，同时考虑间接费减少的数值，最后求得工程费用最低时对应的最优工期。可压缩的工作为：

1)压缩关键线路上的工作；

2)直接费增加<间接费减少的工作；

3)被压缩的关键工作在压缩完成后仍应为关键工作；(不能超过平行线路上的波形线)

4)若优化过程中出现多条关键线路时，为使工期缩短，应同时压缩平行线路上的关键工作。

【典型例题】

[背景资料]

已知某工程的网络计划如图5.6.7所示，箭线上方括号外为正常工作时间直接费(万元)，括号内为最短工作时间直接费(万元)，箭线下方括号外为正常工作持续时间(天)，括号内为最短工作持续时间(天)。正常工作时间的间接费为15.8万元，间接费率为0.20万元/天。

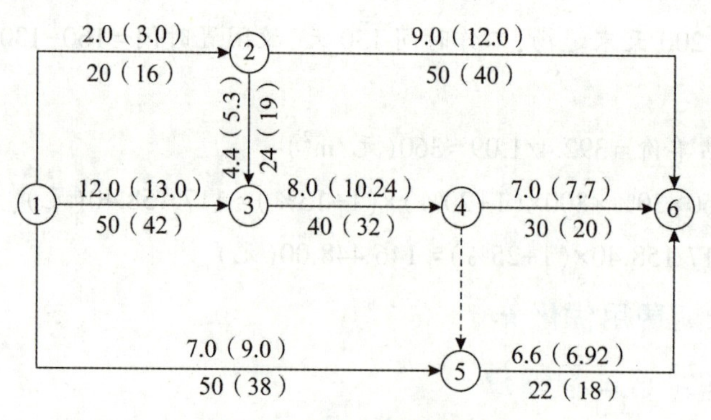

图 5.6.7 某工程网络计划图

［问题］

1.确定该工程的关键线路，并计算正常工期和总费用。

2.确定该工程的总费用最低时所对应的工期和最低总费用。

3.建设方提出若用 98 天完成该项目，可得奖励 6 000 元，对施工方是否有利？相对于正常工期下的总费用，施工方节约（或超支）多少费用？

［答案］

问题 1：

关键线路为：①—③—④—⑥，计算工期为 120 天。

总费用=直接费+间接费

=（2.0+12.0+7.0+4.4+9.0+8.0+7.0+6.6）+15.8=71.80（万元）

问题 2：

第一次压缩：压缩 4~6 工作 8 天，压缩后的工期=120−8=112（天）

压缩后的总费用=71.80+0.070×8−0.2×8=70.76（万元）

第二次压缩：压缩 1~3 工作 6 天，压缩后的工期=112−6=106（天）

压缩后的总费用=70.76+0.125×6−0.20×6=70.31（万元）

第三次压缩：同时压缩工作 4~6 和 5~6 工作 2 天，压缩后的工期=106−2=104（天）

压缩后的总费用=70.31+0.150×2−0.20×2=70.21（万元）

问题 3：

根据问题 2 的计算结果，在第三次压缩后，再进行压缩时只能选择压缩工作 3~4，可压缩 8 天，若满足建设方要求，仅压缩 104−98=6 天即可。

压缩 6 天的费用增加值=0.280×6−0.20×6=0.48（万元）

业主若奖励 0.60 万元>0.48 万元，对施工方是有利的

工期为 98 天时的总费用（扣除奖励）=70.21+0.48−0.6=70.09（万元）

相对于正常工期下的总费用 71.80 万元，施工方可节约费用=71.80−70.09=1.71（万元）

本章回顾

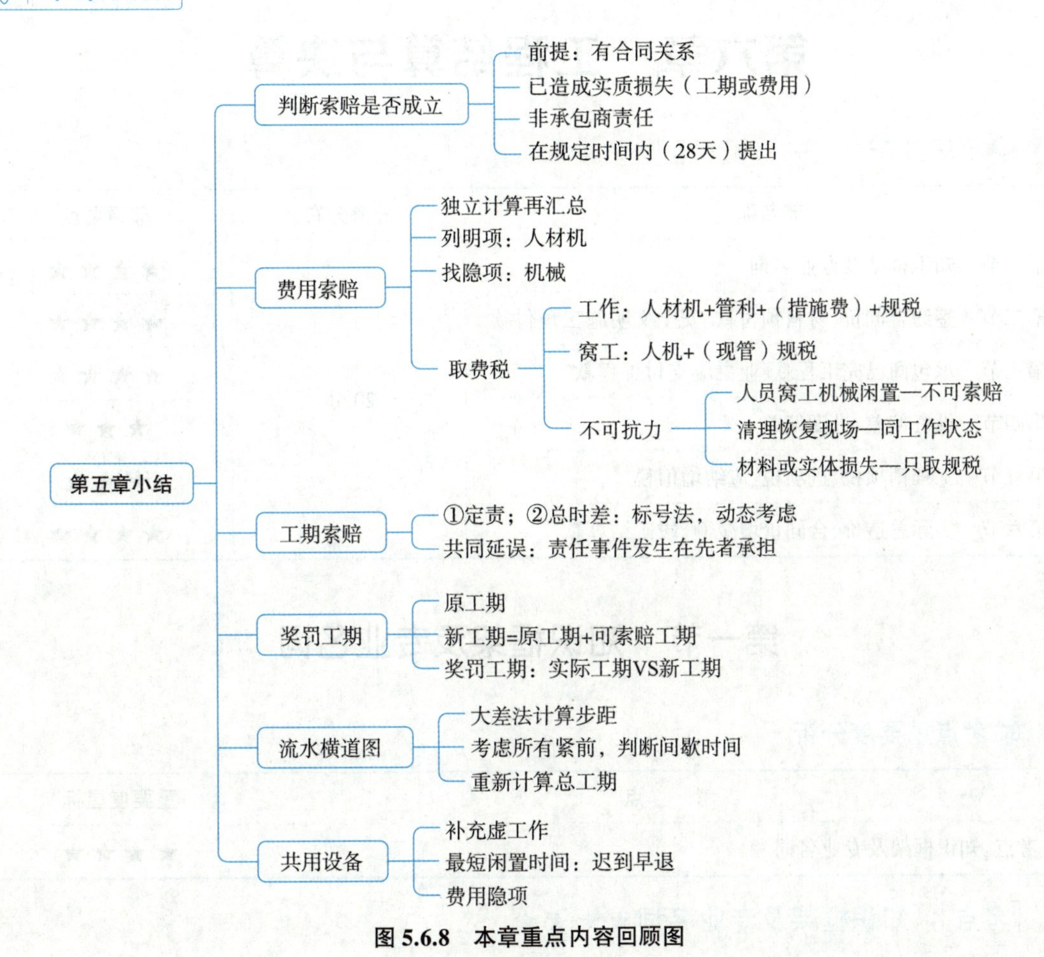

图 5.6.8　本章重点内容回顾图

第六章　工程结算与决算

分值分布

节名称	分值分布	节重要度
第一节　知识框架及专业名词	20分	★★★★
第二节　签约合同价、材料预付款、安全文明施工预付款		★★★★
第三节　承包商已完工程款、业主应支付工程款		★★★★
第四节　投资偏差、进度偏差		★★★
第五节　工程销项税、进项税、应纳增值税		★★★
第六节　实际总造价、合同价增减额、竣工结算款		★★★★

第一节　知识框架及专业名词

考点重要度分析

考　　点	重要度星标
考点:知识框架及专业名词	★★★★

[考点]　知识框架及专业名词★★★★

(一)知识框架(图6.1.1)

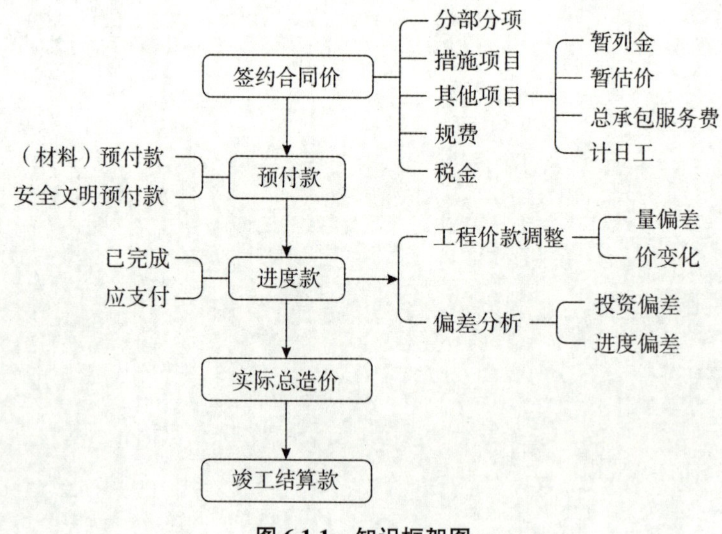

图6.1.1　知识框架图

（二）专业名词

工程结算涉及专业名词见表 6.1.1。

表 6.1.1　专业名词

名称	内容	举　例
工程款	包含规费税金	承包商已完工程款、业主应支付工程款、安全文明施工预付款、分部分项工程款
合同价	包含规费税金	签约合同价、实际总造价
投资	包含规费税金	已完工程计划投资、拟完工程计划投资、已完工程实际投资
费用	不包含规费税金	分部分项工程费、安全文明施工费、措施项目费、其他项目费
截至 2 月末累计已支付工程款	安全文明施工预付款+第 1 月应支付工程款+第 2 月应支付工程款	
截至 2 月末累计已支付进度款	第 1 月应支付工程款+第 2 月应支付工程款	
截至 2 月末累计已支付合同价款	材料预付款+安全文明施工预付款+第 1 月应支付工程款+第 2 月应支付工程款	
第 2 月应支付工程款=第 2 月应支付进度款=第 2 月应支付合同价款		

第二节　签约合同价、材料预付款、安全文明施工预付款

考点重要度分析

考　点	重要度星标
考点一：签约合同价	★★★★
考点二：材料预付款	★★★★
考点三：安全文明施工预付款	★★★★

[考点一]　签约合同价★★★★

签约合同价=分部分项工程费+措施项目费+其他项目费+规费+税金

分部分项工程费=Σ(分部分项工程清单量×清单综合单价)

措施项目费=Σ(单价措施项目清单量×清单综合单价)+Σ 总价措施费

其他项目费=暂列金额+专业工程暂估价+总承包服务费+计日工

总承包服务费=专业工程暂估价×服务费率

规费=(分部分项工程费+措施项目费+其他项目费)×规费费率

税金=(分部分项工程费+措施项目费+其他项目费+规费)×税率

[做题步骤] 三费并列取规税

①分部分项费
②措施项目费
③其他项目费 } ×(1+规%)×(1+税%)

(①+②+③)×(1+规%)×(1+税%)

随堂练习

某工程项目发包人与承包人签订了施工合同,有关工程条款约定如下:

(1)分项工程包含甲、乙两项分项工程,工程量分别为 2 500m^3 和 3 200m^3;综合单价分别为 580 元/m^3 和 560 元/m^3。

(2)与甲、乙分项工程配套的单价措施项目费分别为 12 万元和 13 万元;结算时,该两项费用根据分项工程的工程量变化比例调整。

(3)总价措施项目费为 54 万元,其中安全文明施工费为分项工程和单价措施项目费用之和的 5%,结算时,随计取基数变化一次性调整支付。

(4)暂列金额为 10 万元,专业工程暂估价 20 万元(另计总承包服务费 5%)。

(5)管理费和利润按人材机费用之和的 20%计取,规费为不含税人材机费、管理费、利润之和的 6%,增值税率为 9%。

[问题] 该工程分项工程费为多少万元?安全文明施工费为多少万元?签约合同价为多少万元?(计算结果保留 2 位小数)

[答案]

分项工程费=(2 500×580+3 200×560)/10 000=324.20(万元)

安全文明施工费=(324.20+12+13)×5%=17.46(万元)

签约合同价=(324.20+12+13+54+10+20×1.05)×(1+6%)×(1+9%)=501.67(万元)

[考点二] 材料预付款★★★

材料预付款:按合同约定计算;常见计算方法

1.材料预付款=合同价(不含暂列金额+安全文明施工费)×合同约定比例

=[合同价-(暂列金额+安全文明施工费)×(1+规费费率)×(1+税金税率)]×合同约定比例

2.材料预付款=分部分项工程价款×合同约定比例

=分部分项工程费×(1+规费费率)×(1+税金税率)×合同约定比例

[注意]

(1)扣除部分看背景约定,可能只扣减暂列金,也可能是扣减暂列金和安全文明施工费;

(2)扣除暂列金、安全文明施工费时需要取规税。

[说明] 材料预付款属于预支(借款),后期应全部扣回,它不属于工程款,不需要乘工程款支付比例。

[考点三] 安全文明施工预付款★★★★

安全文明施工预付款=安全文明施工费×(1+规费费率)×(1+税金税率)×

合同约定的预付款比例×工程款支付比例

[说明] 安全文明施工预付款属于工程款提前支付,后期不扣回,需要乘工程款支付比例。

解题中若题目中安全文明施工费预付款有支付比例约定,按约定;若无约定,则按照工程款支付比例支付。

情况一:有特别约定——与工程款支付比例不同。

开工前将安全文明施工费工程款全额支付给承包人。

分项工程价款按完成工程价款的85%逐月支付。

单价措施项目和除安全文明施工费之外的总价措施项目工程款在工期第1~4个月均衡考虑,按85%比例逐月支付。

其他项目工程款的85%在发生当月支付。

情况二:无特别约定——与工程款支付比例相同。

(1)开工前将安全文明施工费按工程款方式提前支付给承包人。

(2)开工前将安全文明施工费工程款的70%支付给承包人。

随堂练习

某工程总价措施项目费用10万元(其中安全文明施工费6万元),将安全文明施工费工程款的70%提前支付给承包人。除预付的安全文明施工费工程款之外的其余总价措施项目工程款在开工后的1~4月平均支付。发包人按每次承包人应得工程款的90%支付。规费为人材机、管理费和利润的6%,增值税税率为10%。

[问题] 安全文明施工预付款、第1~4月每月应支付总价措施项目工程款为多少万元?(计算结果保留3位小数)

[答案]

安全文明施工费预付款=6×(1+6%)×(1+10%)×70%×90%=4.407(万元)

第1、2、3、4月应支付措施项目工程款=(10-6×70%)×(1+6%)×(1+10%)/4×90%

=1.522(万元)

第三节 承包商已完工程款、业主应支付工程款

考点重要度分析

考　　点	重要度星标
考点一:承包商已完工程款	★★★★
考点二:业主应支付工程款	★★★★

[考点一] 承包商已完工程款★★★★

承包商已完工程款=已完分部分项工程费+已完措施项目费+已完其他项目费+规费+税金

(一)已完分部分项工程费

已完分部分项工程费=Σ已完分部分项工程实际量×实际综合单价

(1)工程量偏差引起的实际综合单价调整。

当实际工程量与招标工程量清单出现偏差超过15%时,应调整综合单价。

调整原则:当工程量增加15%以上时,其增加部分(超过15%以上)的工程量的综合单价应予调低;当工程量减少15%以上时,减少后剩余部分的工程量的综合单价应予调高。

至于具体的调整方法,则应由双方当事人在合同专用条款中约定。

随堂练习

A分项工程清单工程量为1 000m³,综合单价为100元/m³,当分项工程的工程量增加(或减少)超过清单工程量的15%时调整综合单价,调整系数为0.9(或1.1)。该分项工程每月计划进度与实际进度如表6.3.1所示。

表6.3.1 分项工程计划进度与实际进度表

工程量和费用名称		月份				合计
		1	2	3	4	
A分项工程	计划工程量	200	300	300	200	1 000
	实际工程量	150	200	320	130	800

[问题] 求该分项工程每月结算的分项工程费。

[答案]

第1月工程费=150×100=15 000(元)

第2月工程费=200×100=20 000(元)

第3月工程费=320×100=32 000(元)

第4月工程费=800×100×1.1-(150+200+320)×100=21 000(元)

[结论] 工程量偏差调整的是总量,一般在最后一个月调整。

(2)人材机价格上涨引起的实际综合单价调整。

施工合同履行期间,因人工、材料、工程设备和施工机具台班等价格波动影响合同价款时,发承包双方可以根据合同约定的调整方法,对合同价款进行调整。因物价波动引起的合同价款调整方法有两种:

1)采用价格指数调整价格差额(又叫动态结算)。

$$P=P_0\left[A+\left(B_1\times\frac{F_{t1}}{F_{01}}+B_2\times\frac{F_{t2}}{F_{02}}+B_3\times\frac{F_{t3}}{F_{03}}+B_4\times\frac{F_{t4}}{F_{04}}+B_5\times\frac{F_{t5}}{F_{05}}\right)\right]$$

式中: P——调值后合同价款;

P_0——未调值合同价款;

A——不调值部分的权重;

B_1、B_2、B_3、B_4…——合同价中可调值部分的权重;

F_{01}、F_{02}、F_{03}、F_{04}…——合同价中可调值部分基期价格指数;

F_{t1}、F_{t2}、F_{t3}、F_{t4}…——合同价中可调值部分结算期价格指数。

注:$A+B_1+B_2+B_3+B_4+\cdots=1$。

随堂练习

某分项工程 B 清单报价的综合单价为 220 元/m^2,所用的甲乙两种材料采用动态结算方法结算,甲乙两种材料在 B 分项工程费用中所占比例分别为 12% 和 10%,基期价格指数均为 100。

该分项工程每月实际完成工程量见表 6.3.2。

表 6.3.2　实际完成工程量

月份		1	2	3	4	合计
B 分项工程/m^3	计划工程量	180	200	200	120	700
	实际工程量	180	210	220	90	700

施工第 4 个月 B 分项工程动态结算的两种材料价格指数分别为 110 和 120。

[问题] 求分项工程 B 第 4 月的分部分项工程费。

[答案]

第 4 个月 B 工程费 = 90×220×[0.78+0.12×(110/100)+0.1×(120/100)]/10 000

= 2.043(万元)

2)造价信息调整价格差额法。

实际采购价与承包商的投标报价(两种价均不含税)相比,增加(减少)幅度在 5% 以内时不予调整,超过 5% 以上的部分按实际采购价调整。

材料调整金额 = 实际采购价 − 投标报价×1.05

调整后的综合单价:

$$实际综合单价=原综合单价+\frac{材料总消耗量}{分项工程清单工程量}\times(实际采购价格-投标报价\times1.05)\times(1+管理费率)\times(1+利润率)$$

随堂练习

某工程合同约定:增加幅度在(5%)以内时不予调整,超过(5%)以上的部分按实际采购价调整。某分项工程 A 清单工程量为 100t,综合单价为 3 000 元/t。分项工程 A 消耗主材 B 的量为 110t,主材 B 投标报价为 2 000 元/t,实际采购价为 2 300 元/t,管理费为人材机费用之和的 10%,利润为人材机及管理费之和的 7%。

[问题] 求 A 实际的综合单价为多少?

[答案]

$$实际综合单价=3\ 000+\frac{110}{100}\times(2\ 300-2\ 000\times1.05)\times(1+10\%)\times(1+7\%)=3\ 258.94(元/t)$$

(3)材料(设备)暂估价(按实调整)。

按实际采购价直接调整,材料调整金额=实际采购价-暂估价

$$实际综合单价=原综合单价+\frac{材料总消耗量}{分项工程清单工程量}\times(实际采购价格-暂估单价)\times(1+管理费率)\times(1+利润率)$$

[**注意**] 以上公式是否取管利看背景约定,若管利以人材机为基数,则需取管利;若背景约定只调材料价差或管利的取费基数没有材料费(比如以人工费或人机为计算基数),则不取管利。

随堂练习

某工程合同约定:实际采购价与暂估价不符按实际采购价调整。某分项工程 A 清单工程量为 100t,综合单价为 3 000 元/t。分项工程 A 消耗主材 B 的量为 110t,主材 B 暂估单价为 2 000 元/t,实际采购价为 2 300 元/t,管理费为人材机费用之和的 10%,利润为人材机及管理费之和的 7%。

[问题] 求 A 实际的综合单价为多少?

[答案]

$$实际综合单价=3\ 000+\frac{110}{100}\times(2\ 300-2\ 000)\times(1+10\%)\times(1+7\%)=3\ 388.41(元/t)$$

(二)已完措施项目费

已完措施项目费=Σ(已完单价措施项目实际量×实际综合单价)+Σ总价措施项目费

(三)已完其他项目费

(1)暂列金额:按实际发生计入(索赔、签证等),结算时一定没有暂列金。

暂列金额是指招标人在工程量清单中暂定并包括在合同价款中的一笔款项。用于施工合同签订时尚未确定或者不可预见的所需材料、设备、服务的采购,施工中可能发生的工程变更、合同约定调整因素出现时的工程价款调整以及发生的索赔、现场签证确认等的费用。该费用

在工程实施过程中或结算时按实结算。

(2)暂估价。

材料暂估价:已在分部分项的综合单价中体现,不在其他项目费中考虑。

专业工程暂估价:按实际发生计入结算款。

(3)总承包服务费。

按实际发生计入当月进度款:业主供材×材料保管费率

按实际发生计入当月进度款:专业工程合同价×总承包服务费费率。

(4)计日工。

计日工费用:包含人材机管利。

计日工人材机费用:只包含人材机,还需要取管利。

[考点二]　业主应支付工程款★★★★

应支付工程款=已完工程款×工程款支付比例-材料预付款-甲供材

[注意]

(1)先乘支付比例,再减材料预付款,顺序不可颠倒。

(2)甲供材——直接在发生当月扣除——无需另取管理费利润规费税金。

第四节　投资偏差、进度偏差

考点重要度分析

考　点	重要度星标
考点:投资偏差、进度偏差	★★★

[考点]　投资偏差、进度偏差★★★

(一)三个投资值

已完工程计划投资(BCWP)=Σ(实际工程量×计划单价)(取规税)

拟完工程计划投资(BCWS)=Σ(计划工程量×计划单价)(取规税)

已完工程实际投资(ACWP)=Σ(实际工程量×实际单价)(取规税)

(二)两个偏差指标——投资偏差、进度偏差

1.投资偏差(CV)(实际综合单价 VS 计划综合单价)

投资偏差=已完工程计划投资-已完工程实际投资

=实际工程量×(计划综合单价-实际综合单价)×(1+规费费率)×(1+税率)

当投资偏差>0 时,说明投资节约;当投资偏差<0 时,说明投资超支。

2.进度偏差(SV)(实际工程量 VS 计划工程量)

进度偏差=已完工程计划投资-拟完工程计划投资

=(实际工程量-计划工程量)×计划综合单价×(1+规费费率)×(1+税率)

当进度偏差>0 时,表示进度超前;进度偏差<0 时,表示进度拖后。

[口诀] 一碗鱼、大鱼好。

随堂练习

A 分项工程计划进度与实际进度如表 6.4.1 所示,已知规税为不含税人材机管利的 12%,因材料价格上涨,A 分项综合单价调整为 520 元/m^3。

表 6.4.1 工程计划进度与实际进度表

工程量和费用名称		综合单价(元/m^3)	月份				合计
			1	2	3	4	
A	计划工程量	500	200	300	300	200	1 000
	实际工程量		260	320	300	300	1 180

[问题] 列式计算施工至第 2 月末,A 分项工程的投资偏差和进度偏差分别为多少万元?(计算结果保留 3 位小数)

[答案]

投资偏差=已完计划-已完实际(取规税)

=580×(500-520)×(1+12%)/10 000=-1.299(万元)

投资超支 1.299 万元。

进度偏差=已完计划-拟完计划(取规税)

=(580-500)×500×(1+12%)/10 000=4.480(万元)

进度超前 4.480 万元。

第五节 工程销项税、进项税、应纳增值税

考点重要度分析

考点	重要度星标
考点:工程销项税、进项税、应纳增值税	★★★

[考点] 工程销项税、进项税、应纳增值税★★★

(1)销项税是指施工单位在向业主单位销售产品(工程)的过程中向业主方收取的增值税。

销项税=不含税工程造价×增值税税率

分部分项工程销项税=工程量×综合单价×(1+规费费率)×增值税税率

(2)进项税是指施工单位在购进材料或机械的过程中向供应商支付的增值税。

进项税=不含税材料或机械费×对应进项税税率

不含税价=含税价/(1+税率)

(3)应纳增值税=销项税-进项税。

[**注意**] 综合单价中的人材机价格都是不含税价格。

随堂练习

某工程项目某一分项工程 D,工程量为 300m³,每立方米所需不含税人工和机械费用为 110 元,每立方米机械费可抵扣进项税额为 10 元;每立方米所需甲、乙、丙三种材料不含税价格分别为 80 元、50 元、30 元,可抵扣进项税税率分别为 3%、11%、17%。管理费和利润按人材机费用之和的 18% 计取,规费按人材机费和管理费、利润之和的 5% 计取,增值税税率为 11%。

[问题] 求该分项工程的综合单价、销项税、进项税、应纳增值税分别为多少元?(计算结果保留 2 位小数)

[答案]

综合单价=(110+80+50+30)×(1+18%)=318.60(元/m³)

销项税=300×318.6×(1+5%)×11%=11 039.49(元)

进项税=(10+80×3%+50×11%+30×17%)×300=6 900.00(元)

应纳增值税=销项税-进项税=11 039.49-6 900=4 139.49(元)

第六节　实际总造价、合同价增减额、竣工结算款

考点重要度分析

考　点	重要度星标
考点一:实际总造价/合同价增减额	★★★★
考点二:竣工结算款	★★★★

[考点一] 实际总造价/合同价增减额★★★★

实际总造价=实际完成(分部分项工程费+措施项目费+其他项目费)×(1+规费费率)×(1+税金率)

实际总造价=签约合同价+合同价增减额

合同价增减额=实际调整工程款-暂列金(取规税)

或:实际总造价=签约合同价-暂列金(含规税)+实际调整工程款

实际调整工程款=分部分项调整额+单价措施调整额+总价措施调整额+其他项目调整额+规费+税金

(1)分项工程:①量增加;②价变化;③新增分项工程;④动态结算。

(2)措施项目:单价措施:按分项工程量的变化比例调整;总价措施(安全文明施工费)按分项工程费的 $a\%$ 计取。

(3)其他项目:背景直接给出,比如签证、索赔等。

随堂练习

已知签约合同价为107.36万元，暂列金额为12万元，规费和税金为人材机费用与管理费、利润之和的10%。施工中第4个月发生现场签证零星工作费用2.4万元。

[问题] 若除现场签证费用外的其他应从暂列金额中支付的工程费用为8.7万元，则该工程实际造价为多少万元？

[答案]

107.36+(2.4+8.7-12)×1.10=106.37(万元)

[考点二] 竣工结算款★★★

(一)原理

开工前	开工 施工期间	完工	竣工结算日	缺陷责任期满
(材料)预付款 安全文明施工预付款 =安全文明施工费工程款× 合同约定比例×支付比例	累计各月支付工程款 =已完成×支付比例- 材料预付款		竣工 结算款	质保金= 实际总造价× 质保金比例

竣工结算款=实际总造价-(材料)预付款-安全文明施工预付款-累计各月支付进度款-质保金

(二)计算

(1)题目给出"累计已支付工程款/累计已支付合同价款"。

竣工结算款=实际总造价-质保金-累计已支付工程款-材料预付款

=实际总造价-质保金-累计已支付合同价款

(2)题目未给出"累计已支付工程款/累计已支付合同价款"。

1)当所有工程款均按约定支付比例支付：

竣工结算款=实际总造价×(1-质保金比例-支付比例)

2)当背景约定某一笔工程款(比如总价措施调整款)在竣工结算时一次性支付：

竣工结算款=实际总造价-(实际总造价-调整款)×支付比例-质保金

3)当背景约定某一笔工程款(比如安全文明施工预付款)全额支付：

竣工结算款=(实际总造价-安文款)×(1-支付比例)-质保金

4)当背景约定质保金为保函时，不用再扣质保金。

随堂练习

实际总造价为263.893万元，质保金采用保函形式，工程款支付比例为90%，材料预付款为38.021万元，总价措施项目调整款2.711万元，竣工结算时一次性支付。

[问题] 竣工结算时发包人应支付给承包人的竣工结算款为多少万元？

[答案]

竣工结算款=实际总造价-(实际总造价-调整款)×支付比例

=263.893-(263.893-2.711)×90%=28.829(万元)

本章回顾

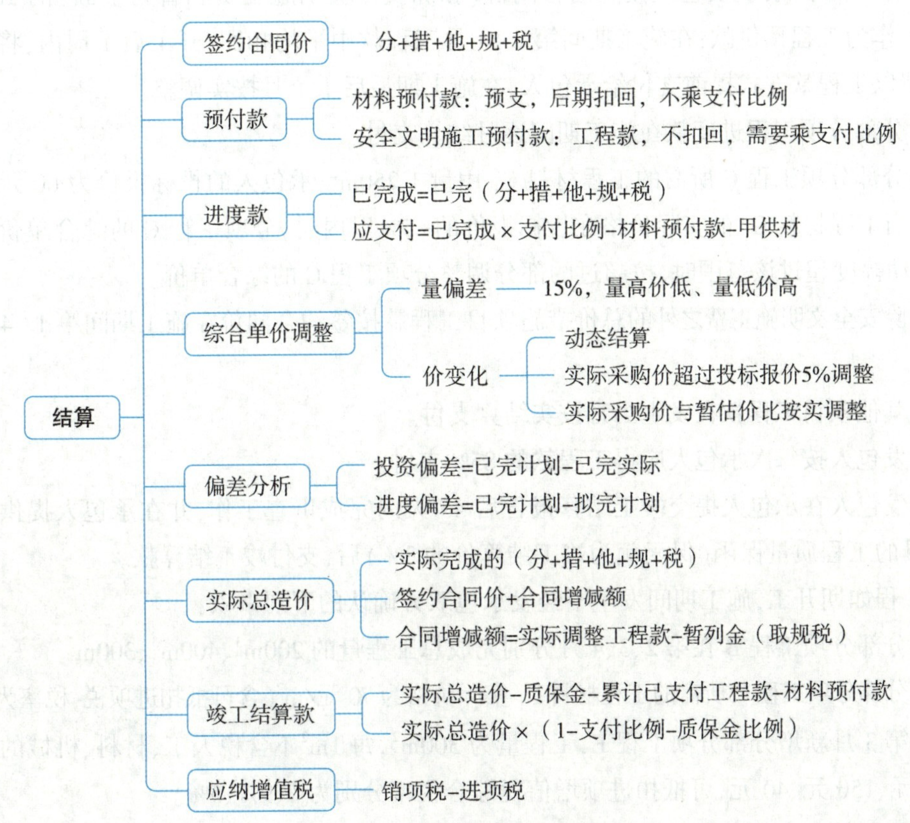

图 6.6.1 本章重点内容回顾图

【典型例题一】

[背景资料]

某施工项目发承包双方签订了工程合同，工期 5 个月。合同约定的工程内容及其价款包括分部分项工程（含单价措施）项目 4 项，费用合计 120.9 万元，具体数据与施工进度计划如表 6.6.1所示；安全文明施工费为分部分项工程费用的 6%，其余总价措施项目费用为 8 万元（该费用为固定费用，不予调整）；暂列金额为 12 万元；管理费和利润为不含税人材机费用之和的 12%；规费为人材机费用与管理费、利润之和的 7%；增值税税率为 9%。

表 6.6.1 分部分项工程项目费用数据与施工进度计划表

分部分项工程（含单价错施）项目				施工进度计划（单位：月）				
名称	工程量	综合单价	费用	1	2	3	4	5
A	600m^3	300 元（m^3）	18.0 万元	200	400			
B	900m^3	450 元（m^3）	40.5 万元		300	400	200	
C	1 200m^2	320 元（m^2）	38.4 万元		400	400	400	
D	1 000m^2	240 元（m^2）	24.0 万元				600	400

有关工程价款支付约定如下：

(1)开工前1周内，发包人按签约合同价(扣除安全文明施工费和暂列金额)的20%支付给承包人作为工程预付款，在施工期间第2~4月工程款中平均扣回；开工后1周内，将安全文明施工费以工程款方式提前支付给承包人，在施工期最后1个月按实调整。

(2)分部分项工程进度款在施工期间逐月结算支付。

(3)分部分项工程C所需的工程材料C_1用量1 250m^2，承包人的投标报价为60元/m^2(不含税)。当工程材料C_1的实际价格在投标报价的±5%以内时，分项工程C的综合单价不予调整；当变动幅度超过该范围时，按超过的部分调整分项工程C的综合单价。

(4)除安全文明施工费之外的总价措施项目工程款按签约合同价在施工期间第1~4月平均支付。

(5)其他项目工程款在发生当月按实结算支付。

(6)发包人按每次承包人应得工程款的85%支付。

(7)发包人在承包人提交竣工结算报告后45天内完成审查工作，并在承包人提供所在开户行出具的工程质量保函(保函额为竣工结算价的3%)后，支付竣工结算款。

该工程如期开工，施工期间发生了经发承包双方确认的下列事项：

(1)分部分项工程B在第2、3、4月分别完成总工程量的200m^3、400m^3、300m^3。

(2)分部分项工程C所需的工程材料C_1实际价格为70元/m^2(含可抵扣进项税，税率为3%)。

(3)第3月新增分部分项工程E，工程量为300m^2，每1m^2不含税人工、材料、机械的费用分别为60元、150元、40元，可抵扣进项增值税综合税率分别为0、9%、5%。

(4)第4月发生现场签证、索赔等工程款2.5万元。

其余工程内容的施工时间和价款均与合同约定相符。

[问题]

1.该工程签约合同价中的安全文明施工费为多少万元？签约合同价为多少万元？开工前发包人应支付给承包人的工程预付款为多少万元？开工后1周内发包人应支付给承包人的安全文明施工费工程款为多少万元？

2.工程材料C_1的不含税价格为多少元/m^2？价格变动幅度为多少？分部分项工程C的综合单价应调整为多少元/m^2？分部分项工程C的工程费用增加多少万元？

3.施工至第2月末，承包人累计完成分部分项工程的费用为多少万元？发包人累计应支付的工程进度款为多少万元？分部分项工程的投资偏差、进度偏差分别为多少万元？(不考虑措施项目的影响)

4.分部分项工程E的综合单价为多少元/m^2？销项税额、可抵扣增值税进项税额和应缴纳增值税分别为多少元？分部分项工程E的工程款为多少万元？

5.该工程合同价增减额为多少万元？如果开工前和施工期间发包人均按约定支付了各项工程款，则竣工结算时，发包人应支付给承包人的结算款为多少万元？

(计算结果以万元为单位的保留3位小数，以元为单位的保留2位小数)

[答案]

问题 1：

安全文明施工费 = 120.9×6% = 7.254（万元）

签约合同价 =（120.9+7.254+8+12）×（1+7%）×（1+9%）= 172.792（万元）

工程预付款 =［172.792−（7.254+12）×（1+7%）×（1+9%）］×20% = 30.067（万元）

安全文明施工费工程款 = 7.254×（1+7%）×（1+9%）×85% = 7.191（万元）

问题 2：

工程材料 C_1 不含税实际价格 = 70/（1+3%）= 67.96（元/m^2）

价格变化幅度：（67.96−60）/60×100% = 13.27% >5%

分部分项工程 C 综合单价 = 320+1 250×［67.96−60×（1+5%）］×（1+12%）/1 200

= 325.79（元/m^2）

分部分项工程 C 的工程费用增加 = 1 200×（325.79−320）/10 000 = 0.695（万元）

问题 3：

累计完成分部分项工程费用 = 18+（200×450+400×325.79）/10 000 = 40.032（万元）

累计应支付进度款 =（40.032+8×2/4）×（1+7%）×（1+9%）×85%−30.067/3

= 33.629（万元）

投资偏差 = 400×（320−325.79）×（1+7%）×（1+9%）/10 000 = −0.270（万元）

投资超支0.270万元。

进度偏差 =（200−300）×450×（1+7%）×（1+9%）/10 000 = −5.248（万元）

进度拖后 5.248 万元。

问题 4：

综合单价 =（60+150+40）×（1+12%）= 280.00（元/m^2）

销项税额 = 300×280×（1+7%）×9% = 8 089.20（元）

可抵扣进项税额 =（60×0+150×9%+40×5%）×300 = 4 650.00（元）

应缴纳增值税额 = 8 089.20−4 650 = 3 439.20（元）

分项工程 E 工程款 = 300×280×（1+7%）×（1+9%）/10 000 = 9.797（万元）

问题 5：

合同价增减额 =（0.695+300×280/10 000）×（1+6%）×（1+7%）×（1+9%）+2.5−12×（1+7%）×（1+9%）

= −0.252（万元）

应支付竣工结算款 =（172.792−0.252）×（1−85%）= 25.881（万元）

【典型例题二】

[背景资料]

某工程项目发承包双方签订了施工合同，工期为 4 个月。有关工程价款及其支付条款约定如下：

1.工程价款：

(1)分项工程项目费用合计 59.2 万元，包括分项工程 A、B、C 三项，清单工程量分别为 $600m^3$、$800m^3$、$900m^2$，综合单价分别为 300 元/m^3、380 元/m^3、120 元/m^2。

(2)单价措施项目费用 6 万元，不予调整。

(3)总价措施项目费用 8 万元，其中安全文明施工费按分项工程和单价措施项目费用之和的 5%计取(随计取基数的变化在第 4 个月调整)，除安全文明施工费之外的其他总价措施项目费用不予调整。

(4)暂列金额 5 万元。

(5)管理费和利润按人材机费用之和的 18%计取，规费按人材机费和管理费、利润之和的 5%计取，增值税税率为 11%。

(6)上述费用均不包含增值税可抵扣进项税额。

2.工程款支付：

(1)开工前，发包人按分项工程和单价措施项目工程款的 20%支付给承包人作为预付款(在第 2~4 个月的工程款中平均扣回)，同时将安全文明施工费工程款全额支付给承包人。

(2)分项工程价款按完成工程价款的 85%逐月支付。

(3)单价措施项目和除安全文明施工费之外的总价措施项目工程款在施工期间第 1~4 个月均衡考虑，按 85%的比例逐月支付。

(4)其他项目工程款的 85%在发生当月支付。

(5)第 4 个月调整安全文明施工费工程款，增(减)额当月全额支付(扣除)。

(6)竣工验收通过后 30 天内进行工程结算，扣留工程总造价的 3%作为质量保证金，其余工程款作为竣工结算最终付款一次性结清。

施工期间分项工程计划和实际进度见表 6.6.2。

表 6.6.2 分项工程计划和实际进度

分项工程及其工程量		第 1 月	第 2 月	第 3 月	第 4 月	合计
A	计划工程量(m^3)	300	300			600
	实际工程量(m^3)	200	200	200		600
B	计划工程量(m^3)	200	300	300		800
	实际工程量(m^3)		300	300	300	900
C	计划工程量(m^2)		300	300	300	900
	实际工程量(m^2)		200	400	300	900

在施工期间第 3 个月发生一项新增分项工程 D。经发承包双方核实确认，其工程量为 $300m^2$，每平方米所需不含税人工和机械费用为 110 元，每平方米机械费可抵扣进项税额为 10 元；每平方米所需甲、乙、丙 3 种材料不含税费用分别为 80 元、50 元、30 元，可抵扣进项税率分别为 3%、11%、17%。

[问题]

1.该工程的安全文明施工费为多少万元？签约合同价为多少万元？开工前发包人应支付给承包人的预付款和安全文明施工费工程款分别为多少万元？

2.第2个月，承包人完成合同价款为多少万元？发包人应支付合同价款为多少万元？截止到第2个月末，分项工程B的进度偏差为多少万元？

3.新增分项工程D的综合单价为多少元/m^2？该分项工程费为多少万元？销项税额、可抵扣进项税额、应缴纳增值税额分别为多少万元？

4.该工程竣工结算合同价增减额为多少万元？如果发包人在施工期间均已按合同约定支付给承包商各项工程款，假定累计已支付合同价款87.099万元，则竣工结算最终付款为多少万元？

（计算结果保留3位小数）

[答案]

问题1：

安全文明施工费＝（59.2+6）×5%＝3.260（万元）

签约合同价＝[59.2+（6+8）+5]×（1+5%）×（1+11%）＝91.142（万元）

工程预付款＝（59.2+6）×（1+5%）×（1+11%）×20%＝15.198（万元）

安全文明施工工程款＝（59.2+6）×5%×（1+5%）×（1+11%）＝3.800（万元）

问题2：

分项：200×300+300×380+200×120＝19.800（万元）

措施：[6+8−3.260]/4＝2.685（万元）

其他：0。

第2个月承包人完成合同价款＝（19.8+2.685）×（1+5%）×（1+11%）＝26.206（万元）

发包人应支付合同价款＝26.206×85%−15.198/3＝17.209（万元）

分项工程B：

进度偏差＝已完计划−拟完计划

＝（300−500）×380×1.05×1.11/10 000＝−8.858（万元）

进度拖后8.858万元。

问题3：

新增分项工程D的综合单价＝（110+80+50+30）×（1+18%）＝318.600（元/m^2）

该分项工程费＝300×318.6/10 000＝9.558（万元）

销项税额＝9.558×（1+5%）×11%＝1.104（万元）

可抵扣进项税额＝（10+80×3%+50×11%+30×17%）×300/10 000＝0.690（万元）

应缴纳增值税额＝1.104−0.690＝0.414（万元）

问题4：

B分项工程量增加工程费＝100×380/10 000＝3.800（万元）

新增分项工程 D 工程费为 9.558 万元。

安全文明施工费增加 = (3.8+9.558)×5% = 0.668(万元)

合同价款增加额 = (3.8+9.558+0.668−5)×(1+5%)×(1+11%) = 10.520(万元)

实际总造价 = 91.142+10.520 = 101.662(万元)

竣工结算款 = 101.662×(1−3%)−87.099 = 11.513(万元)